JN417921

PETROCHEMICAL INDUSTRY

석유화학공업

박정환 지음

도서출판 동화기술

머리말

석유화학공업은 모든 유기화합물의 기초물질을 제조하는 분야로서 원유의 정제공업과 석유화학제품을 생산하는 분야로 크게 나누어진다. 현재 석유화학공업은 대부분 유기공업화학 교과서에 수록되어 있고 이러한 유기공업화학 교과서는 거의 일본 및 미국의 석유화학공업에 대하여 기술한 것으로서 우리나라의 석유화학공업 현황에 대하여는 전무한 실정이다. 또한 석유와 관련된 자료 및 석유화학제품 생산량 등에 대한 데이터가 너무 오래된 자료로서 최신의 자료가 수록되어야 할 필요성이 있다.

따라서 본 석유화학공업 교재가 기존의 교재와 다른 점은 석유정제공업과 석유화학산업에 대한 기술뿐만 아니라 석유와 관련된 최신의 정보를 수록함과 동시에 우리나라 석유산업 현황에 대하여 기술함으로써 석유화학에 대한 최신의 지식과 정보를 익혀 석유화학산업 현장에서 필요한 일반 및 전문지식을 습득할 수 있게 하고 또한 석유관련 유기화합물과 플라스틱과 같은 우리 실생활의 최종 화학제품과의 상관관계를 체계적으로 이해하고 더 나아가 화학관련 산업과의 연계를 폭 넓게 이해하고자 하는데 중점을 두었다.

즉, 석유화학공업 서론에서 석유와 관련된 일반상식과 석유관련 지식을 다룸과 동시에 최근에 발간되는 석유관련 통계 연보(British Petroleum 등)를 통하여 원유 및 천연가스의 매장량과 생산량 등을 수록하고, 또한 우리나라 석유정제공장에서 생산되는 최신의 자료를 수록하여 기존의 교과서에서 볼 수 없는 석유산업에 대한 새로운 정보를 수록하였다. 현재 원유의 약 90%가 연료로 소모되고 단지 10%만 화학제품으로 사용되는 실정으로 이러한 유한한 석유자원을 보호하고 석유위기에 대처하는 석유대체에너지 현황과 또한 석유연료 연소에 따른 대기환경오염 문제를 다루어 기후변화협약과 같은 급변하는 세계정세에 대한 전문지식을 넓힐 수 있도록 하였다.

제2장 석유정제에서는 원유의 특성, 조성, 분류를 검토하고 우리나라의 원유정제 현황을 다루었다. 그리고 원유를 정제하여 석유화학공업 원료인 나프타 및 각종 연료유의 제조공정이 포함되었다. 즉 원유의 증류공정, 전화공정 및 정제공정을 자세히 살펴보고 아울러 윤활유의 제조공정을 다루었다.

제3장에서는 천연가스의 정제 및 천연가스의 이용에 대하여 다루고 아울러 메탄에서 유도되는 화합물의 합성법에 대하여 설명하였다.

제4장 석유화학에서는 우리나라의 석유화학산업의 현황에 대하여 자세히 살펴보고 나프타를 열분해하여 에틸렌, 프로필렌 등의 석유화학 기초제품을 제조하는 법과, 이러한 기초유분으로부터 각종 중간제품을 제조하는 법을 자세히 다루었다. 즉, 에틸렌 유도체, 프로필렌 유도체, C_4 유분의 유도체, 방향족화합물 유도체에 대한 자세한 제법과 용도를 요약하여 취급하였다.

제5장에서는 앞장의 석유화학공업에서 제조한 각종 유기화합물로부터 고분자를 제조하여 실생활 및 공업용으로 사용되는 과정을 살펴보았다. 본 장에서는 고분자에 대한 물성, 중합반응, 중합방법, 고분자의 명명법에 대하여 다룸과 동시에 열가소성 및 열경화성 수지, 합성고무, 합성섬유의 제조법 및 용도에 대하여 다루었다. 따라서 원유로부터 시작하여 각종 석유관련 유기화합물 및 최종 제품이 어떻게 만들어지는지를 체계적으로 배움으로써 석유화학 및 고분자공업에 대한 전체적인 공정흐름을 이해하는데 도움이 되도록 중점적으로 노력하였다. 본 교과서가 석유화학공업을 전반적으로 이해하는데 도움이 되었으면 하는 바람이다.

본 교재를 집필하는데 다수의 유기공업화학 및 석유화학공업 교재를 참조하였음을 밝혀두는 바이며 부족한 점은 계속하여 수정·보완해 나갈 것이다.

제 1 장 석유화학공업 서론

제 2 장 석유정제

제 3 장 천연가스와 메탄유도체

제 4 장 석유화학

제 5 장 고분자

CHAPTER 01

석유화학공업 서론

1.1 석유 개론

(1) 석유의 유래

석유를 최초로 사용한 기록은 기원전 3,200년경에 중동지방(메소포타미아, 페르시아)에서 사용한 것으로 알려져 있다. 구약성서에 나오는 노아(Noah)의 방주 표면에 방수용으로 아스팔트를 사용했다는 기록도 있다. 13세기경에는 카스피해 연안, 미얀마 등지에서 원시적인 채굴도구를 사용하여 원유를 채굴하였다는 기록도 있다. 15세기에 이르러 신대륙 탐험이 시작되면서 스페인 탐험가들은 쿠바, 멕시코, 볼리비아, 페루 등지에서 지상에 노출된 기름을 발견하게 되었고, 북미 대륙을 탐험한 유럽인들도 뉴욕, 펜실베이니아 근처에서 노출된 기름을 발견하게 되었으며 당시 인디언들이 기름을 약으로 사용하고 있었음이 기록으로 남아있다. 16~17세기경에 이르러 간단하나마 석유의 정제가 이루어졌고, 1848년 영국의 화학자 J. Young이 탄갱에서 캐낸 원유와 석탄을 정제하여 등유, 윤활유 등의 제조특허를 획득하였다. J. Young의 제조방법이 미국에 전해져 석탄유(coal oil)라 불리면서 종래의 식물유, 동물유 대신 원유나 석탄에서 정제하여 얻은 등화용 연료(등유)를 제조하는 기술이 급속하게 보급되었다.

우리나라에 석유가 처음 사용된 것은 1880년대였지만 석유가 산업용으로 보급된 것은 일제 식민지 시대였다. 일본은 1930년경부터 대륙침략의 발판으로 한반도를 병참화했고 그 일환으로 1935년에 조선석유를 세우고 연산 30만톤(일산 약 6천 배럴) 규모의 정유공장을 원산에 세우고 1945년 일본이 패망할 때까지 계속 가동하였다. 그 후 미군정시대를 거쳐 현대화된 석유공장이 건설되어 석유를 본격적으로 생산하게 된 것은 국내최초의 정유회사인 대한석유공사가 설립된 때인 1964년부터이다.

(2) 석유의 개념

석유(petroleum)란 천연적으로 산출되는 액체 탄화수소의 혼합물로서 동식물유와 구별하여 광유(鑛油, mineral oil)라고 부르기도 한다. 석유가 천연적으로 산출된 것을 원유(crude oil)라 하고, 이 원유를 정제공정을 거쳐 각각 이용목적에 따라 여러 가지 화학제품으로 만들어 내는데 이를 석유화학제품(petrochemical products) 혹은 석유제품(petroleum products)이라고 부른다.

아직도 일부에서는 등유(kerosene, kerosine)를 석유라고 부르고 있는데 이는 등유가 석유제품의 주종을 이루던 시대의 명칭으로서 등유는 어디까지나 석유제품의 일부이다. 석유는 땅속에서 채취된 그대로의 형태에서는 여러 종류의 탄화수소를 주성분으로 하고 미량성분으로서 황, 질소, 금속 등을 함유하고 있으며 또 불순물로 수분, 가스분을 함유하고 있다. 따라서 정유공장으로의 이송에 앞서 보통 간단한 처리를 거쳐 수분 및 가스분을 제거하는데 이 단계까지의 것을 원유라고 부른다. 일반적으로 유정에서 나온 천연상태 그대로의 석유를 원유라고 부르는데, 가스가 상부로 올라오면서 액체로 변화된 콘덴세이트(condensate)와 같은 것도 원유로 취급하는 경우도 있다. 세계적으로 유통되는 원유는 여러 유전의 원유를 혼합한 것이 대부분이다.

1.2 석유의 용도

현대생활에 있어서 석유는 다양한 용도와 유용성으로 인해 인간생활 및 산업에 기초원료이자 필수불가결한 에너지원이다.

우리는 매일 석유로 재배한 음식을 먹고 석유로 만들어진 의복을 입고 석유로 움직이는 교통기관을 이용한다. 농산물 재배에는 석유로부터 만들어진 비료, 농약, 살충제 등이 필수불가결하게 사용되고 있다. 농업에서 쓰이는 각종 비닐(vinyl, 바이닐)도 석유로 만들어진다. 또 나일론(nylon), 폴리에스터(polyester) 등 각종 합성섬유도 석유로 만들어진 것이며, 이 밖에도 합성세제, 합성고무, 생활잡화 등 우리의 일상생활 중에서 석유가 들어가지 않은 것은 거의 없다고 해도 과언이 아니다.

이와 같이 석유는 가정 및 산업용 연료로 사용되는 에너지원으로서 뿐만 아니라 인류의 의식주와 관련된 각종 생활용품에서부터 전기·전자, 자동차, 건설 등 주요 산업에 원재료를 생산·공급하는 기초소재로써 그리고 종이, 철, 유리 등 각종 천연소재의 대체물질로 자연을 보존하는 중요한 역할을 하는 물질이다.

원유 및 원유로 만든 석유화학제품의 구체적인 용도를 살펴보면 다음과 같다.

(1) 화학산업의 원료

석유화학산업의 주된 원료로는 나프타(naphtha, '납사'라고도 함)와 천연가스(natural gas), 액체천연가스(natural gas liquid, NGL), 액화석유가스(liquefied petroleum gas, LPG) 등이 있는데, 이중 세계적으로 가장 많이 사용되는 석유화학 원료는 나프타이다.

나프타는 원유를 증류할 때 LPG와 등유 유분 사이에 유출되는 것으로 일반적으로 경질 나프타와 중질 나프타로 구분하고 있다. 끓는점이 100℃ 이하인 것을 경질 나프타(light straight run naphtha, LSR), 100℃ 이상인 것을 중질나프타(heavy straight run naphtha, HSR)라 한다. 경질나프타는 주로 용제 및 석유화학의 원료로 사용되며, 중질나프타는 개질시설(reformer)을 통해 휘발유 제조나 BTX(benzene, toluene, xylene) 생산에 사용된다. 나프타의 주용도는 연료용과 원료용으로 나누는데, 연료용은 휘발유, 제트유 등의 제조원료로 쓰이며, 원료용은 주로 석유화학공업용으로 사용되며 일부가 암모니아 비료 및 용제용 원료로 사용되고 있습니다.

나프타를 원료로 하여 에틸렌(ethylene), 프로필렌(propylene), 뷰타다이엔(butadiene), 벤젠(benzene), 톨루엔(toluene), 자일렌(xylene) 등을 생산하고 이들 석유화학 기초유분으로부터 다시 농업용 필름, 인쇄잉크, 합성고무, 합성섬유, 합성수지, 염료, 의약품 등 광범위한 분야의 석유화학제품(petrochemical products)을 만들어 내게 된다.

(2) 에너지원

석유는 석유화학공업의 기초원료로서 뿐만 아니라 내연기관의 연료, 산업 및 가정용 에너지원으로서 필수불가결한 기초에너지원이다. 일반적으로 「에너지원」이란 에너지로 가능한 자원을 의미하며 열에너지, 빛에너지, 운동에너지를 얻을 수 있는 화석연료(fossil fuel)와 핵연료(atomic fuel) 및 수력발전 그리고 대체에너지로서 태양에너지, 조력에너지, 풍력에너지, 지열에너지 등을 말한다. 이중에서 현재 화석원료인 원유와 천연가스가 산업 및 가정연료로 가장 널리 사용되고 있다. 일반적으로 석유로부터 얻어지는 연료유(LPG, 휘발유, 등유, 경유, 중유 등)는 전 에너지 소비량의 약 40%로 가장 많은 부분을 차지한다.

(3) 주요산업의 소재

자동차산업은 철이나 알루미늄 등과 같은 비철부분을 제외하고는 나머지 부분이 거의 모두 플라스틱으로 이루어져 있다. 범퍼(bumper), 램프커버 등 자동차 외장재는 물론 핸들, 판넬(dashboard), 계기판 등의 내장재에 이르기까지 이는 모두 플라스틱 제품으로서 주로 폴리에틸렌(polyethylene, PE), 폴리프로필렌(polypropylene, PP), 폴리염화바이닐(poly vinyl chloride PVC) 등의 범용 플라스틱이 주로 사용되고 있다. 엔진부분의 각종 파이프 및 패킹류, 연료탱크, 연료펌프 등은 폴리아세탈(polyacetal)이나 나일론 같은 엔지니어링 플라스틱 제품이 사용된다.

또한 자동차의 타이어는 합성고무인 SBR(styrene-butadiene rubber), BR(butadiene rubber) 등으로 이루어져 있다.

표 1-1 자동차의 재료 구성비

재 료	구성비	재 료	구성비
철(steel)	63 %	플라스틱(plastics)	12 %
비철금속(nonferrous)	10 %	고무(rubber)	4 %

(자료) 호남석유화학, 한국석유화학공업협회

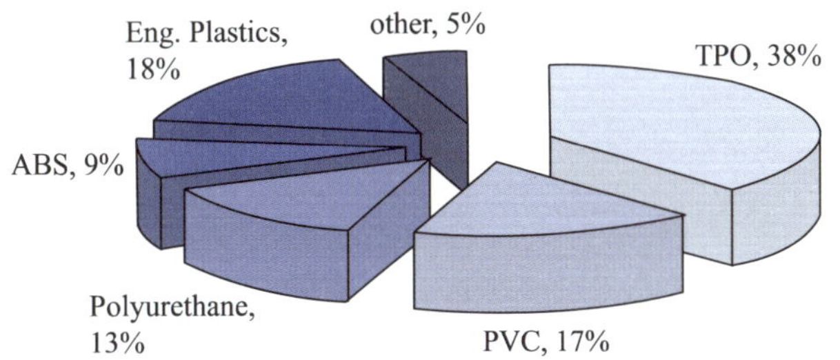

그림 1-1 자동차용 플라스틱 비중(2003년, Mitsubishi)

(註) TPO(Thermoplastic Polyolefin) : PP나 PE를 고무나 충전제 등과 혼합하여 물성을 강화시킨 것

전선피복은 석유화학제품인 저밀도폴리에틸렌(low density polyethylene, LDPE)과 폴리염화바이닐(PVC) 합성수지를 주원료로 하여 만들어진다. 냉장고, 세탁기, TV, 오디오, 에어컨 등의 외장재는 폴리스타이렌(polystyrene), ABS (acrylonitrile-butadiene-styrene copolymer) 등이 사용된다. 또한 가전제품의 철 소재의 표면을 도색하는 도료는 아크릴수지나 불포화폴리에스터수지 등이다.

건축산업에서 주택용품으로 창틀, 욕실자재, 단열재 등이 플라스틱으로 이루어져 있고 집안의 벽지와 바이닐 장판은 폴리염화바이닐, 그리고 카펫, 커튼, 버티컬 등은 대부분 폴리에스터 섬유나 폴리프로필렌 섬유로 만든다.

섬유 중에서 천연섬유를 제외한 섬유는 합성섬유가 대부분으로 대표적인 것이 폴리에스터, 나일론, 아크릴, 레이온 섬유 등이 있다. 나일론(nylon)은 듀폰(Du Pont)사의 Carothers가 폴리아마이드(polyamide)를 발명하여 탄생하였으며, 폴리에스터(polyester)는 나일론을 대체할 만한 제품을 찾아내기 위하여 노력하던 중 방향족 화합물인 테레프탈산과 에틸렌계 물질로부터 에스터 고분자를 합성하게 되어 각종 의류에 가장 광범위하게 사용되는 합성섬유이다.

농업에서 주로 사용되는 석유화학제품은 비료, 농약, 살충제와 농업용 필름 등이다. 농업용 비닐은 주로 폴리에틸렌(PE)을 원료로 생산된다. 수산업에서 사용되는 각종 그물 및 로프는 주로 나일론이 사용되고 있다.

비닐봉투, 종이봉투 코팅 등에 PE가 주로 사용되고, 식품포장용 필름으로 주로 연신 필름인 OPP(oriented polypropylene) 필름, PET(polyethylene terephthalate) 필름, 나일론 필름 등이 있으며 식품용기로 주로 사용되는 PET병, 그리고 포장재로 사용되는 폴리스타이렌 등의 석유화학제품이 포장물류산업에서 널리 사용되고 있다.

우리 일상생활에서 석유화학제품으로 만든 생활용품은 그 수를 헤아릴 수가 없을 정도이다. 칫솔은 나일론으로 이루어져 있고, 우유병은 PMMA (polymethyl- methacrylate)나 PC(polycarbonate) 등의 합성수지로 이루어져 있으며 각종 장난감, 운동용품, 식탁용품, 가방, 문구, 완구 등도 대부분 석유화학소재로 이루어져 있다. 또한 비누와 샴푸와 같은 계면활성제도 석유화학제품이다.

1.3 석유의 특징

현재 석유가 산업과 우리생활에서 널리 쓰이는 주된 이유는 다음과 같은 장점 때문이다.

① 열량이 높다.
② 불순물이 적어 완전연소 된다(재가 없다).
③ 취급과 저장이 비교적 용이하다.
④ 화학공업의 연료 및 원료가 된다.

석유의 단점으로는 공해물질을 배출시키고, 석유가 매장되어 있는 지역이 중동에 편중되어 있어 가격의 변동성이 심하고 매장량이 한정되어 있어 언젠가는 고갈된다는 점이다. 현재로서는 이러한 단점에도 불구하고 다른 에너지원에 비해 장점이 많기 때문에 석유가 널리 이용되고 있다.

1.4 석유와 관련된 용어

(1) OPEC

OPEC은 석유수출국기구(Organization of Petroleum Exporting Countries)의 약자로 산유국 집단을 말한다. OPEC는 지난 1960년 9월 이라크의 바그다드에서 사우디아라비아, 쿠웨이트, 이란, 이라크, 베네수엘라 등 5개국 각료회의에서 결성된 조직으로, 창립목적은 석유가격의 안정을 위해 국제석유회사와 생산 할당에 관해 협의하고 국제석유회사로부터 보다 많은 이권료를 획득하기 위해 석유수출국이 공동 교섭에 임하도록 하는데 있다.

그 후 OPEC는 카타르, 인도네시아, 리비아, 아랍에미레이트(UAE), 알제리, 나이지리아, 에콰도르, 가봉 등 8개국이 추가되어 13개국으로 불어났으나, 1992년 에콰도르와 1994년 가봉이 탈퇴하였으며, 2007년도 앙골라가 가입하고 에콰도르가 재

가입하여 현재 13개국이다. OPEC의 본부는 오스트리아 빈이고 조직은 최고 의결기관인 총회와 이사회, 사무총장, 사무국, 경제위원회 등으로 구성되어 있다. OPEC 석유장관회의는 1년에 두 번 정례적으로 열리며, 여기서 OPCE의 일반적인 정책을 결정한다.

(2) B/D

B/D란 barrels of oil per day의 약자이다. BOPD 혹은 BPD라고도 표기하는데, 모두 일일 석유 생산, 소비, 정제량 등을 표기할 때 사용한다. 그리고 석유단위로 가장 많이 사용되고 있는 배럴(barrel)이란 용어의 유래를 살펴보면, 19세기 미국 펜실베이니아에서 생산한 원유를 수송하는데 나무통을 사용한데서 유래되었다. 그 당시에는 1배럴이 50갤론(gallon)이었으나 현재는 42갤론인데, 50갤론 들이의 나무통으로 석유를 운반하다 보니까 도중에 기름이 증발하거나 새어 나와 목적지에 도착했을 때는 평균 42갤론밖에 남지 않았기 때문이라 한다.

> 원유 1톤(ton) = 7.41배럴 = 311.22갤론 (미)
> 원유 1배럴(bbl) = 42갤론 (미) = 34.97갤론 (영)
> (갤론은 보통 미국 단위 사용)
> * 1 갤론 = 3.785 리터

(3) TOE

TOE란 Ton of Oil Equivalent의 약자이다. kL, ton, kW 등 여러 가지 단위로 표시되는 각종 에너지원들을 원유 1 kg이 발열하는 칼로리를 기준으로 표준화한 단위이다. 1 TOE는 원유 1톤(7.41배럴)의 발열량 1,000만 kcal가 기준이 된다. 휘발유 1 kL는 0.83 TOE, 프로판 1톤은 1.2 TOE, 무연탄 1톤은 0.45 TOE, 유연탄 1톤은 0.66 TOE, 전력 1 kWh는 0.25 TOE에 해당된다.

(4) 석유 메이저

석유 메이저(major)란 과거 록펠러의 Standard oil사가 반독점 금지법 위반으로 해체된 후 석유산업을 주도하던 대기업 회사로 International Major Oil Company의 약칭이다. 현재 Shell(미국), Exxon Mobil(미국), Texaco Chevron(미국), BP(영국), Total(프랑스) 5사가 석유메이저들이다.

(5) 세계 석유거래에서 지표가 되는 원유

세계 석유거래에서 기준이 되고 있는 원유종은 두바이(Dubai)유, 브렌트(Brent)유, 서부텍사스 중질유(WTI, West Texas Intermediate)의 3개이다. Dubai유는 아랍에미리트(UAE)에서 생산되는 원유이고, Brent유는 영국 북해에서 생산되는 원유, WTI유는 미국 서부 텍사스 중질유를 말한다. 위 세 유종이 세계석유거래 기준유종이 될 수 있었던 이유는 생산량이 많으면서 생산이 독점되어 있지 않고, 자유로운 거래로 가격형성 과정이 투명하기 때문이다. 이중에서 WTI유가 다른 원유에 비해 가격이 높다. 그 이유는 WTI유는 우선 황함량이 낮고, API도(석유비중 단위)가 높은 경질유종이기 때문이다. 황은 환경에 악영향을 미치는 요소로 포함되어 있는 양이 적으면 그만큼 좋은 원유로 간주되며 별도의 탈황처리를 할 필요가 없기 때문에 추가 비용이 소요되지 않는다. API도가 높은 원유는 정제시 경질제품(휘발유, 나프타 등)이 많이 생산된다는 특징이 있기 때문에 가격이 높다. 경질제품은 중간유분 제품이나 중질연료유 제품에 비해 가격이 높게 형성되기 때문에 경질제품을 많이 생산할 수 있는 원유가격이 높은 것은 당연한 일일 것이다.

1.5 우리나라의 석유운용 실태

(1) 원유수입형태

우리나라의 원유수입은 두 가지 형태로 진행되고 있다. 먼저 국내 정유사와 산유국 정부나 국영석유회사와 매매계약을 체결하고 국내 정유사와 국내 종합상사가 대행계약서를 체결하여 종합상사가 원유를 수입하는 경우가 있으며, 둘째로, 국내 종합상사가 산유국 정부나 국영회사와 계약을 체결하고 국내에 원유를 도입하여 정유사에 판매하는 형태가 있다.

참고로 국내 정유사의 원유도입가격 결정방식을 살펴보면 원유도입가격은 크게 두 가지로 결정된다. 선물거래의 경우 선물시장에서 당일 체결조건에 의해 도입가격이 결정되고, 기간계약거래나 현물수입의 경우는 선적월의 평균가격으로 도입가격이 결정된다. 다만 원유도입 계약체결 시점과 선적 시까지는 통상 1달여 정도의 시차가 존재하기 때문에 당월 도입단가의 경우 전월 현물가격 평균에 연동되어 결정된다.

(2) 원유의 수송

우리나라 정유공장에서 중동의 페르시아만까지의 해상 거리는 약 2만 5,000 km로 유조선이 울산을 출발하여 사우디아라비아 원유 선적항 라스타누라에서 원유를 실어오는 경우, 대한 해협과 남지나해, 말라카 해협과 인도양을 지나서 페르시아만 입구의 호르무즈 해협을 거쳐 페르시아만의 라스타누라항까지 도착하는데, 빈 배로 가는 경우 대략 16일 정도가 소요된다. 현지 선적항에서 약 180만 배럴의 원유를 선적하는데 만 2일을 포함해서 출항하기까지 약 3~4일이 걸리게 되며, 같은 코스를 되돌아 울산까지 오는 데 약 21~22일이 소요된다.

유조선에 실려 온 원유는 정유공장 앞바다의 해상 부이(buoy)에 의해 해저 파이프라인을 통해 지상의 원유 탱크로 옮겨진다. 소요 일수는 2~3일 정도다. 결국 산지 원유가 정유공장 저장탱크로 수송하는 데에만 대략 45일이 걸리는 셈이다.

(3) 석유비축

우리나라는 세계 5위의 석유 순수입국, 세계 8위의 석유 소비국임에도 높은 중동 의존도, 낮은 자주개발원유 확보율 등으로 석유위기 대응능력이 주요 석유수입국들과 비교하여 낮은 실정이다. 실제로 지난 1970년대에 있었던 두 차례의 오일쇼크는 국가경제와 국민생활에 엄청난 충격을 주었다. 1974년 제1차 석유위기 및 1979년 제2차 석유위기의 심각한 석유파동을 겪으면서 석유비축의 필요성을 절감한 정부가 1979년 정부 석유정책 수행기관으로 한국석유공사를 설립하면서 정부 석유비축이 본격적으로 시작되었다. 한국석유공사는 1980년부터 세 차례에 걸쳐 정부 석유비축계획을 수립하여 비축기지 건설 및 비축유 확보노력을 기울여왔다.

그 결과 국내수급안정 및 석유위기 시 대응능력 강화를 위하여 2018년 3월말 기준 9개 비축기지를 운영중에 있으며 총 146백만 배럴 규모의 비축시설과 96백만 배럴(공동비축물량 제외)의 비축유를 확보하고 있다. (자료: 한국석유공사, 2018)

(4) 우리나라의 석유수급현황

우리나라의 국민 1인당 석유소비량도 19.13배럴로 사우디아라비아, 캐나다, 네덜란드, 미국에 이어 세계 5위이다(BP Statistical Review of World Energy, 2016). 부문별 석유소비에 있어서 수송 부문은 차량 대수 증가 및 물동량 증가에 따라 지속적으로 비중이 확대되고 있다. 산업부문 석유 수요는 일견 확대를 보이고 있으나, 1990년대 초반 이후 산업용 연료인 B-C유의 소비가 크게 위축되는 대신 나프타 소비가 대폭 증가하는 질적인 변화를 가져왔다. 반면, 발전 부문은 LNG 등으로의 연료 대체에 의해 소비가 크게 감소했다. 우리나라의 석유 수급 추이를 살펴보면 석유소비 확대와 수요 구조의 경질화로 요약될 수 있다. 경제 성장에 따라 주종 에너지원인 석유소비가 확대되는 과정에서 삶의 질 향상에 따른 연료의 고급화가 진행돼 온 것이다. 수송용 연료의 수요는 꾸준히 확대되는 반면, 가정·상업용과 산업·발전용 보일러 연료가 가스화 또는 저유황화로 전환되는 추세에 있다.

표 1-2 세계 석유 생산, 수출, 수입 현황 (단위: Mt)

순위	생산국가	생산량('16년)	수출국가	수출량('15년)	수입국가	수입량('15년)
1	사우디아라비아	583	사우디아라비아	369	미국	348
2	러시아	546	러시아	243	중국	333
3	미국	537	이라크	148	인도	203
4	캐나다	220	아랍에미리트	125	일본	165
5	이란	200	캐나다	116	한국	139
6	중국	200	나이지리아	104	독일	91
7	이라크	191	쿠웨이트	100	이탈리아	67
8	아랍에미리트	182	베네수엘라	98	스페인	65
9	쿠웨이트	159	앙골라	86	네덜란드	59
10	브라질	135	이란	64	프랑스	57

자료: World Energy Statistics (IEA, 2017)

1.6 세계 석유 현황

(1) 석유 매장량

지구상에 매장되어 있는 원유 확인매장량은 BP (British Petroleum)통계에 의하면 2016년 말 기준으로 17,067억 배럴로 집계되었다. 확인매장량이란 이미 발견된 유정의 매장량 중에서 현재의 기술과 경제적으로 채취가 가능한 양을 말한다. 이는 현재와 같은 생산 수준으로 약 51년을 캐낼 수 있는 양이다(가채년수)[1].

석유는 그 매장분포의 지역적 편재가 매우 심해 중동지역의 매장량 비율이 높다. 2014년 이후 미국의 석유개발확대로 북미지역과 중남미지역의 매장량 비중이 확대되었고, 중동지역의 매장량 비율은 감소하였다. 하지만 여전히 중동지역이 전체 확인매장량 중 47.7%인 8,135억 배럴을 보유하고 있다(2016년 기준).

표 1-3 지역별 원유 확인매장량

지역별	매장량(억배럴)	비율(%)
북미지역	2,275	13.3
중남미지역	3,279	19.2
유럽·유라시아지역	1,615	9.5
중동지역	8,135	47.7
아프리카	1,280	7.5
아시아·태평양지역	484	2.8
세계 총계	**17,067**	**100.0**
OECD	2,440	14.3
Non-OECD	14.627	85.7
OPEC	12,205	71.5
Non-OPEC	4,862	28.5
유럽연합	51	0.3
구소련연방	1,482	8.7

(자료: BP Statistical Review of World Energy, 2017)

---

1) 가채년수(可採年數) : 원유의 확인매장량을 연간 산유량으로 나눈 값. 참고로 석탄은 152년, 천연가스는 52년임(2016년 기준)

(2) 원유 산유량 현황

표 1-4 지역별 원유 산유량 현황 (단위: 천배럴/일)

지 역	2012	2013	2014	2015	2016	비중(%)
북 미	15,545	16,948	18,833	19,733	19,270	20.9
중남미	7,376	7,407	7,659	7,761	7,474	8.1
유럽·유라시아	17,127	17,174	17,206	17,479	17,716	19.2
중 동	28,518	28,213	28,515	30,065	31,789	34.5
아프리카	9,247	8,612	8,307	8,297	7,892	8.6
아시아·태평양	8,372	8,252	8,307	8,369	8,010	8.7
전세계	86,183	86.606	88,826	91,704	91,250	100.0
OECD	19,482	20,635	22,588	23,596	23,122	25.1
Non-OECD	66,701	65,971	66,238	68,108	69,028	74.9
OPEC	37,480	36,561	36,573	38,133	39,358	42.7
Non-OPEC	48,703	50,045	52,254	53,572	52,792	57.3
유럽연합	1,526	1,434	1,412	1,506	1,488	1.6
구소련연방	13,597	13,810	13,810	13,932	14,141	15.3

(자료: BP Statistical Review of World Energy, 2017)

표 1-5 원유 산유량 상위국 현황

순위	국 가	산유량(천배럴/일)	
		2015년	2016년
1	미국	12,757	12,354
2	사우디	11,986	12,349
3	러시아	10,981	11,227
4	이란	3,897	4,600
5	이라크	4,031	4,465
6	캐나다	4,389	4,460
7	U.A.E	3,928	4.073
8	중국	4,309	3,999
9	브라질	2,525	2,605
10	멕시코	2,587	2,456

(자료: BP Statistical Review of World Energy, 2017)

1.7 석유대체에너지

(1) 석유의 미래

현대는 석유문명의 시대라고 한다. 자동차 연료를 비롯하여 일상에서 쓰이는 각종 화학제품, 의약품 그리고 전기 및 난방을 위해서도 석유는 필수불가결한 에너지원의 역할을 하고 있다. 현대 생활에서 석유 없는 생활은 상상할 수 없을 정도로 석유는 우리 일상생활과 밀접한 연관을 맺고 있을 뿐만 아니라 현대 산업사회의 혈액이라고 할 수 있음을 앞에서 이미 다루었다.

그런데 석유는 한정된 자원으로 언젠가는 고갈될 화석원료이다. BP (British Petroleum)사의 통계에 따르면, 세계의 석유 확인 매장량은 2016년 말 가채년수가 약 51년 정도로 평가되고 있다. 앞으로도 새로운 유전이 계속 발견되기 때문에 당분간은 석유고갈이라는 심각한 위기는 오지 않을 것이나, 석유는 철 등의 금속자원이나 식물과 같이 재생산되지 않는 고갈자원이다. 따라서 석유소비를 줄이고 소비의 효율성을 높이는 노력은 계속되어야 하며 대체에너지 개발을 위한 에너지원의 개발은 국가적, 세계적 과제이다. 70년대 2차례의 석유파동과 더욱이 지구온난화와 같은 지구환경 문제에 대한 관심 그리고 화석연료의 유한성으로 대체에너지 혹은 신재생에너지 개발은 이제 선택이 아니라 필수가 되었다.

(2) 석유대체에너지

유한자원인 석유를 대체할 수 있는 에너지로 신재생에너지 혹은 석유대체에너지가 연구개발되고 있다. 신에너지는 새로운 물리력이나 새로운 물질을 기반으로 하는 수소에너지, 연료 전지, 석탄액화가스화의 분야이며, 재생에너지는 재생 가능한 에너지로, 태양열, 태양광발전, 바이오매스(biomass), 풍력, 소수력, 지열, 해양에너지, 폐기물에너지 분야가 있다.

미래에너지는 재사용이 가능하고 지구를 오염시키지 않는 청정연료여야 하고 그 자원의 보존량이 무한해야 한다. 그러한 연료들이 바로 대체에너지로 기존의 석유를 대체할 수 있는 모든 자원으로 신재생에너지이다.

표 1-6 주요 석유대체에너지 및 특징

종 류	특 징	응 용
태양 에너지	- 무공해, 무한정한 태양에너지를 이용함으로 연료비가 불필요 - 대기오염과 소음공해가 없음 - 발전용량의 신축성, 발전시설의 유동성 - 긴 수명 - 자동화로 유지관리 용이	- 태양열발전, 우주발전 - 태양광발전(일부실용화) - 냉/온수 이용(실용화) - 물을 전기분해하여 화학에너지로 변환 - 바이오매스전환(광합성 등)
연료 전지	- 천연가스, 메탄올 등의 연료로부터 수소 생산 - 연소과정이 없는 고효율 발전 - 공해물질 배출 및 소음이 없음 - 열과 전기를 동시에 공급할 수 있음 - 부지선정이 용이 - 연료공급이 편리	- 연료전지(축전지) - 연료전지 자동차
수소 에너지	- 풍부한 물로 제조, 사용 후 물로 다시 환원되는 청정연료 - 지구온난화 방지에 기여 - 화석연료 고갈에 대비 - 지속적인 에너지와 자동공급 가능	- 수소에너지 자동차 개발 - 태양열을 이용한 수소제조 공장건설 - 수소전지
수력 에너지	- 무공해이며, 재생가능한 환경친화적 에너지원 - 다른 대체에너지원에 비해 높은 에너지밀도 - 전력수요 급등 시 부하평균화 효과	- 수력발전
풍력 에너지	- 풍력자원이 풍부하고 재생가능 - 공해물질 배출이 없어서 청정에너지 - 풍력단지의 관광자원화 가능 - 단점으로는 소음 발생	- 풍력발전(실용화)
해양 에너지	- 해양력(파력 및 조력) 이용 - 자원이 풍부 - 오염물질 배출이 없는 청정에너지	- 파력발전, 조력발전 - 조력발전 - 해류발전, 해류차발전
지열 에너지	- 재생불가능한 에너지이나 지구자체가 가지고 있는 에너지이므로 잠재력은 거의 무한대 - 고온의 에너지(화산)	- 온수/열수의 이용(실용화) - 증기발전(실용화) - 화산발전 - 지열발전
화석 에너지	- 석유와 같은 유한 자원	- 석탄의 가스화, 액화 (일부 실용화) - 천연가스의 이용(실용화) - 오일샌트, 오일쉘 이용

현재 선진각국에서 활발히 기술개발이 진행되어 실용화 단계에 접어든 대체에너지로는 태양에너지, 풍력에너지가 주종을 이루며, biomass, 지열, 파력, 해양온도차 등을 이용한 대체에너지 개발이 활발히 진행되고 있다. 그러나 이와 같은 대체에너지들은 건설단가와 에너지단가가 아직 높은 수준이라는 점 때문에 전면적인 상용화를 위해서는 보다 더 연구개발 과정이 요구되며, 현재 지속적인 연구가 이루어지고 있다. 21세기 세계 강국은 산유국에서 대체에너지기술 보유국으로 전환될 것이다.

1.8 우리나라의 석유화학산업 현황

(1) 우리나라 석유화학산업 발전과정

우리나라의 석유화학산업은 1970년대 중화학공업 육성계획으로 국영기업이 산업을 주도하던 경공업 중심의 정부주도하의 개발시기를 거쳐 80년대에 여수석유화학단지가 조성되면서 석유화학기반이 확실히 구축되어 민간기업이 주도가 되어 경공업에서 중화학공업으로의 고부가가치 화학산업으로 성장하게 되었으며, 90년대는 대산석유화학단지가 가동되고 석유화학투자의 자유화가 이루어지면서 도약기를 맞이하게 되었다. 그 후 90년대 후반부터 산업정책의 완전 자율화와 함께 기업 구조조정이 이루어지면서 석유화학산업이 재편되고 석유화학산업의 경쟁이 치열하게 진행되고 있다.

① 개발시기 : 1970년대

- 울산석유화학단지 가동
- 정부주도의 석유화학공업 육성정책 시행
- 국영기업이 산업주도(경공업 중심)
- 원료 및 제품가격을 정부가 조정

② 성장시기 : 1980년대

- 여수석유화학단지 가동
- 경공업에서 중화학공업으로의 성장주도 변화

- 민간기업이 산업을 주도
- 사업다각화로 고부가가치의 산업으로 전환

③ 도약시기 : 1980년대 말 ~ 1990년대 중반

- 대산석유화학단지 가동
- 중화학공업이 성장주도
- 석유화학투자 자유화
- 석유화학제품의 시장경쟁에 의한 가격 결정

④ 구조조정기 : 1990년대 후반 이후

- 기업구조조정과 업계재편 및 M/A 활성화
- 첨단산업(IT, NT, BT, ET)이 성장주도
- 산업정책의 완전 자유화
- 중동지역의 석유화학산업이 급성장

(2) 한국 석유화학산업 현황

◎ 세계 4위 생산규모(에틸렌 기준)

- 에틸렌 생산능력 = 860만톤 (2015년) → 904만톤(2016년)

◎ 제조업 중 석유화학 비중 : 4.6% (2003년) → 5.8% (2016년)

- 자동차, 기계, 반도체에 이어 4위 기록

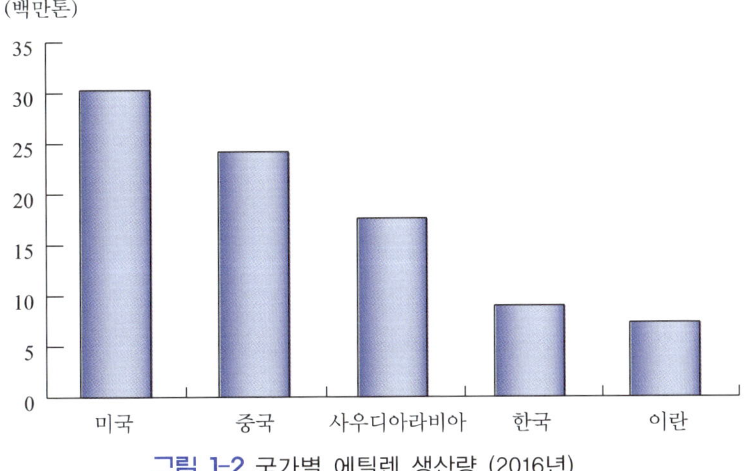

그림 1-2 국가별 에틸렌 생산량 (2016년)

◎ 국내 4위 수출 품목
- 반도체, 자동차, 일반기계에 이어 4위 기록

석유제품 수출액은 2018년 현재 약 187억 달러로 지난해 같은 기간보다 32.6% 증가했는데 국제유가 상승에 힘입어 수출액이 크게 늘어난 것으로 판단된다. 우리나라 석유제품을 가장 많이 수입한 나라는 중국으로 수출량의 24%를 차지했다. 중국 수출 비중은 지난해 같은 기간보다 5% 상승했고 제품별로는 경유, B-C유 등 선박용 연료와 항공유 수출이 크게 증가했다.

우리나라 석유화학산업은 서구 메이저기업과 신흥 중동기업에 비해 회사규모가 작고, 중동, 동남아(인도)에 가스원료 설비증대로 원료가격 경쟁력이 불리하고, 대만, 중동, 동남아 석유화학 산업의 급신장으로 중국수출 시장에서 시장지배력이 위축되고 있어 수출에 어려움이 심화되고 있다. 석유화학산업이 계속 발전하기 위해서는 기업간 합병 및 수익성 중심의 경영으로 경쟁력을 높이고, 수출지역의 다변화와 특화제품 및 고부가가치 제품의 비중 확대를 적극 추진해야 한다.

1.9 석유와 관련된 단위

1 배럴(bbl) = 158.9 L

1 갤런(gallon) = 3.785 L(미) = 0.833 갤론(영)

1 파운드(lb) = 16 온스(oz) = 0.4536 kg

1 피트(ft) = 12 인치(in) = 30.48 cm

1 psi = 1 lb_f/in^2

1 기압(atm) = 1.034 kg/cm^2 = 14.7 psi

열량 1 Btu = 252 cal = 1,055 J

비중 = API (American Petroleum Institute)도

표 1-7 석유환산 단위표				
구 분	Barrel	kL	Drum	U.S. Gallon
1 Barrel	1	0.15897	0.7949	42
1 kL	6.289	1	5	264.172
1 Drum	1.258	0.2	1	52.835
1 Gallon	0.02384	0.00379	0.01893	1

1.10 석유화학공업의 환경문제

(1) 지구환경문제

우리나라의 경제개발정책은 1960~1970년대에 걸쳐 수출주도형 산업과 중화학공업을 집중적으로 육성하였다. 경제개발이 시작되었던 1960년대에는 환경오염은 사회문제라기 보다는 산업발전의 상징으로서 당연한 것으로 받아 들여졌다. 석유화학산업은 다량의 환경오염물질들을 부산물로 남겨 이에 기인한 대기오염문제를 살펴보면 다음과 같다.

① 자동차 배출가스

석유제품이 연소되면서 자동차 배출가스로 아황산가스(SO_2), 미세먼지(PM_{10}), 탄화수소(HC), 이산화탄소(CO_2) 및 일산화탄소(CO), 질소산화물(NO_x) 등의 오염물질이 배출되고 있다. 이렇게 배출된 오염물질들은 햇빛을 받고 광화학 반응을 일으켜 인체에 유해한 물질인 오존(O_3)을 발생시키고 오염물질이 비나 안개와 결합하면서 산성비(acid rain) 혹은 산성안개를 만들어 대기오염을 악화시키고 있다.

② 지구온난화

어느 특정가스가 지구 주위를 둘러싸고 그 결과 지구층의 가열된 복사열의 방출을 막고 지구가 더워지는 현상을 온실효과(greenhouse effect)라 하고 이들 가스를 온실가스라 한다. 미국기상데이터센터(NCDC, NOAA)의 자료에 의하면 1901~2000년 사이의 지구표면 평균온도는 13.9℃ (육지평균온도 8.5℃, 바다평

균온도 16.1℃)이다. 기후변화에 관한 정부간 협의회(IPCC)가 2007년 말 발표한 제4차보고서에서 “1906년부터 2005년 사이 지구표면 평균기온이 0.74℃ 상승했고, 1961년 이후 해수면은 연간 1.8 mm씩 상승했으며, 북극해 빙하는 10년마다 2.7%씩 감소하는 등 지구온난화의 증거가 뚜렷이 나타나고 있다. 이는 1970년부터 2004년 사이 온실가스 배출량이 70%나 증가한 데 주된 원인이 있다.”고 지적하고 있다.

· 지구온난화 원인물질

온실가스 (CO_2, CH_4, N_2O, O_3, CFC(프레온) 등)

※ 기후변화협약관련 제3차 당사국총회(COP)에서 6대 온실가스로 CO_2, CH_4, N_2O, HFCs (hydrofluorocarbons), PFCs (perfluorocarbons), SF_6를 규정하였다.

· 지구온난화가 환경에 미치는 영향

구분	영향
1) 생태계	- 산림분포지역이 광범위하게 소멸되고 산림의 평형이 깨짐 - 식생대가 중위도 기준 북극쪽으로 100~55 km 북상 예상 - 우리나라의 경우 온대성 식생외에 아열대성 식생 증가
2) 수자원	- CO_2 농도가 2배 증가시 2050년까지 산악지역의 빙하가 25% 이상 감소 예상 - 우리나라의 경우 물 부족에 따른 수질 악화 예상
3) 식량	- 식량생산 감소 예상 - 어류의 이동경로 변화로 바다 생태계 변화 및 수산업 타격 - 우리나라 : 다모작 경작 가능해지며 병충해 증가 예상
4) 해안계	- 2100년 세계의 해수면은 88 cm 상승 - 우리나라 : 서해안 및 남해안 침수 우려
5) 기상	- 기후변화(엘리뇨, 라니냐, 집중호우 등)
6) 인간의 건강	- 전염성 질병체의 변화로 전염병 이동의 증가 - 말라리아와 같은 열대성 질병 증가 예상

· 온실가스 배출 저감대책

- 기후변화에 관한 국제연합 기본협약(리우환경회의)
- 교토의정서(Kyoto Protocol) (1997년 12월) : 선진국의 온실가스 감축목표, 감축대상가스, 각국의 배출 한도량, 공동이행제도 등 협약(1.10절 참조)
- 에너지 절약 및 청정에너지 사용(CO_2 발생억제)
- 온실가스 저감을 위한 에너지 절약형 산업구조로의 전환
- 정부와 민간기업간의 자발적 협정을 통한 업계의 충격을 최소화하면서 저비용 온실가스 저감방안 개발 추진
- 우리나라 온실가스 배출량은 690.2 백만 탄소톤(TC, tonnes of carbon)[2]으로 세계 9위(2015년)이다. 참고로 2004년은 462 백만 탄소톤 이었다.

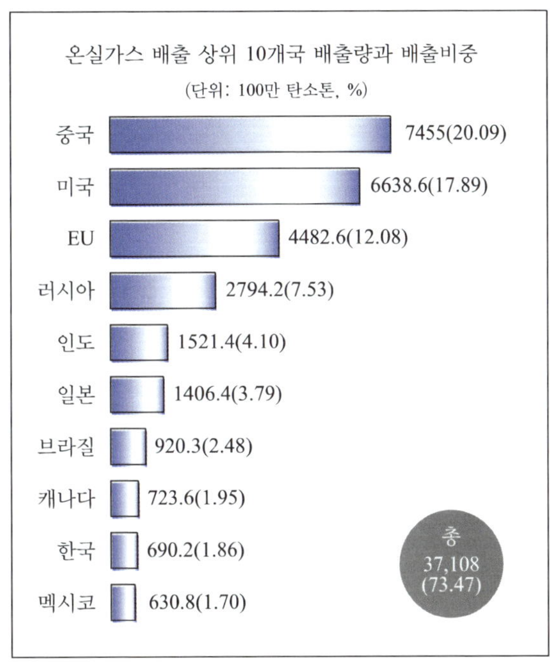

그림 1-3 온실가스 배출 현황 (2015년 기준)

---

2) **탄소톤(TC)이란?**
온실가스 중 가장 비중이 큰 이산화탄소(CO_2)의 탄소(C)를 기준으로 환산한 톤을 말한다. 현재 국제적으로 사용하고 있는 온실가스의 측정단위이다.

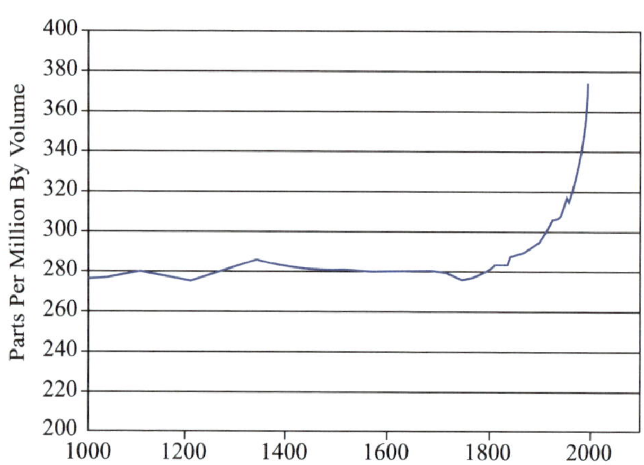

그림 1-4 대기 중 CO_2 농도 변화 (자료: Scripps, ORNL, and IPCC)

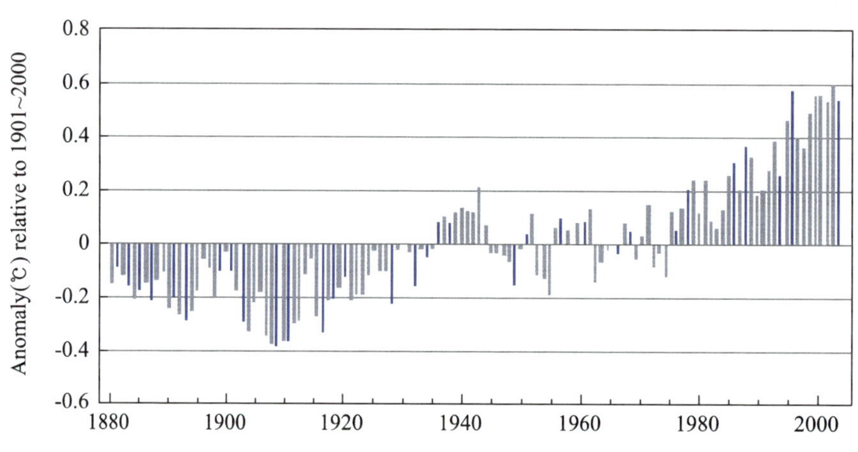

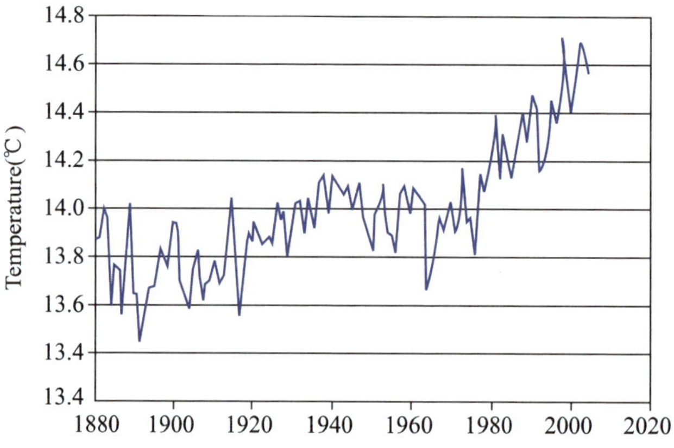

그림 1-5 지구의 평균온도 변화 (1880~2006) (자료: NCDC, NOAA)

표 1-8 온실가스의 온난화 기여도

	CO_2	CH_4	N_2O	CFCs 등
배출원	에너지사용 산업공정	폐기물 농업/축산	산업공정 비료사용	냉매 세척용
지구온난화기여도(CO_2=1)	1	21	310	1300~23,900
온난화기여도(%)	55	15	6	24
국내 총배출량(%)	91.7	3.8	2.0	2.5

출처: IPCC(기후변화에 관한 정부간 협의회, Intergovernmental Panel on Climate Change) (2015)

Tip

지구온난화 기여도(global warming potential, GWP)란?

일정기간(100년) 동안 1 kg 온실가스의 적외선 흡수능력으로 CO_2 1 kg의 상대비율로 산출되며, IPCC(Intergovernmental Panel on Climate Change, 기후변화에 관한 정부간 협의회)에서 매 회기마다 갱신함.

Tip

지구온난화 대책: 기후변화협약

이산화탄소, 이산화질소 등 온실가스 배출량을 줄여 지구온난화 현상을 억제하려는 국제적 움직임으로 1988년 기후변화에 관한 정부간 협의회(IPCC, Intergovernmental Panel of Climate Change)를 구성하였다. IPCC에서는 지구온난화의 완화를 위하여 여러 가지 규제책을 제시하였으며, 그 중에서 기존의 화석연료 중심의 에너지정책을 전환하여 대기 중에 방출하는 CO_2 배출량을 감축하는데 초점을 두고 있다. 이러한 노력의 결실로 1992년 유엔기후변화협약(UNFCC, United Nations Framework Convention on Climate Change)이 채택되었다.

세계 각국은 지구온난화 방지 협력을 위해 1997년 일본·독일 등 38개국이 '교토(京都)의정서(Kyoto Protocol)'를 채택하면서 온실가스 감축목표를 처음으로 설정했다. 교토의정서에 가입하면 각국이 2008~2012년 중 온실가스 배출량을 1990년 기준으로 평균 5.2% 감축해야 하기 때문에 장기적으로 환경친화적 산업구조로 개편해야 하는 부담이 뒤따른다. 의무이행 대상국은 오스트레일리아, 캐나다, 미국, 일본, 유럽연합(EU) 회원국 등 총38개국이며, 미국은 전세계 이산화탄소 배출량의 28%를 차지하고 있지만 자국의 산업보호를 위해 2001년 3월 탈퇴하였다. 감축 대상가스는 이산화탄소(CO_2), 메탄(CH_4), 아산화질소(N_2O), 과불화탄소(PFC), 수소불화탄소(HFC), 육불화황(SF_6) 등 6가지이다. 당사국은 온실가스 감축을 위한 정책과 조치를 취해야 하며, 그 분야는 에너지효율 향상, 온실가스의 흡수원 및 저장원 보호, 신·재생에너지 개발·연구 등도 포함된다.

2005년 2월 16일 온실가스 배출 억제에 관한 국제 규범인 기후변화협약 교토의정서가 발효되었다. 이로써 EU, 일본을 비롯한 선진국의 온실가스 감축 활동이 본격화되었다.

최근 2007년 12월에 인도네시아 발리에서 180여 개국 대표가 참석한 제13차 유엔기후변화협약 당사국 총회는 향후 기후변화 대응과 관련한 협상분야, 절차, 시한을 담은 '발리 로드맵'이 합의되어, 2009년까지 새 기후변화협약을 마련하기 위한 협상이 진행되었다. 이로서 1997년 채택돼 2005년 발효된 교토의정서는 2012년에 효력이 끝이 난다. 선진국은 교토의정서에서 정한 '1990년 대비 5.2% 감축'보다 강력한 감축안을 내놓고, 개도국들도 자발적인 감축 목표를 정해야 한다. 구체적인 감축 목표와 방법은 2년간의 협상기간을 거쳐 2009년 덴마크 코펜하겐에서 열리는 15차 기후변화 총회에서 결정된다.

우리나라는 1993년 12월 세계 47번째로 기후변화협약에 가입하였으며, 제3차 당사국총회에서 기후변화협약상 개발도상국으로 분류되어 의무대상국에서 제외되었으나, 2013년부터 온실감축 대상국에 편입되어 이산화탄소 등 온실가스의 배출량을 큰 폭으로 줄여야 하며 세계 9위의 온실가스 배출국가로서 의무 부담의 결과에 따라 경제 및 산업에 미치는 파장이 적지 않을 것으로 예상된다.

i) 공동이행제도(JI : Joint Implementation) : 교토의정서 제6조
부속서 I 국가들 사이에서 온실가스 감축사업을 공동으로 수행하는 것을 인정하는 것으로 한 국가가 다른 국가에 투자하여 감축한 온실가스 감축량의 일부분을 투자국의 감축실적으로 인정하는 체제임.

ii) 청정개발체제(CDM : Clean Development Mechanism) : 교토의정서 제12조
선진국(부속서 I)이 개발도상국(비부속서 I)에서 온실가스 감축사업을 수행하여 달성한 실적의 일부를 선진국의 감축량으로 허용하는 것임. CDM을 통하여 선진국은 온실가스 감축량을 얻고, 개발도상국은 선진국으로부터 기술과 재정지원을 얻을 것으로 기대하고 있음.

iii) 배출권 거래(ET : Emission Trading) : 교토의정서 제17조
온실가스 감축의무 고유국가(Annex B)가 의무감축량을 초과하여 달성하였을 경우 이 초과분을 다른 부속서 국가(Annex B)와 거래할 수 있도록 허용하였음. 이와 반대로 의무를 달성하지 못한 국가는 부족분을 다른 부속서 B 국가로부터 구입할 수 있음.

iv) 흡수원(Sinks) : 대기의 이산화탄소를 흡수하여 제거하는 기능을 하는 것을 말함. 즉 배출된 이산화탄소는 식물의 광합성 작용을 통해 탄소와 산소로 분리되어 탄소는 식물의 성장분으로 사용되고 산소는 다시 대기 중으로 배출됨. 교토의정서는 토지용도변화와 조림사업에 의한 산림의 증가로 인한 이산화탄소 감축 흡수량을 흡수원으로 규정하고 있음.

③ 산성비

대기중에 존재하는 SO_x나 NO_x가 비에 녹아 pH 5.6 이하인 비(보통비의 pH = 5.6)를 산성비(acid rain)라 한다. 석유나 석탄 중에 함유된 황(S)성분의 연소에 의하여 SO_2가 생성되고, 공장이나 자동차의 배출가스 중에 NO_x가 함유되어 대기를 오염시키며 이것이 비에 녹아 산성비가 된다.

· 산성비 원인물질

아황산가스(SO_2) : 화석연료 연소
질소산화물(NOx) : 자동차 배기가스, 공장 배출가스 등

· 생성과정

$$S + O_2 \rightarrow SO_2$$
$$SO_2 + 1/2\,O_2 \rightarrow SO_3$$
$$SO_3 + H_2O \rightarrow H_2SO_4$$
$$N_2 + O_2 \rightarrow 2NO$$
$$2NO + O_2 \rightarrow 2NO_2$$
$$3NO_2 + H_2O \rightarrow 2HNO_3 + NO$$

· 영향

- 산림파괴
- 하천, 호소 등을 오염시켜 생태계 파괴
- 토양 산성화로 농업생산에 악영향
- 건물, 교량 등 구조물 부식

· 산성비 피해지역

- 북미의 캐나다, 스칸디나비아 호수지역
- 스웨덴, 노르웨이 : 호수의 약 21%가 산성화
- 서부독일 : 삼림의 50%, 동부독일 75% 피해
- 최근에는 중국의 산업화에 따른 동아시아 지역의 산성비 피해 증가
- 우리나라도 서울, 부산 등 대도시 지역과 울산, 창원, 구미 등의 공업 도시를 중심으로 서서히 산성비의 피해가 나타나고 있음.

· 산성비 방지를 위한 국제협약

- 미국과 캐나다의 환경협력
- EU를 중심으로 한 지역환경협력
- 동아시아 산성비모니터링 네트워크(Acid Deposition Monitoring Network in East Asia: EANET) : 우리나라를 포함한 동아시아 지역 10개국은 정부간 회의를 진행하는 등 산성비 피해를 줄이기 위한 국제협력 기반을 조성하고 있다.

④ 오존층 파괴

오존층(ozone layer)은 대기권 고도 15~50 km의 성층권(stratosphere)에서 오존농도가 높은 15~35 km 위치에 있는 대기권층을 말한다. 열권이나 중간권을 통과해 온 태양광선이 성층권에 도달할 때 아직 상당한 자외선이 포함해 있다. 오존농도는 지상 약 35 km에서 평균 약 10 ppm 정도이다. 오존층은 태양으로부터 유입되는 유해한 자외선의 약 99%를 흡수하여 지구 표면에 도달하지 못하도록 한다. 정상적으로 오존의 평균 두께는 크게 변하지 않는데 이것은 오존의 형성과 파괴 비율이 균형을 이루고 있기 때문이다. 지상을 덮고 있는 오존량은 돕슨단위[3] (DU, Dobson unit)로 나타낸다. 지구 전체의 평균 오존량은 두께로 해서 3 mm로 300 돕슨(Dobson)이다. 적도 부근에서는 약 260 돕슨이고 북극에서는 최대 450 돕슨, 남극에서는 380 돕슨이다.

1974년 캘리포니아 대학의 모리나(Molina)와 로우랜드(Rowland) 박사가 염화불화탄소 (CFC (chlorofluorocarbon), 일명 프레온가스)가 오존층을 파괴한다는 내용의 논문을 과학잡지 “NATURE”에 처음 발표하였다. 그 후 1985년 영국 남극 조사팀에 의해 남극오존층 파괴현상이 처음 발견되었고 남극 봄철(9~11월)에 미대륙 면적과 에베레스트산의 높이에 해당하는 오존층이 남극에서 파괴되는 것을 관측하였다. 1987년 10월에는 소위 오존홀(ozone hole)이라고 명명된 오존층 파괴가 현저하게 나타났고 파괴가 가장 심각한 남극 15~20 km 고도 내에서 오존 전량의 약 95%가 파괴되었음이 밝혀졌다.

---

[3] 돕슨단위(Dobson unit) : 표준상태 0°C 1기압에서 오존 0.01 mm의 두께에 상당하는 양

또한 최근 인공위성 님버스7호(Nimbus-7)의 오존전량측정기(TOMS, total ozone mapping spectrometer)로 관측된 자료 등을 분석한 결과, 남극상공의 오존층은 절반이, 칠레남부 상공의 오존층은 1/4, 북반구는 매 10년마다 4%씩 파괴되고 있으며 북극에서도 1996년 전체 오존량이 1980년대 초의 양에 비해 20~25% 더 감소한 것으로 나타났다. 그림 1-6은 남극지방에서의 최저오존량 변화를 보여주고 있다.

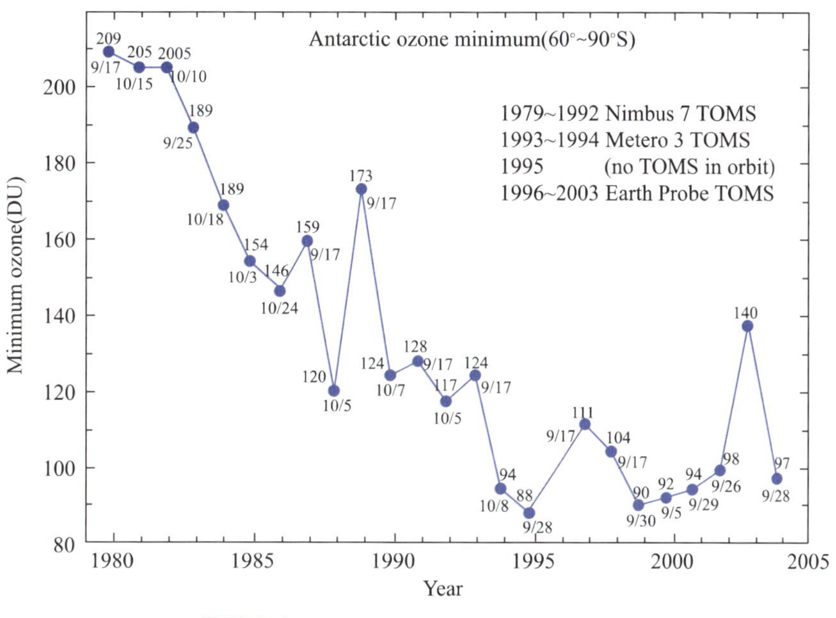

그림 1-6 남극지방의 최저오존농도 변화

· 오존층 파괴 원인물질

프레온가스(CFCs), 할론가스(halon gas), HCFCs, 함염소화물 등

· 오존층 파괴 영향

- 강한 자외선으로 인한 피부암 증가 및 건강장애
- 식물성장 장애 및 돌연변이
- 해양생태계 먹이사슬 파괴 등

· 오존층 파괴 대책

- 비엔나협약 : 1985년
  오존층 보호의 필요성 강조
  173개국 가입, 우리나라 1992년 2월 가입
- 몬트리올 의정서(Montreal Protocol) : 1987년
  오존층 파괴물질로 CFCs, Halon, CCl_4 등 95종의 물질을 규정
  CFC, 사염화탄소, 할론 등의 오존층 파괴물질의 폐기 일정 협의
- 우리나라 대책
  1991년 : "오존층보호를 위한 특정물질의 제조규제 등에 관한 법률제정"
  ~ CFCs 등 규제물질의 소비량 감축 정책추진

Tip

프레온 가스(freon gas, CFCs)란?

메탄과 에탄의 탄소(C)에 염소(Cl)와 플루오르(F)가 결합된 화합물을 말하며 chlorofluoroalkane 혹은 chlorofluorocarbons(CFCs)라고 한다. 1928년 미국의 과학자 Midgely가 암모니아를 대신할 냉장고용 냉매로 개발했고(프레온 12), Du Pont사가 프레온(freon)이라는 상품명으로 처음 제조, 판매하였다.
CCl_3F (CFC-11) CCl_2F_2 (CFC-12)가 가장 널리 사용되는데, 이는 매우 안정한 화합물로 냉동제, 발포제품의 거품제조제, 세척제, 스프레이용으로 사용되고 있다.
최근에는 방취제를 사용하는 캔, 헤어스프레이, 기타 생산품의 분사제로 사용된다.
제법 및 명명법은 제3장에서 자세히 다루었다.

할론(halon)가스

할론가스는 프레온과 비슷한 물질로 프레온의 염소 대신에 브롬이 포함되어 있다. 브롬은 염소보다 성층권에는 훨씬 적게 존재하지만 오존분해능은 비슷하거나 큰 것으로 알려져 있다. 할론가스는 불연성 때문에 주로 소화제로 많이 사용되며, 주요 할론가스는 다음과 같다.

예) $CBrClF_2$ (halon-1211), $CBrF_3$ (halon-1301)

Tip

HCFC, HFC

프레온가스가 오존층 파괴물질로 생산 및 사용이 규제됨으로써 이에 대한 대체물질로 개발된 것이 수소화염화플루오르화탄소 (hydrochlorofluorocarbon, HCFC)이다. 즉, CFC 중의 오존층파괴 원인물질인 염소(Cl)를 수소(H)로 치환함으로써 CFC보다 오존층을 적게 파괴하는 물질로 개발되었으나 HCFC도 역시 오존층을 파괴함으로써 2030년까지 사용이 전면 중지된다('몬트리올 의정서').

예) $CHClF_2$ (HCFC-22)
염소를 함유하지 않고 수소, 플루오르, 탄소만으로 이루어진 화합물을 수소화플루오르화탄소(hydrofluorocarbon, HFC)라 한다.

예) CH_2FCF_3 (HFC-134a)

※ PFC : 과불화 화합물(perfluorinated compound)

(2) 정유공장의 대기환경정책

우리나라에서 대기오염이 문제가 된 것은 '70년대 이후이다. 경제개발 5개년 계획에 따라 대규모 공업단지가 조성되고, '70년대 각종 산업육성정책에 따라 급속한 경제성장이 이루어지면서 대기오염이 사회문제로 대두되기 시작했다. 그러나 본격적인 대기정책의 출발은 '80년대부터이다. 1986년에 특정지역이 아황산가스 저감을 위한 특별대책지역으로 지정되고, 1987년에 무연휘발유 보급 등 자동차 대책이 본격적으로 시작되었다.

정유회사들은 저황유 공급정책에 따라 1970년 황함량 4.0% 중유를 시작으로 1997년에는 0.5% 중유를 공급하였고, 산업용 경유의 경우 1.0%에서 0.1%로, 자동차 경유는 1998년부터 0.43%의 저황 경유를 생산하였다. 2001년부터는 0.3%의 초저황 중유를 공급하고 있으며, 경유 승용차 도입에 따라 30 ppm(0.003%)의 초저황 경유를 2004년부터 공급하고 있다.

연료 품질 강화를 통한 대기오염 저감 외에도 연료 주입시 VOC(휘발성 유기화합물, volatile organic chemical)에 의한 대기오염을 막기 위한 대책으로 정유공장, 주유소, 소비자의 VOC회수와 선박 급유시 VOC 회수가 진행 중에 있다.

CHAPTER 02

석유정제

2.1 석유정제 서론

(1) 석유화학산업

석유화학산업(petrochemical industry)은 일반적으로 원유를 정제하여 석유유분을 얻는 석유정제공업과 석유유분 또는 천연가스를 원료로 에틸렌, 프로필렌, 뷰타다이엔 등 올레핀계 제품과 벤젠, 톨루엔, 자일렌 등 방향족 제품 등의 기본 유기화합물을 생산하는 공업과 이들을 이용하여 합성수지, 합성섬유, 합성고무, 합성세제, 기타 화학약품 등을 제조하는 석유화학공업을 말한다. 근대적 석유공업은 다음과 같이 분류한다.

① 석유광업(petroleum mining)
유전이나 천연가스의 소재를 탐색하여 원유와 천연가스를 채굴하는 공업

② 석유정제공업(petroleum refining)
원유를 정제하여 연료유, 나프타(naphtha), 용제, 윤활유 등의 석유제품을 만드는 공업

③ 석유화학공업(petrochemical industry)
석유(나프타)를 전화시켜 유기화학공업용 기초 원료나 중간제품 등의 석유화학제품을 만드는 공업

(2) 석유공업의 특징

석유공업은 다음과 같은 특성이 있다.

① 자본집약적 장치산업
- 1개 단지(complex) 건설에 20억$ 전후 소요
- 규모의 경제(scale merit)가 있는 산업

② 기초 소재산업
- 자동차, 전자, 건설 등 주력산업에 원자재를 공급하는 핵심기간산업
- 천연소재(철, 알루미늄, 목재, 종이, 면, 양모 등)의 대체산업

③ 콤비나트(Kombinat, 기업집단)형 장치산업
- 모체인 나프타 분해공장에서 생산되는 기초유분의 수급균형 유지를 위해 계열화, 단지화를 이루어야 하는 산업
- 원자재의 대량이동이 용이
- 유틸리티(utility), 항만 등 공동 이용

④ 고부가가치 창출
- 일단 건설된 설비에는 원료와 에너지만 투입하면 최소한의 인력으로 대량의 제품을 생산하여 고부가가치를 창출

⑤ 환경을 보존하는 친환경산업
- 광물이나 목재 등의 천연자원을 대체하기 때문에 천연자원이 보존

(3) 우리나라의 석유정제산업

우리나라 석유화학산업은 1960년대 경제개발 5개년 계획 아래 중화학공업 발전계획이 수립되어 그 기반을 구축하여 1964년 4월 미국 Gulp사와 합자 회사인 국내 최초 정유회사인 대한석유공사가 울산에 설립되어 하루 정제능력 3만 5천 배럴 규모의 원유를 증류하여 현대적인 석유시설을 갖추게 되었다.

그 후 1969년 6월 미국 Caltex사와 합자한 호남정유가 여천에서 하루 6만 배럴 규모로 가동을 시작하게 되었다. 1970년대 두 차례에 걸친 석유파동의 위기속에서 원유의 안정적 확보와 석유제품의 원활한 공급이 절실했던 당시의 시대적 요구에 부응하여 극동정유, 경인에너지 그리고 쌍용정유 회사가 설립되어 석유제품의 생산시설능력이 월등하게 되었다. 2017년 국내 정유회사는 SK에너지, GS칼텍스, S-OIL, 현대오일뱅크 등으로, 우리나라 원유의 총정제능력은 이들 4개 정유공장에서 하루 약 305만 배럴의 생산규모로 자급자족을 충분히 할 수 있는 생산체제를 갖추고 있다.

국내 정유업계가 2016년 수출한 석유제품이 약 4억 5천만 배럴로, 석유제품별로는 경유가 전체의 37%인 약 1억 7천7만 배럴로 가장 많았고, 뒤이어 항공유(21%), 휘발유(16%), 나프타(10%) 순으로 고부가가치 경질유 위주로 수출하고 있다.

표 2-1 우리나라 원유처리량 추이

연도	정제능력(B/D)	비 고
SK에너지	121만	- 가동일 : 1964년 4월 - 미국 걸프사와 합작 - 대한석유공사 – ㈜유공 – SK에너지 변경 - 2008년 SK인천정유 합병 완료
GS칼텍스	78만	- 가동일 : 1969년 4월 - 미국칼텍스사와 합작 - 호남정유 – LG칼텍스정유 – GS칼텍스㈜ 변경
에쓰오일(S-Oil)	65만	- 가동일 : 1980년 5월 - 쌍용양회 – (이란)석유공사 합작 - 쌍용정유 – 에쓰오일 변경
현대오일뱅크	67만	- 가동일 : 1966년 3월 - 극동석유 – (영)로얄더치셸시사 합작 - 극동정유 – 현대정유 – 현대오일뱅크 변경

* 대한석유협회 참조. 가동률은 약 90~95%이다.

2.2 석유의 생성

(1) 석유의 생성조건

원유(crude oil)는 탄화수소(hydrocarbon)를 주성분으로 한 여러 가지의 유기화합물의 혼합물로 이루어져 있고 불순물로 황, 산소, 질소, 금속을 미량 함유하고 있는 화합물로서 다음과 같은 조건에서 잘 생성된다.

① 유기물을 함유한 퇴적암이 널리 발달하여 큰 퇴적 분지가 형성되어 있어야 한다.
② 적절한 온도와 압력에 의해 화학변화가 진행되어야 한다.
③ 석유층이 생성되는 사암이나 석회암이 있어야 한다.
④ 지각의 변동에 의해 석유가 고이기 쉬운 지층 구조를 이루어야 한다.

그러나 이와 같은 조건은 시간적으로 동시에 성립되어야 하기 때문에 석유를 채취할 수 있는 지역은 극히 한정되어 있기 마련이다.

(2) 석유의 성인설

① 무기성인설(無機成因說)

마그마(magma) 중의 탄소와 수소에서 유래했다는 설과 무생물원으로부터 탄화수소류가 생성되었다고 하는 설로 주로 금속 탄화물이 물과 반응하여 메틸렌(methylene, CH_2)을 생성하고 이것이 중합되어 탄화수소가 되었다고 하는 설이다.

② 생물성인설(生物成因說)

동식물이 해저에 가라앉음 → 퇴적층 형성 → 지압·지열 → 케로젠 생성 → 탄화수소

수중 동식물, 주로 호수와 바다에 서식하는 식물 플랑크톤의 시체가 해저에 퇴적하여 혐기성 박테리아의 작용에 의해 단백질과 탄수화물이 분해되어 탄소와 수소의 함량이 많은 아스팔트상의 물질(케로젠, kerogen)을 생성하고, 이것이 퇴적된 물질이나 토사와 함께 퇴적층을 형성하여 장기간에 걸쳐 지열·지압의 작용을 받아 고온고압하에서 공존하는 금속화합물의 촉매작용에 의해 탄화수소를 형성하였다는 설로 '유기기원설(有機起源說)'이라고도 한다. 이것이 석유의 주성분이 탄화수소(hydrocarbon)임을 설명해 주는 이유이다. 발견된 유전에서 석유와 함께 존재하는 높은 농도의 염수(鹽水)가 이 설을 뒷받침하고 있다. 위 두 가지 학설 중에서 생물성인설을 주장하는 쪽이 더 우세하다.

(3) 석유의 매장구조

석유가 매장되어 있을 만한 지질구조를 트랩(trap)이라고 부른다. 트랩의 기본원리는 석유가 물보다 가볍기 때문에 물과 함께 있을 경우에는 항상 석유가 물위에 뜨는 형태를 이루고 동시에 지하의 강한 압력에 의해 끊임없이 위쪽으로 밀어 올려지고 있어 이와 같은 조건에 견디면서 석유가 빠져나가지 못하도록 단단히 붙잡아 둘 수 있는 구조를 말한다. 석유가 있을법한 구조는 지각의 횡압력에 의해 지층들이 위로 볼록하게 휘어지는 습곡작용과 암염 등의 밀어올림에 의해 형성되는 배사구조(背斜構造, anticline)이다. 즉 퇴적 당시에 수평이었던 지층이 뒤에 지각변동에 밀리고 구부러져 아치모양의 구조(배사구조)를 가지게 되는데 대부분의 석유가 이 구조에서 발견되고 있다.

유전(油田)은 배사구조를 가진 지층 중에 위로부터 가스층, 유층이 있고, 그 밑의 수층(염수) 위에 부유한 형태로 유층이 존재한다. 유층의 대부분은 지하 5,000 m 이내에 있지만 10,000 m을 넘는 것도 알려져 있다.

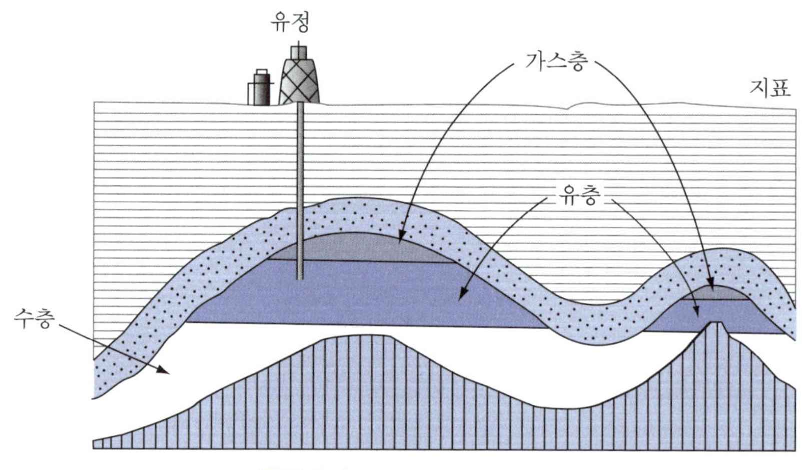

그림 2-1 석유의 매장구조와 유전

2.3 석유의 탐사와 개발

(1) 유전의 탐사

석유를 생산하려면 먼저 유층이 어디에 있는가를 찾아야 하는데 이 유층을 찾는 작업을 **탐사**라고 한다. 탐사는 지질조사, 물리탐사, 시추탐사의 3단계로 분류된다.

지질조사는 육상 지역 또는 해역의 지질을 조사하여 석유의 매장 여부와 가능성을 판단하게 되는데, 항공기, 인공위성을 이용하여 고공에서 항공사진이나 원격탐사 자료를 취득하여 지표사진을 판독하고, 원격탐사 결과 인지된 지형과 이와 관련된 지질구조를 암시하는 습곡, 단층, 균열대 등을 직접 탐사하는 것이다. 주로 퇴적분지를 구성하는 암석의 종류, 퇴적의 발달 상황, 인접한 지층과의 층서 관계 등을 조사하게 된다. 이와 같은 결과를 토대로 하여 퇴적분지의 형상, 지하 심부에서의 구조 형태, 석유를 생성한 퇴적암인 근원암, 석유가 고이는 저류암의 발달 상황의 개요와 유전 형성의 가능성에 대해 추정하게 된다. 그 결과가 유망할 경우 지하 지층의 상태를 조사하는 물리탐사를 실시하게 된다.

물리탐사에는 탄성파 탐사, 중력 및 자력 탐사 및 전기 탄성파 탐사 등이 있다. 이 중 탄성파 탐사는 지표 또는 해상에서 인위적으로 탄성파(지진파)를 발사하여 지하지층의 경계면에서 반사되어 돌아오는 반사파를 컴퓨터로 해석하여 석유 부존 가능성이나 유망 구조를 도출하는 것이다. 최근에는 컴퓨터의 발달로 인해 3차원(3D)에 이어 4차원(4D) 탄성파 탐사가 도입 되어 지하의 지층구조를 수직 및 수평으로 파악할 수 있게 되어 정밀탐사에 유력한 기법으로 사용되고 있다. 중력과 자력탐사는 지구 자체가 지니고 있는 중력장과 자력장이라는 물리적 현상을 토대로 하여 탐사 대상지역에서 국지적인 중력 또는 자력의 이상변화를 측정하여 부존 자원 또는 지질구조를 규명하는 탐사 방법이다.

자력, 중력, 지진 등을 이용한 방법이 있으나 지진탐사가 가장 정확하기 때문에 많이 이용되고 있다. 지진탐사는 다이나마이트 혹은 기계에 의한 압축공기를 사용하여 인공적으로 지진을 일으켜 지진파가 다른 경도와 밀도를 가진 암석의 경계면에서 반사하여 지표에 되돌아오는 것을 측정하여 지하의 지질구조를 파악하는 방법이다. 지진탐사를 하면 지하구조의 파악뿐만 아니라 암석의 종류나 지층내의 유체가 무엇인지도 알 수 있다.

시추탐사는 지표에서의 탐사결과에 의하여 부존물의 위치, 규모와 성질을 추정하고 이를 토대로 직접 석유의 존재여부를 확인하고, 추가적으로 정밀한 지하정보를 얻기 위해 지하에 구멍을 뚫고 탐사하는 것을 말한다. 시추작업은 비트(bit)라 불리는 회전용 굴삭기를 이용해 땅속을 회전해 들어가면서 흙, 암반을 뚫는 것이다. 회전식 시추는 수직 방향뿐만 아니라 수평 또는 어느 방향으로도 굴착이 가능하다. 또한 육상뿐만 아니라 해상에서도 시추를 위한 리그를 설치하여 수천 m까지 굴착이 가능하다.

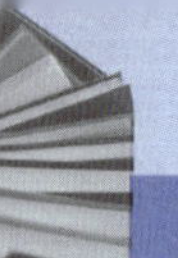

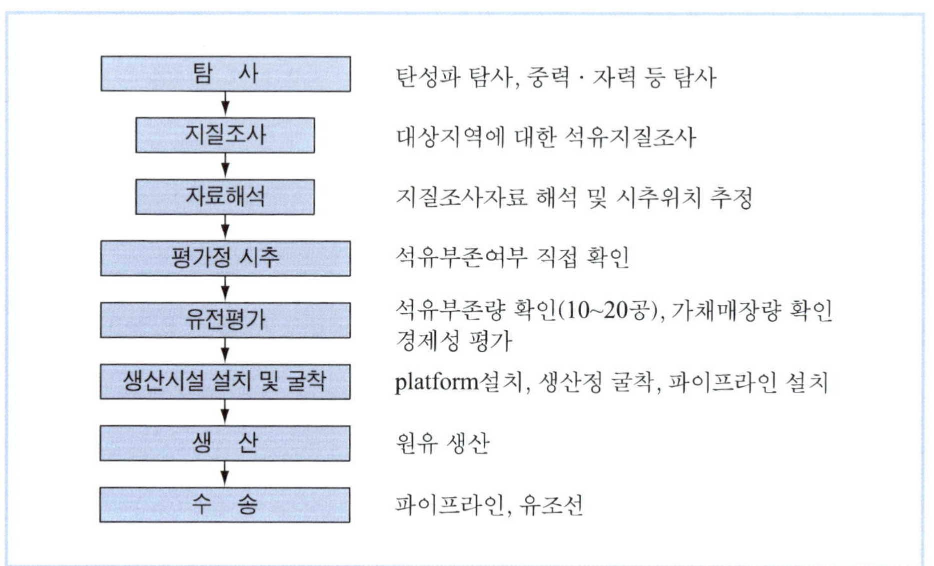

그림 2-2 석유개발 계통도

(2) 석유시추 및 채굴

시추작업 과정에서 석유가 발견되면 개발·생산 단계로 전환된다. 지상에는 원유, 가스를 뽑아내는 크리스마스트리(Christmas tree)라 불리는 생산장치를 설치한다. 해상에는 플랫폼(platform)을 설치하여 원유를 생산한다. 해상 플랫폼은 바다의 깊이, 유전의 규모, 육지로부터의 거리에 따라 다양한 규모로 설치되며, 강철과 콘크리트를 이용하여 해저에 고정된다. 가장 큰 규모의 플랫폼은 25층 건물 높이에 축구장보다 크며 500여명의 생산기술자들이 상주하기도 한다.

유전은 생산 초기에는 가스나 석유 밑에 깔려있는 물의 압력에 의해 석유가 자연히 위로 분출하게 되는데 이를 자분(自噴)이라고 한다. 그러나 원유를 계속 생산하게 되면 저류층의 압력이 낮아지든가 또는 가스량이 감소되면서 자분은 약해지며 또는 중지되는 수가 있다. 이처럼 유층내 압력에 의한 자연적 분출에 의해 원유를 생산하는 것을 1차 회수(primary recovery)라고 한다. 1차 회수에 의해 생산되는 석유는 매장량의 20~30%에 지나지 않는다. 나머지는 유정내에 가스를 주입(gas injection)하는 가스압입법이나 물을 주입하는 수공법(水攻法)으로 강제적으로 석유를 회수하는데 이를 2차 회수(secondary recovery)라고 한다. 지하에서 지표로 올라온 석유는 가스와 물이 혼합되므로 먼저 석유로부터 가스와 물을 분리한다. 석유와 가스는 유전에서 일시적으로 탱크에 저장한 후에 파이프라인에 의해 목적지로 운반된다. 가스 속에는 메탄, 에탄, 프로판, 부탄 등이 혼합되어 있으므로 이를 분리해서 판매한다. 유층으로부터 원유의 회수는 다음의 세 가지 방법으로 행한다.

① 1차 회수법 : 원유의 자동분출 또는 펌프에 의한 회수
(존재량의 약 20～30% 회수 가능)

② 2차 회수법 : 유층에 물이나 가스를 가압하여 채유하는 방법(예: 가스압입법, 수공법)
(존재량의 40～50% 회수 가능)

③ 3차 회수법 : 용매, 계면활성제 등의 화학약품을 주입하여 잔유의 점도를 저하시키고, 채유를 용이하게 하여 회수하는 방법
(존재량의 65～75%까지 회수 가능, 현재 실용화기술 개발 중)

현재 주로 1차 회수법이 실시되고 있으나 미국에서는 2차 회수법이 상당히 보급되어 있다. 3차 회수법은 아직 실용화에 이르지 못하고 있으나 앞으로 기술의 발달에 의해 회수율 향상이 기대된다.

유정에서 채취된 원유는 분리기에서 용해 가스를 뽑고, 소금물, 토사 등을 분리한 뒤, 파이프라인을 통하여 정제 공장 또는 저유탱크 기지로 보내진다. 그림 2-3은 석유시추 시설을 보여주고 있다.

그림 2-3 석유시추

2.4 석유매장량 및 가채년수

석유의 매장량(oil reserve)이란 그 시점에 있어서 지질학적, 기술적, 경제적으로 보아 채취 가능하다고 추정되는 분량을 말하며 엄밀하게는 확인매장량(proven reserves)이라고 한다. British Petroleum 통계에 의하면 세계의 지역별 채취 가능한 석유매장량은 2016년 기준으로 17,067억 배럴(barrel, bbl)로 집계되고 있으며, 연간 산유량은 336억 배럴로 가채년수는 약 51년으로 추정된다.

표 2-2에 주요 화석연료의 가채매장량 및 가채년수를 나타내었다. 석유매장량의 약 48%와 생산량의 약 35%가 중동지역에 집중되어 있다(1.6절 참조).

석유의 확인매장량(R)을 그 해의 연간 석유생산량(production, P)으로 나눈 값을 가채년수(可採年數)라 한다.

$$\text{가채년수} = \frac{\text{확인매장량(R)}}{\text{연간 생산량(P)}}$$

여기서 계산되는 가채년수는 석유수명의 기준으로 잘못 사용되기도 하나 이 값의 계산기초에는 새로운 유전의 발견이나 기술발전에 기인한 생산량의 증가분을 전혀 고려하지 않았으므로 장래의 석유수명을 예측하는 척도로 삼기에는 다소 무리가 있으나, 석유 공급력의 한 지표로 사용되고 있다.

표 2-2 주요 화석연료의 가채매장량 및 가채년수

구 분	석 유	천연가스	석 탄
가채 확인매장량(R)	17,067억 배럴	186.6조 m^3	11,393억 톤
년생산량(P)	336억 배럴	3.6조 m^3	75억 톤
가채년수(R/P)	51년	52년	152년

(출처: BP Statistical Review of World Energy, 2017)

Tip

참고

가채년수는 과거 수십년간 30~40년의 값으로 추정되어 큰 변화는 없었다. 그러나 지구상의 석유는 유한하다. 진정한 의미의 석유 수명이라고 말할 수 있는 궁극적인 가채년수는 80년 정도라고 산출한 예도 있다.

석유고갈에 대한 우려는 1930년대부터 제기되었으며 석유를 비롯한 자원의 고갈 문제에 대한 보고는 1960년대의 로마클럽의 보고서가 있었다. 석유자원은 유한한 자원으로서 앞으로 약 40~50년이면 석유자원이 완전히 고갈될 것이라는 주장과 함께 가용 석유자원 양의 변동추이를 둘러싸고 전문가들 사이에 많은 논란이 있는 실정이다. 현재의 기술로 경제적으로 회수할 수 있는 양은 현재 가채매장량의 약 3분의 1정도이기 때문에 앞으로 개발기술이 계속적으로 진보되어 나머지 3분의 2를 회수할 경우, 새 유전이 전혀 발견되지 않는다 해도 가채년수는 3배로 늘어나게 된다.

향후 새로운 석유의 발견량을 정확히 예측하는 것은 어렵지만 금후 발견될 것으로 추정되는 가채매장량은 미국 지질학연구소(USGS)가 발표한 "세계석유예측 2000"이라는 보고서에서 "1995~2025년 사이 석유와 액화천연가스(LNG) 등 세계의 가용 석유자원 증가량이 약 5조 배럴에 이르러 부족함이 없을 것"이라는 내용의 보고서를 내놓았다. 이 보고서는 전세계 지역에 대하여 기술발전, 유전의 채굴조건은 물론 각 지역의 정치경제적 여간까지 고려해 1995~2025년의 세계 석유자원을 예측하였다.

현재 발견됐으나 아직 채굴에 들어가지 않은 "미채굴 매장량"은 석유 8,590억 배럴, 메탄 등 가스 7,700억 배럴, 액화천연가스 680억 배럴 등 모두 1조 6,970억 배럴이다. 채굴기술의 발전에 따라 기존유전에서 증산이 가능한 "추가 증가매장량"은 석유 6,120억 배럴, 가스 5,510억 배럴, 액화천연가스 420억 배럴로 총 1조 6,970억 배럴 추정하였고, 앞으로 발견될 "발견예상매장량"(발견가능성이 100%인 매장량에서 0%인 매장량까지 퍼센트별로 계측한 뒤 이를 가중평균한 매장량)은 석유 6,490억 배럴, 가스 7,780억 배럴, 액화천연가스 2,070억 배럴 등 모두 1조 6340억 배럴에 이른다.

결론적으로 1995~2025년 사이 세계의 가용 석유자원 증가량(미채굴매장량+증가매장량+발견예상매장량)은 모두 4조 5,360억 배럴에 이를 것으로 예측된다. 여기에 같은 기간 미국의 3,670억 배럴을 더하면 모두 4조 9,030억 배럴이나 된다. 따라서 이 보고서는 지난 100년간 석유자원의 총생산량을 6,960억 배럴로 추정하고 있어 인구와 에너지소비의 급격한 증가 등을 감안해도 '앞으로 충분한 석유자원이 남아있다'고 예상하고 있다. (발췌 : 한겨레신문, 2000.6.26)

2.5 원유의 조성과 종류

(1) 원유의 조성

원유(석유)는 자연에서 산출되는 갈색에서 검은색의 가연성 액체이다. 원유의 주성분은 탄소와 수소로 이루어진 탄화수소(炭化水素, hydrocarbon)이고 비탄화수소 성분으로 황, 질소, 산소 화합물이 불순물로 혼합되어 있고, 무기염 또는 유기금속 화합물의 형태로 금속이 소량 원유에 포함되어 있다. 즉, 원유는 다음의 세 가지 물질로 혼합되어 구성되어 있다.

① 탄화수소 혼합물
② 비탄화수소 화합물(황, 질소, 산소화합물)
③ 유기금속화합물과 무기금속화합물

원유의 원소조성은 원산지에 따라 약간 차이는 있으나 일반적 조성성분은 다음과 같다.

표 2-3 원유의 원소조성

원 소	조 성 (%)	원 소	조 성 (%)
탄소(C)	82～87	산소(O)	0～2
수소(H)	11～15	황(S)	0～4
질소(N)	0～1	회분(ash)	0.01～0.05

원유를 구성하고 있는 탄화수소는 포화탄화수소인 파라핀계 탄화수소(alkane), 나프텐계 탄화수소(cycloalkane), 방향족계 탄화수소(aromatic hydrocarbon)로 구성되어 있고, 이중에서 파라핀계와 나프텐계가 80~90%를 차지한다. 일반적으로 비탄화수소를 포함한 화합물은 약 4% 이하이다. 불포화탄화수소인 올레핀계 탄화수소(alkene)와 아세틸렌계 탄화수소(alkyne)는 거의 포함하고 있지 않다.

① 파라핀계 탄화수소(alkane, paraffin)

파라핀계 탄화수소 혹은 알케인(alkane)은 C_nH_{2n+2}의 일반식을 가진 포화탄화수소이다. 가장 간단한 알케인은 메탄(methane, CH_4)으로 천연가스의 주성분이다. 메탄, 에탄, 프로판, 부탄은 상온, 대기압에서 기체로서 이들은 일반적으로 용해된 상태로 원유와 동반되어 발견된다.

노말알케인(normal alkane)은 가지가 없는 곧은 사슬 탄화수소(straight-chain hydrocarbons)이고 가지 달린 알케인은 주사슬에 알킬 치환체 혹은 곁가지가 붙어 있는 포화탄화수소이다. 분자식은 같으나 구조가 틀린 화합물을 구조이성질체(structural isomer)라 한다. 예를 들면, 부탄(C_4H_{10})은 *n*-부탄과 2-메틸프로판(2-methyl propane, isobutane)의 2개의 이성질체가 있다.

$CH_3CH_2CH_2CH_3$

n-butane

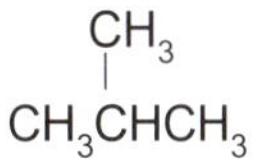

CH_3
|
CH_3CHCH_3

isobutane

같은 수의 탄소를 가진 파라핀이성질체에서는 보통 *n*-알케인이 비점과 응고점이 가장 높고 다음이 *iso*-, *neo*- 순이다. C_1~C_4는 상온에서 기체이며, C_5~C_{15}는 대개 액체이고 그 이상은 고체이다. 보통 *n*-파라핀은 아이소파라핀에 비하여 석유 중에 훨씬 많이 함유되어 있다.

② 나프텐계 탄화수소(cycloalkane, naphthene)

나프텐계 탄화수소는 고리가 달린 포화탄화수소로 사이클로알케인(cycloalkane)이라고도 하며 일반식은 C_nH_{2n}이다. 파라핀계 탄화수소와 함께 원유 중에 가장 많이 포함되어 있는 탄화수소이다. 이들의 비율은 원유의 종류에 따라 다르며 특히 비점이 높은 유분 중에 많이 포함되어 있다. 나프텐은 주로 사이클로펜탄(cyclopentane), 사이클로헥산(cyclohexane)과 그들의 일치환된 화합물이 대부분을 차지한다.

cyclopentane 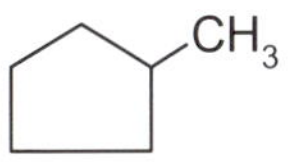　methyl cyclopentane 　cyclohexane 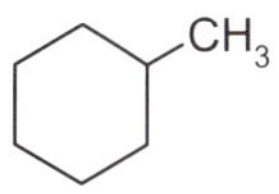　methyl cyclohexane 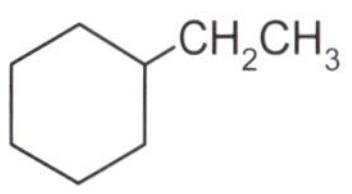　ethyl cyclohexane

화학적 성질은 파라핀계 탄화수소와 유사하며 같은 수의 *n*-파라핀보다 비점이 높고 비중도 크다. 나프텐은 일반적으로 경질과 중질 나프타(naphtha) 유분에 많이 존재한다. 메틸사이클로펜탄, 사이클로헥산 및 치환된 사이클로헥산은 방향족 탄화수소의 중요한 전구물질이다. 메틸사이클로펜탄과 사이클로헥산은 벤젠(benzene)으로 전환될 수 있으며, 메틸사이클로헥산은 탈수소되어 톨루엔(toluene)으로 전환될 수 있다.

③ 방향족 탄화수소(aromatic hydrocarbons)

방향족 탄화수소는 벤젠고리를 모체로 한 탄화수소로서 저분자량의 방향족탄화수소는 원유와 경질석유유분에 소량 존재한다. 가장 간단한 방향족화합물은 벤젠(C_6H_6)이다. 톨루엔과 자일렌(xylene)도 벤젠과 함께 원유에서 다른 양으로 발견되는 방향족화합물이다.

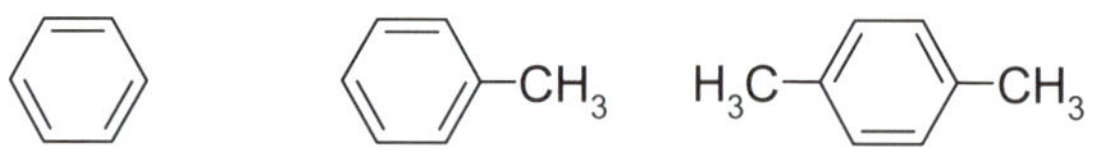

benzene	toluene ($-CH_3$)	H_3C- ◯ $-CH_3$
benzene	toluene	*p*-xylene

벤젠, 톨루엔, 자일렌(BTX)은 가솔린(gasoline) 성분과 같이 중요한 석유화학 중간체이다. 원유 중에 BTX는 낮은 농도로 존재하기 때문에 원유증류로부터 방향족 화합물의 양이 충분하지 않다. 접촉개질공정으로부터 방향족화합물이 풍부한 나프타가 제조된다. 벤젠고리가 두 개 달린 나프탈렌(naphthalene)과 같은 이핵방향족 탄화수소는 나프타보다 더 중질유분에서 발견된다. 삼핵 및 다핵방향족 탄화수소는 헤테로고리 화합물과 함께 중질유와 원유잔사의 주성분이다. 아스팔텐(asphaltene)은 방향족과 헤테로고리 화합물과의 복합적인 혼합물이다.

(2) 원유 중의 불순물

원유 중에 포함되어 있는 비탄화수소 성분은 약 4% 이하이고 거의 모든 원유 중에는 황, 산소, 질소 화합물 등이 포함되어 있다. 이러한 불순물은 석유제품의 질을 저하시키고 공정 장치 및 촉매에 여러 장애의 원인이 되므로 제거시켜야 한다.

① 황화합물

원유에 들어 있는 황은 대략 0.1~4 wt% 범위로 주로 유기황화합물 형태로 존재한다. 석유유분 중의 황은 고비점 유분일수록 높고 황화합물은 수십 종류에 달하며 중질유 중의 황화합물은 연구가 더 필요한 실정이다. 석유유분 중의 무기황화합물은 황화수소(H_2S, hydrogen sulfide)가 유일하고 이 물질은 부식성으로 해로운 기체이다. 비점이 100℃ 이하의 유분 중의 유기황화합물은 주로 머캅탄(mercaptan, thiol, 일반식 RSH) 및 황화물(sulfide)이다. 원유 중에서 발견되는 유기황화합물로는 산성을 띠는 싸이올(thiol)류와 비산성 황화합물인 황화물(sulfide)과 이황화물(disulfide)이 주종을 이룬다.

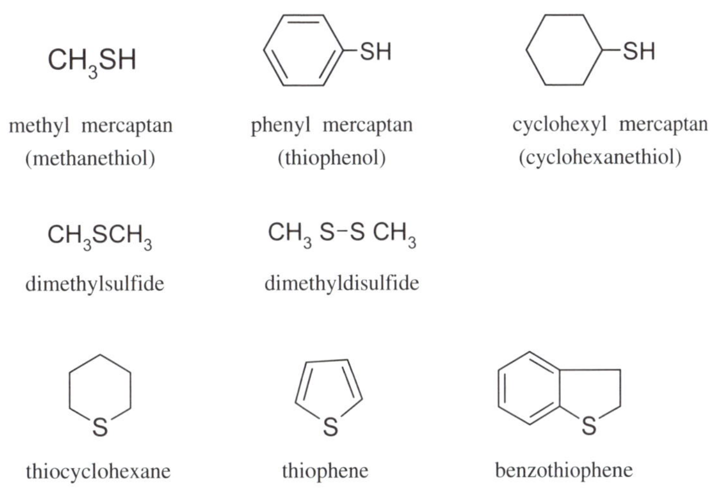

황화수소가 많이 포함된 원유는 불쾌한 냄새가 난다. 많은 유기황화합물은 열에 불안정하기 때문에 원유를 가공하는 동안에 황화수소가 발생한다. 대부분의 황화합물은 수소처리 공정(수첨탈황공정)을 통하여 석유유분으로부터 제거되며 이때 황화수소가 발생되게 되고 이것은 적절한 흡수제에 흡수되고 황은 회수된다. 중질석유유분 중에 처리되지 않고 남아 있는 황화합물은 연소하여 이산화황(SO_2)으로 되며 대기오염의 원인이 된다.

② 질소화합물

원유 중에 소량 존재하며 저비점 석유유분 중에는 거의 존재하지 않으며 고비점 석유유분중에 소량 존재한다. 원유 중에 존재하는 유기질소화합물은 피리딘(pyridine), 퀴놀린(quinoline), 피롤(pyrrole)의 헤테로고리 형태로 혹은 더 복잡한 구조로 존재한다.

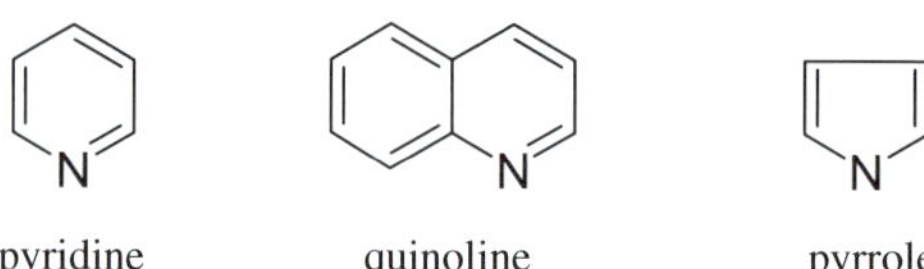

pyridine quinoline pyrrole

대부분의 원유에 들어 있는 질소 함량은 0.1wt% 정도이나 몇 가지 중질 석유유분 중에는 0.7~0.9wt%인 경우도 있다. 질소화합물은 황화합물보다 열에 더 안정하기 때문에 중질 석유유분과 잔유에 농축되게 된다. 저비점 유분 중에 질소화합물이 소량이라도 존재하면 가솔린의 색이 변하고 고무질이 생성되는 원인이 된다. 석유유분 중에 질소화합물이 미량이라도 존재하면 이들은 많은 공정 촉매를 피독시킬 수 있기 때문에 제거되어야 하며, 이때 수소화반응시켜 질소화합물을 암모니아로 변환시켜 제거하게 된다.

③ 산소화합물

원유 중에 포함되어 있는 산소의 양은 0~2wt% 정도이고 산소화합물은 중질유분에 많이 포함되며 특히 아스팔트 속에 많이 함유되어 있다. 산소화합물은 황화합물보다 더 복잡하다. 그러나 석유흐름에서 이들의 존재는 공정 촉매를 피독하지 않는다. 원유에서 발견되는 많은 산소화합물은 약한 산성이며 카복실산(carboxylic acid), 나프텐산(naphthenic acid), 페놀(phenol) 등으로 특히 나프텐산이 많이 함유되어 있다. 지방산으로는 팔미트산(palmitic acid), 스테아르산(stearic acid) 등이 있고 페놀류는 미량이지만 이중에서 *o*-크레졸이 가장 많다.

$CH_3(CH_2)_nCOOH$ — aliphatic carboxylic acid

OH — phenol

OH, R — cresylic acid

COOH — cyclohexane carboxylic acid

④ 금속화합물

원유 중에서 발견되는 금속은 주로 나트륨, 칼슘, 마그네슘, 알루미늄, 바나듐, 니켈, 철 등으로 이들 중 바나듐이 가장 흔하고 니켈과 철 순이다. 이들은 무기화합물이나 유기금속화합물로 존재한다. 무기물 중에서 가장 보편적으로 발견되는 것은 염화나트륨, 염화마그네슘이고, 니켈과 바나듐이 유기금속화합물 형태로 존재한다. 원유에서 미량의 금속도 장치를 부식시키고 촉매독으로 작용하기 때문에 제거되어야 한다. 원유가공에서 염화나트륨과 염화마그네슘은 염산을 발생하며 이것은 매우 부식성이 강하여 원유의 탈염 공정에서 이들 염을 제거하게 된다. 바나듐과 니켈은 많은 촉매를 피독시키기 때문에 함량을 낮추어야 하나 대부분의 니켈화합물과 바나듐화합물은 중질잔유에 농축되어 있고 이들 유기금속화합물 제거는 그리 용이하지 않다. 용매추출 공정은 석유 잔유에서 중금속의 농도를 감소시키기 위해 사용된다.

(3) 원유의 종류

원유의 성분은 석유가 산출되는 지방에 따라 조금씩 다르다. 미국산 원유는 대체로 파라핀계 탄화수소의 혼합물이 주성분이고 소련산 원유는 나프텐계 탄화수소가 풍부하다. 원유의 분류방법에는 여러 가지가 있으나 Höfer는 원유의 주성분인 탄화수소의 종류에 따라 다음과 같이 분류하였다.

① 탄화수소의 종류에 의한 분류(Höfer의 분류)

파라핀기유 (paraffin base oil)	지질 시대가 오래되고, 유정이 깊다. 경질분이나 납(wax) 성분이 풍부하며 비중이 작다. (예: 인도네시아 미나스 원유)
나프텐기유 (naphthene base oil)	파라핀기 원유에 비해 지질 시대가 새롭고 유정이 얕다. 나프텐계 탄화수소가 많고, 중질분이나 아스팔트가 많이 포함되어 비중이 크다. (예: 베네수엘라 원유)
중간기유 (intermediate base oil)	위의 두 종류의 중간의 성질의 것으로 혼합기 원유라고도 부른다. 중동에서 생산되는 대부분의 원유가 여기에 속한다. (예: 사우디아라비아 아라비안라이트 원유 등)
특이 조성유	방향족 탄화수소 또는 기타 탄화수소를 다량 함유하는 원유

② API도에 의한 분류

경질(輕質)원유	API도 34도 이상
중질(中質)원유	API도 28~34도
중질(重質)원유	API도 28도 이하
API도가 약 50도 이상인 원유 (콘덴세이트(condensate) 라고도 함)	보통 땅속에서는 기체상태로 있다가 지상으로 채취되면 응축하여 액체로 변한 유분으로 나프타 유분을 많이 함유한 원유

③ 유황 함유량에 의한 분류

고유황 원유	유황 함유량이 1 wt% 이상인 원유~주로 중동지역에서 산출
저유황 원유	유황 함유량이 1 wt% 이하인 원유, 고품질 원유~주로 동남아시아산 원유가 여기에 해당

표 2-4 원유의 종류별 특성

구 분	파라핀기유	중간기유	나프텐기유
°API	49.7	39.6	24.0
비중	0.781	0.827	0.910
점도(100°F, sec)	110	165	400 이상
황 함량(wt%)	0.1	0.33	0.44
색	흑갈색/담황색	흑갈색/담황색	흑갈색/담황색
초류 증류온도(℃)	34	29	157
증류물	(%)	(%)	(%)
가솔린/나프타	45.2	38.6	1.1
등유	17.7	4.9	nil
Gas oil	8.3	17.3	55.5
윤활유	13.2	15.7	30.5
잔유	14.7	22.1	12.7

(4) 오일샌드와 오일셸

① 오일샌드(Oil sand)

탄화수소를 함유한 지층이 지각 변동에 의해 지표 가까이에 올려져 저비점 탄화수소가 휘발하고 중질성분만이 모래층에 남은 것으로 5~10 wt%의 중질기름을 포함한다. 캐나다와 미주지역, 베네수엘라에 주로 널려 있으며 오일샌드는 석유환산 약 5억 배럴 존재하며 성분면에서 원유와 거의 똑같기 때문에 고유가시대에 원유 대체자원으로 각광을 받고 있다.
땅속에 매장된 원유와 달리 오일샌드는 수 m 두께의 부분적으로 부식된 식물의 반부유물질에 의해 쌓여져 있고, 별도의 추출·정제과정을 거쳐야 하기 때문에 배럴당 생산비용이 일반 원유에 비해 비싼 것이 흠이다. 전세계적으로 오일샌드를 이용한 하루 원유생산량은 60만 배럴 수준이지만 생산규모가 계속 늘고 있어 원유가격 변동에 완충역할을 할 것으로 기대되고 원유시장에서 오일샌드가 차지하는 비중도 높아질 것으로 보인다.

② 오일셸(Oil shale)

석유중질・고점도 성분이 혈암(頁巖, shale rock) 중에 포함된 것으로 10~15 wt%의 중질유를 포함한다. 미국, 브라질 등 세계 각지에 석유 환산 약 9.4억 배럴 존재 한다. 가열 건류에 의하여 중질유가 얻어지지만 경제적인 기술이 아직 미진한 상태이다. 레토르트 건류(retorting)는 혈암을 고분자량의 기름상의 물질로 전환시키는 공정이다. 생성된 오일은 점성의 고분자량 물질로 이 오일을 액체연료로 전환하기 위하여는 더 많은 공정이 필요하다.

③ 셰일가스(Shale gas)

진흙이 쌓여 만들어진 퇴적암층인 셰일층에 존재하는 천연가스이다. 전통가스와 달리 셰일가스는 암반 틈에 퍼져 있어 채굴이 어려웠으나, 최근에 수직으로 땅을 뚫고 들어간 뒤 지표면과 수평으로 사방을 뚫을 수 있는 수평시추 공법과 수압파쇄 기법을 이용하는 기술로 경제적인 채굴이 가능하게 되었다. 셰일가스는 북미, 중국 등이 최대 매장량을 가지고 있으며 확인 매장량은 약 200조 m^3으로 60년 이상 사용할 수 있는 양이다.

2.6 석유의 물리적 성질 및 분석방법

(1) 석유의 물리적·화학적 성질

① 색과 냄새

원유의 색은 흑갈색, 담황색, 담갈색으로 불투명하고, 색이 진하면 비중이 대체로 높다. 착색의 원인은 유황, 산소, 질소 등의 화합물이나 아스팔트 성분 때문이다. 원유는 일반적으로 특유한 냄새를 가지고 있으며 그 성분에 따라 다르다. 저비점인 포화탄소수소나 방향족 탄화수소의 원유는 방향(芳香)이고, 황, 질소화합물, 불포화탄화수소 등을 포함한 원유는 불쾌한 냄새가 난다.

② 비중

비중은 4℃의 물에 대한 15℃의 석유의 무게비로 나타낸다. 분자량이 증가하면 비점이 상승하고 비중도 커진다.

가솔린의 비중(s.g.) = 0.70~0.77 ; 등유의 비중 = 0.77~0.80

석유의 비중은 보통 API(American Petroleum Institute)도로 나타낸다.

③ 점도

유체가 운동할 때의 내부저항으로 탄소수가 증가하면 점도가 증가하고 온도가 상승하면 감소한다.

$$\eta = \frac{\pi r^2 t P}{8 v L} \quad \text{(Hagen-Poiseuille 식)}$$

η : 유체의 점도 (poise)
t : 모세관 통과시간 (sec)
r : 반경 (cm)
P : 모세관 입구와 출구의 압력차 (dyne/cm^2)
v : 유체의 부피 (mL)
L : 모세관 길이 (cm)

④ 비열

비열(specific heat)은 증류, 응축, 정제 등의 조작에 필요한 수치다.

탄화수소의 비열 = 0.3~0.5

탄화수소의 비열은 분자량이 증가함에 따라 감소하고 동일한 탄소수에서는 성분 중에 수소가 많은 것이 비열이 크다.

⑤ 증발열(증발잠열)

석유의 mole당 증발열로 동족탄화수소에서 비점이나 비중이 증가하면 g당 증발열은 감소한다.

보통석유의 증발열 = 70~90 cal/g

⑥ 발열량(연소열)

원유 또는 석유 제품의 발열량은 석탄보다 훨씬 높으며 9,500~12,000 kcal/g 정도이다. 일반적으로 비중과 비점이 높을수록 중량당 발열량은 감소한다.

$$Q = 10{,}360 + 5{,}600\left(\frac{1}{d} - 1\right)$$

$$Q = 81\mathrm{C} + 290\left(\mathrm{H} - \frac{\mathrm{O}}{8}\right) + 25(\mathrm{S} - \mathrm{O})$$

Q : 총발열량(kcal/kg)

d : 비중

C, H, O, S : 탄소, 수소, 산소, 황의 비율(%)

⑦ 산화작용

석유 중의 탄화수소는 공기 중의 산소와 산화반응을 한다. 특히 불포화 탄화수소가 많은 경우에 산화되기 쉽다.

(2) 석유의 분석방법

원유나 석유 유분의 질과 특성을 나타내기 위하여 많은 검사를 하는데 그 중에서 많이 사용되는 검사법은 다음과 같다.

① TBP(true boiling point)

원유나 석유 유분에 함유된 거의 순수한 성분의 끓는점을 나타낸다. 다량의 환류 조건에서 100 이상의 평형단계를 가진 복잡한 회분증류 장치를 사용하여 실험실 조건에서 실험이 수행된다.

② API도(API gravity)

석유의 비중을 나타내는 척도로 미국석유협회(American Petroleum Institute)에서 제정한 API도는 다음 식으로 표시한다.

$$\text{API도} = \frac{141.5}{\text{비중}(60°\text{F}/60°\text{F})} - 131.5$$

여기서 비중은 60°F(15.6℃)의 물에 대한 동일한 온도에서의 석유의 밀도비이다. API도 10은 비중이 1이다. 즉, API도가 10 이상이면 물보다 가볍고, 10 이하의 값은 물보다 무거운 유분이다.

③ 인화점(flash point)

석유의 인화점은 가열시 생성되는 기름상의 증기와 공기의 혼합가스에 불을 가까이 하면 순간적으로 인화하거나 폭발하는 온도이다. 인화점을 측정하는 데는 실험실적 방법을 사용하며 중간정도의 증류물이나 연료에 대한 측정기구는 Pensky Marten(PM) 장치를 사용하고, 등유나 경증류물에는 Abell 장치가 사용된다. 인화점은 기름을 안전하게 취급할 수 있는 온도범위를 가르쳐준다.

④ 옥탄가(octane value)

휘발유의 내연기관 연료가 높은 압축비에 견디는 정도의 기준이 되는 값으로, iso-octane (2,2,4-trimethylpentane)을 100, *n*-heptane을 0으로 하여 시료와 동일한 안티노킹(antiknocking)성을 갖는 표준연료(옥탄과 헵탄의 혼합물) 중의 isooctane의 vol %로 나타낸 값이다. 보통 옥탄가 측정법은 세계 공통이며 저속 및 가속시의 안티노크성은 Research법, 고속시의 안티노크성은 Motor법으로 측정한다.

$$CH_3CH_2CH_2CH_2CH_2CH_2CH_3$$

n-헵탄
(*n*-heptane)

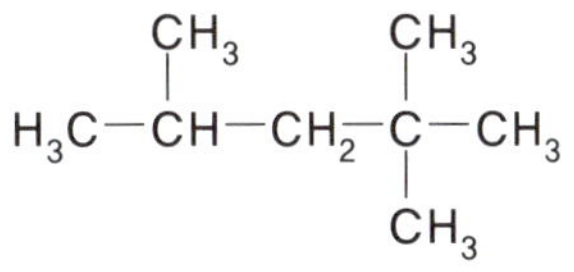

$$H_3C-\underset{\displaystyle |}{\overset{\displaystyle CH_3}{\overset{|}{CH}}}-CH_2-\underset{\underset{\displaystyle CH_3}{|}}{\overset{\overset{\displaystyle CH_3}{|}}{C}}-CH_3$$

아이소옥탄(isooctane)
(2,2,4-trimethylpentane)

옥탄가의 특성은 다음과 같다.

- 옥탄가가 높을수록 더 높은 압축비가 사용된다.
- 동일계열 탄화수소에서는 분자량이 작을수록 옥탄가는 높다.
- 가지가 많은 탄화수소는 곧은 사슬 탄화수소보다 높다.
- 나프텐계(사이클로파라핀계) 탄화수소는 같은 탄소수의 파라핀계보다 높다.
- 방향족 탄화수소의 옥탄가는 비교적 높다.

Tip

노킹(knocking)

내연기관에서 휘발유 혼합물이 점화될 때 부드럽게 연소되지 않고 가끔 폭발적으로 타는 현상을 노킹현상이라 하고, 이런 현상을 줄여주기 위하여 안티노크제를 사용한다.

⑤ 안티노크제(antiknocking agent)

옥탄가를 증가시키기 위하여 가솔린에 첨가해 주어 노킹현상을 줄여주는 물질로 지금까지 주로 많이 사용된 것은 사에틸납[TEL, tetraethyllead, $Pb(C_2H_5)_4$]이다. 사에틸납은 연소되어 이산화납(PbO_2)을 형성하여 납 공해를 일으켜 미국에서는 납을 첨가한 가솔린을 1979년 이후부터 MTBE(methyl *tert*-butyl ether)로 대체하였고, 최근에는 우리나라도 TEL 사용을 금지하고 있고 2007년 이후에는 전세계적으로 금지하는 추세이다.

$$Pb(C_2H_5)_4 \xrightarrow{O_2} PbO_2 + CO_2 + H_2O$$

최근에 사에틸납의 대체물질로서 석유화학공업에서 쉽게 제조할 수 있는 메틸제3뷰틸에테르(MTBE, methyl *tert*-butyl ether)가 가솔린의 안티노크제(옥탄가 증진제)로 광범위하게 사용되고 있다.

$$CH_3-O-\overset{\displaystyle CH_3}{\underset{\displaystyle CH_3}{\overset{|}{\underset{|}{C}}}}-CH_3$$

methyl *tert*-butyl eher(MTBE)
IUPAC명 (2-methoxy-2-methylpropane)

MTBE는 산소를 포함한 물질로 상온에서 휘발성 · 무색 액체이다. 또한 물에 잘 녹는다. MTBE는 메탄올과 아이소뷰틸렌(isobutylene)으로부터 합성되는데 메탄올은 천연가스로부터 쉽게 얻을 수 있고, 아이소뷰틸렌은 원유나 천연가스로부터 용이하게 얻을 수 있어 값싸게 합성할 수 있는 화합물로 미국에서만도 1999년도 20만 배럴 이상 생산되었다. MTBE는 옥탄가가 휘발유보다 높아 사에틸납 대신에 옥탄가를 향상시키기 위하여 가솔린에 첨가되었고, MTBE의 산소성분이 완전연소를 돕는 함산소물(oxygenate) 역할을 하므로 대기오염 방지 목적으로 광범위하게 사용되었다(15%까지 MTBE 첨가 허용; USA, 1997). 그러나 최근에 저장탱크 등에서 유출된 MTBE가 광범위한 수질오염을 야기하고 이로 인해 암 발병을 일으키는 것으로 의심되어 미국은 2002년부터 더 이상 MTBE를 가솔린에 첨가하지 못하게 하고 있는 실정이다.

유럽에서는 가솔린에 보통 MTBE 1.0~1.6 vol% 첨가하고 최대 5.0%까지 허용하고 있다. MTBE 외에 가솔린에 첨가되는 함산소물질(oxygenate additive)로는 에탄올과 메틸제삼아밀에테르(*tert*-amyl methyl ether, TAME), ETBE(ethyl *tert*-butyl ether)가 사용되고 있다. 현재 학자들간에 MTBE에 대한 유해성 논란이 있으나 궁극적으로는 아이소옥탄과 같은 고옥탄가가 가솔린을 만드는 것이 최선이다. 미국 캘리포니아주에서는 2003년부터 MTBE 대신에 에탄올을 가솔린에 첨가하도록 하고 있다.

⑥ 세탄가(cetane number)

경유의 디젤연료로서의 성능으로 세테인(*n*-hexadecane)을 100, α-메틸 나프탈렌을 0으로 하여 이들의 혼합물의 착화성을 세테인의 부피 %로 나타낸 값이다. 최근에는 α-메틸나프탈렌 대신에 2,2,4,4,6,8,8-heptamethylnonane(HMN)의 세테인가(세탄가)를 15로 하여 세테인과 HMN의 혼합연료의 착화성과 비교하여 디젤 경유의 착화성을 나타낸다.

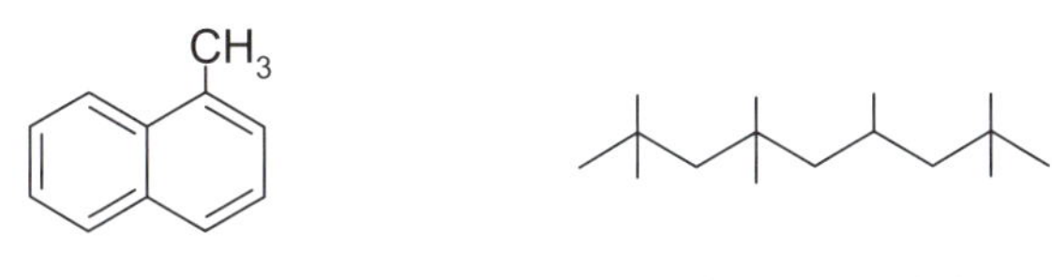

α-methyl naphthalene　　2,2,4,4,6,8,8-heptamethylnonane

⑦ 점도(viscosity)

기름의 점도는 유체가 운동할 때의 내부흐름(internal flow)에 대한 저항의 척도로서 기름의 윤활성을 나타낸다. 점도는 Hagen-Poiseuille 식의 원리를 이용하여 측정하게 된다. 일반적으로 석유의 점도는 Ostwald 점도계, Ubbelohde 점도계, Canon-Fenske 점도계를 사용하며 이것은 일정한 온도에서 일정량의 유체(시료)가 일정한 세공으로 유출하는 시간을 측정하여 점도를 구하는 방법이다. 점도의 단위는 poise(g/cm · sec), centipoise 등이 사용되고, 석유에서 점도는 보통 점도를 유체의 밀도로 나눈 값인 동점도(kinematic viscosity)로서 단위는 centistokes 등이 사용된다. 석유의 점도는 화학구조에 따라 다르며 일반적으로 탄소수가 증가함에 따라 커진다. 그리고 온도가 상승하면 점도는 감소한다. 그러나 기체의 점도는 온도가 상승하면 점도가 커진다.

⑧ 구름점(cloud point)과 유동점(pour point)

석유 유분을 일정한 조건에서 온도를 내리면 파라핀왁스(paraffin wax)나 그 밖의 물질이 석출되어 하얗게 구름처럼 되는 점이 **구름점**이고, 계속 냉각시기면 점도가 점차 커져 유동성을 잃고 굳어지기 시작하는데 그 때의 온도를 **응고점**(solidifying point)이라고 하며, 응고점에 도달하기 전에 유동할 수 있는 최저온도를 **유동점**이라 한다. 구름점 및 유동점은 기름의 상대적 왁스성을 나타낸다.

⑨ 황함량

기름 중에 함유된 전 황(S)의 함량으로 보통 무게분석으로 알아낸다. 황의 함량은 석유의 질을 결정하는 중요한 척도가 되며 대기오염의 주원인 물질이다.

2.7 석유정제 개요

석유정제(petroleum refining)는 원유의 주성분인 탄화수소의 혼합물들을 비등점 차이에 따라 분류하여 연료유, 석유화학 원료(나프타, naphtha), 윤활유 등의 각종 석유제품과 반제품을 제조하는 것이다.

석유정제공정에는 크게 나누면 분리가 주목적인 물리적 방법과 함유된 성분의 구조를 화학적 반응에 의해 변화시키는 공정이 있다. 전자는 증류(distillation), 추출(extraction), 흡착(adsorption)이고, 후자는 분해(cracking), 개질(reforming) 등의 전화(conversion)반응이며 황과 같은 불순물을 제거하기 위해 수소와 반응시키는 수소화정제(hydrorefining) 등이 있다. 이들 공정을 총칭하여 석유정제라 한다.

① 증류공정 : 증류에 의해 원유를 구성하고 있는 탄화수소를 그 비점의 차이에 따라 분류하는 공정
② 전화과정 : 증류유분(蒸溜溜分)을 개질, 분해, 이성화, 알킬화 등의 화학반응을 통하여 부가가치가 높은 유분으로 바꾸는 공정
③ 정제과정 : 각 유분에 있는 불순물을 제거하기 위하여 세정 · 정제하는 공정

그림 2-4에 원유에서 각종 석유제품을 만드는 표준적인 석유정제공정을 보여주고 있다. 현재 석유정제의 주목적은 원유로부터 가솔린과 같은 양질의 경질유를 많이 제조하는 것이며 이를 위해 설비의 대형화와 고도화 기술과 같은 여러 가지 정제기술이 개발되었다.

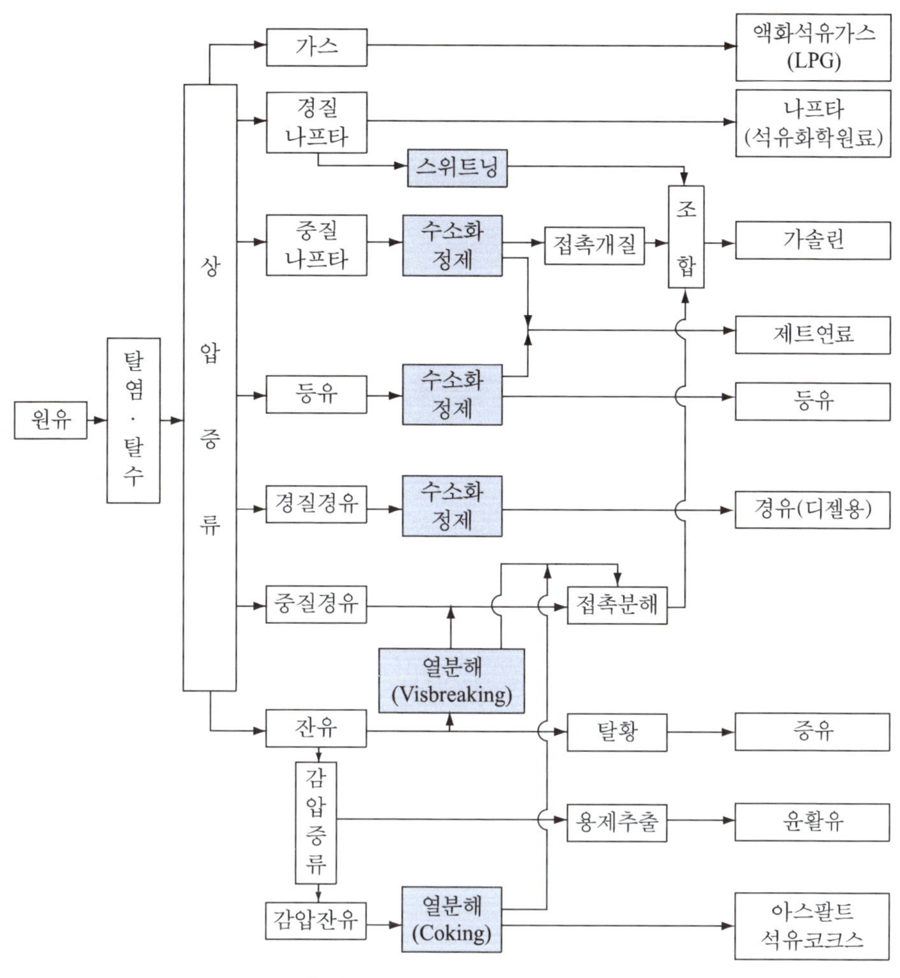

그림 2-4 석유정제 공정 개요도

원유를 탈수 및 탈염 처리한 다음 상압증류에 의하여 각종 석유제품 및 반제품으로 분리한다. 원유를 가열하면 끓는 온도(비점)가 낮은 것부터 차례로 "석유가스 → 나프타(납사) → 등유 → 경유 → 중유 → 잔유" 등으로 분류된다. 이 조작을 증류(distillation)라고 하며 정유공장의 상압증류장치(常壓蒸溜裝置)를 통해 이루어진다. 이렇게 뽑아낸 여러 가지 유분은 황이나 불순물을 제거하여 제품으로 만든다. 정유공장에서 하는 일은 이와 같이 원유의 증류를 통해 여러 가지 유분으로 분류하고, 불순물인 황분 등을 제거하며, 또 촉매를 첨가하여 탄화수소에 반응을 일으켜 탄화수소를 제품 용도별로 다시 분류하기 위하여 분해, 개질(改質), 화학처리 및 물리처리를 하게 된다. 제트 연료의 경우는 나프타와 등유를 혼합하는 등 가공

과정을 거쳐 만들어지게 되는데 이러한 과정을 정제 · 조합이라고 한다.

이 중에서 경질나프타는 주로 석유화학 원료로서 쓰이고 중질나프타는 개질되어 가솔린(gasoline)으로 이용된다. 가솔린의 부족을 보충하기 위하여 중질경유나 잔유(殘油)의 일부를 분해처리 한다. 잔유는 중유 이외에도 감압증류(減壓蒸溜)에 의하여 윤활유나 아스팔트, 석유코크스 등의 제품으로 전환된다.

2.8 증류공정

원유는 여러 종류의 탄화수소의 혼합물로 이루어져 있어 이 혼합용액을 비슷한 성질을 가지는 성분으로 분리하여 사용하는데 이때 증류(distillation)가 필요하게 된다. 원유의 정제에 있어서 증류는 탄화수소 혼합용액을 그 성분의 끓는점 차이를 이용하여 증발과 응축으로 분리하는 조작이다. 증류는 석유정제공업에서 가장 기본이 되는 것이나 탄화수소의 혼합물은 끓는점의 순서로 단순하게 증류되지 않고 공비혼합물(azeotropic mixture)을 형성하여 끓는점이 다른 몇 개의 탄화수소가 어느 온도에서 동시에 유출되게 된다.

석유의 증류에 있어서 우선 원유 중의 수분이나 염분을 제거하는 탈염(desalting) 조작이 필요하다. 원유를 증류공정으로 보내기 전에 원유 중에 포함된 염분을 제거하고 가열로에서 가열한 다음 증류탑(distillation tower)으로 보내지게 된다.

(1) 탈염공정

원유 중에는 보통 10~3,000 ppm 정도의 염분이 포함되어 있다. 이들 염화물은 대부분 Na, Mg, Ca 염화물이며 물에 용해하여 에멀젼(emulsion) 형태로 존재한다. 이들 에멀젼은 안정하여 원유에서 가열이나 정치 등의 조작만으로는 분리하기 어렵다. 만일 이들 염이 포함된 원유를 그대로 증류하면 염들은 석유정제 과정 중 열로 분해되어 염산을 발생시켜 장치부식의 원인, 가열기 및 열교환기 등의 관벽에 침적되어 열효율을 저하시킨다. 따라서 원유를 증류하기 전에 탈염공정을 거쳐 염분 및 수분을 제거하는 경우가 많다.

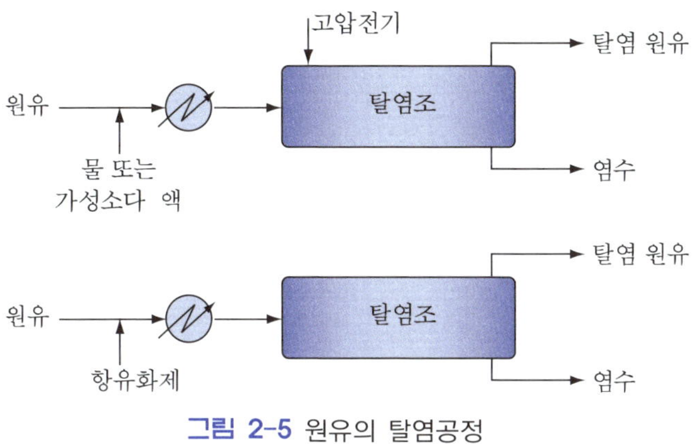

그림 2-5 원유의 탈염공정

일반적으로 원유 1 m^3 중에 15 kg 이상의 염이 들어 있을 경우에는 전기탈염법 혹은 화학탈염법에 의하여 염을 제거한다.

① 전기탈염법(electrical desalting process)

수만 볼트의 고전압의 전기장에 의하여 원유 중의 에멀젼을 파괴하여 염수를 제거하는 법이다.

- 원유의 5~10%의 물을 원유와 혼합하여 탈염조로 보낸다. 탈염효과를 향상시키고 산성 물질을 제거시키기 위하여 물에 수산화나트륨과 같은 알칼리를 물에 가하기도 한다.
- 90~120℃ 정도로 원유를 가열하여 점도를 낮추고 물이 증발되지 않도록 압력을 4~29 kg/cm^2으로 유지한다.
- 16,500~33,000 V의 고전압을 걸어주면 에멀젼이 파괴되어 물층과 기름층이 분리되어 물이 침강된다.
- 탈염조의 하부에서부터 물을 유출(drain)시킨다.
- 탈염률 : 50~95%

② 화학탈염법

원유 속에 항유화제(유화파괴제)를 가하여 에멀젼을 파괴하여 염수를 제거하는 방법이다.

- 무기황화물이나 수용성 용제와 같은 항유화제를 원유와 섞는다.
- 5~10%의 물과 pH 8~9가 되도록 가성소다(NaOH)를 혼합한다.
- 이것을 150℃ 정도로 예열하여 잘 저어준 후 정치시키면 2시간 내에 물과 원유가 분리된다.
- 탈염률은 전기탈염법과 거의 동일하다.

(2) 증류공정(Distillation Process)

원유의 정제에 있어서 일정한 특성을 갖는 생성물을 얻기 위하여 끓는점 차이를 이용한 증류에 의해서 여러 가지 유분(溜分)으로 분리한다. 증류의 종류는 상압증류(atmospheric distillation), 감압증류(vacuum distillation), 공비증류(azeotropic distillation), 추출증류(extraction distillation), 수증기증류(steam distillation), 특수증류 등으로 분류되고 있으나 석유정제에서는 상압증류와 감압증류를 주로 사용한다.

원유를 구성하고 있는 복잡한 각종 탄화수소들은 공비혼합물을 형성하기 쉬우므로 원유의 단순증류만으로 각 성분을 분리하기가 어렵다. 그러나 석유제품은 특별한 경우를 제외하고는 순수한 탄화수소이어야 할 필요가 없기 때문에 적당한 비점 범위의 유분이면 충분하다.

그림 2-6 정유공장 전경

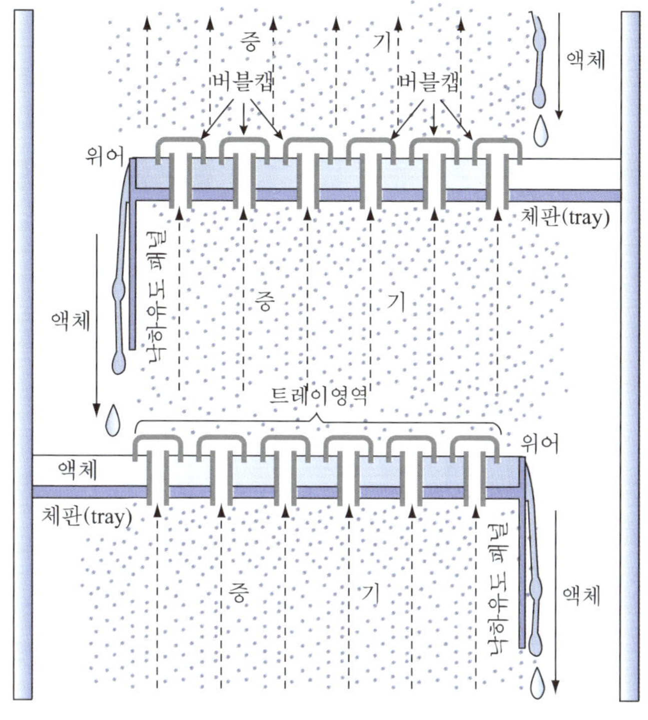

그림 2-7 증류탑 내부

그러므로 석유정제에서 증류는 보통 단순증류가 아니고 증류가 몇 번이고 반복되는 재증류(再蒸溜)가 기본이다. 이러한 재증류는 다단(多段)으로 된 증류탑(distillation tower)에서 일어나게 된다.

증류탑에서는 연속적으로 분별증류가 이루어지는데 탑 위쪽으로 갈수록 끓는점이 낮은 유분이 분리되고 아래쪽으로 갈수록 끓는점이 높은 유분이 차례로 분리된다. 증류탑 내부는 많은 구멍이 뚫린 트레이(tray)가 다단으로 설치되어 있어 분별증류가 여러 번 일어날 수 있도록 설계되었으므로 증류탑 안에서 한 번의 증류로도 물질의 분리가 효과적으로 이루어질 수 있게 된다.

① 상압증류(Atmospheric distillation)

탈염장치를 나온 원유는 관형증류관(pipe still)으로 된 가열로로 보내진다. 이 가열로에는 파이프가 수평 혹은 수직으로 모든 파이프가 전열면적을 넓게 하여 열을 충분히 흡수할 수 있도록 직렬 혹은 병렬로 연결되어 있다. 이 파이프 속에 원유가

보내져 가열되는데 압력이 걸려 있으므로 여기에서는 기화되지 않고 액상에서 증류탑의 플래시 존(flash zone)으로 들어간다. 플래시 존은 거의 상압이므로 무거운 중질분을 제외하고는 거의 기화되며 기화되지 않는 중질분이나 아스팔트분은 밑으로 내려간다.

증류탑의 내부는 약 45~90 cm 간격으로 트레이(tray)가 수십 단 설치되어 있고 이 트레이는 많은 구멍이 뚫려 있는 철판으로 되어 있다. 석유증기는 이 구멍을 통하여 점차 상부로 올라가며, 이 사이에 비점이 높은 유분부터 트레이에서 점차 응축된다. 그러므로 증류탑의 내부는 상부로 올라갈수록 저온이 된다. 트레이의 상단에서 액화한 유분은 익류관(overflow weir)을 통하여 하단으로 내려가고 하단은 상단보다 고온이므로 하단의 액체 중 경질분은 다시 기화되어 상단으로 올라간다. 이와 같이 증류탑의 내부에서는 기화와 액화가 계속 반복되어 재증류가 일어난다. 트레이는 버블 캡(bubble cap)방식이 주로 사용되었으나 최근에는 값이 싸고 단효율이 높은 다공(多孔) 체판(sieve tray)이 많이 사용되고 있다.

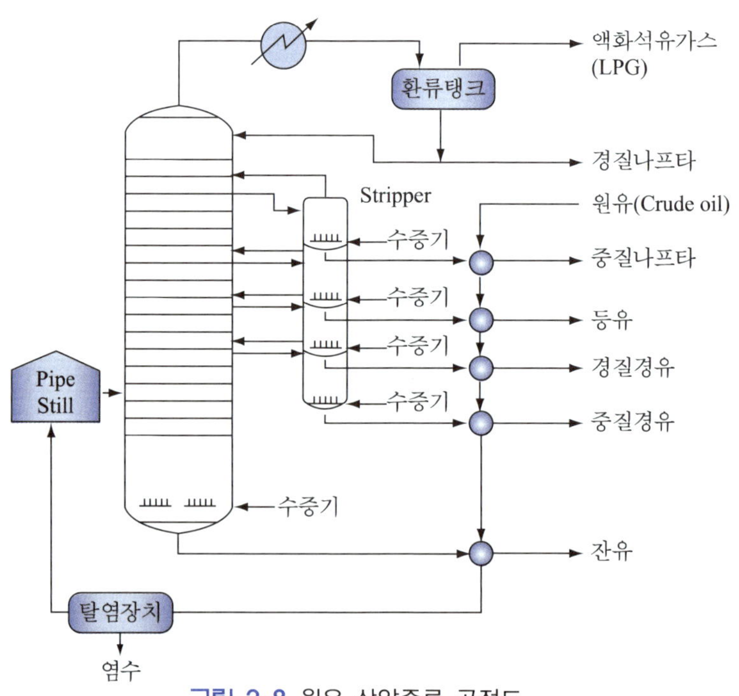

그림 2-8 원유 상압증류 공정도

탑정(塔頂)의 석유증기는 열교환기나 냉각기로 냉각되어 환류탱크(reflux tank)로 들어가 기상부분은 상부에서 빼내고(석유가스) 액화한 것의 일부는 탑정부의 온도를 조절하기 위하여 증류탑으로 환류되며 나머지는 경질나프타(light naphtha)로서 나오게 된다. 한편 가열로에서 플래시 존으로 원유가 유입될 때 기화하지 않은 중질유는 증류탑에서 하강하고 이것은 탑 하부에서 유입되는 수증기에 의하여 약간의 경질유분은 기화하여 상부로 보내져 유출시킨 후 나머지는 탑저(塔底)에서 잔유(residue)로 빼낸다.

이와 같이 수십 단의 선반을 갖는 상압증류탑에서 각 비점별로 석유가스(petroleum gas), 휘발유(gasoline), 등유(kerosene), 경유(light oil), 중유(heavy oil), 잔유(residue)분을 얻는다. 상압증류를 토핑(topping)이라고도 하며 여기에서 얻어진 유분을 직류 유분(straight run products)이라고 한다.

상압증류 각 유분의 비점범위와 함유하는 탄화수소수는 원유의 종류에 따라 다소 차이가 있으나 그 대표적인 것을 표 2-5에 나타내었다. 한 예로 중간기원유에 대하여 나프타분이 약 39%, 등유 및 경유분이 22%, 잔유분이 38%로 얻어진다(표 2-4 참조).

표 2-5 상압증류 유분의 특성 및 용도

유 분	비점범위 (℃)	탄소수	주 요 용 도
가 스	< 20	2 ~ 4	액화석유가스(LPG)
경질나프타	30 ~ 120	5 ~ 8	나프타(석유화학 원료), 가솔린(휘발유)
중질나프타	100 ~ 200	7 ~ 12	가솔린(휘발유) 접촉개질법 및 수증기개질법 원료로 사용
등 유	150 ~ 280	9 ~ 19	제트, 트랙터, 가정용 연료, 일부 용매로 사용
경 유	230 ~ 350	14 ~ 23	디젤, 난방용 연료, 올레핀의 크래킹 주원료로 사용
잔 유	300 이상	17 이상	중연료유, 윤활유, 진공증류원료, 아스팔트 포장용, 코크스

Tip

참고

원유를 가지고 정제할 경우 원유의 품질(성상)과 정유사의 정제설비의 특징 및 국내 석유소비 추이에 따라 석유제품 수율에 다소 차이가 있으나 국내 정유사의 석유제품 생산 평균수율은 다음과 같다. 우리나라 원유 도입은 2006년 기준 중동산이 81.8%를 점유하고 있다.

표 2-6 국내 정유사의 원유정제 시 석유제품 평균수율

제품명	생산수율(%)	제품명	생산수율(%)
휘발유	8.2	B-C유	24.3
보일러 등유	2.1	프로판	1.1
실내 등유	7.4	부 탄	2.6
경 유	24.6	아스팔트	1.5
항공유	6.5	기 타	3.7
나프타	18.0	계	100.0

(출처: 한국석유공사, 2000년 기준)

② 감압증류(Vacuum distillation)

감압증류는 상압증류의 잔유로부터 윤활유와 같은 고비점 유분이나 열분해용 유분을 얻기 위하여 사용된다. 상압증류로 증류할 수 없는 고비점 잔유(350℃ 이상)는 그대로 온도를 올리면 열분해를 일으켜 품질이 나빠지고 수율이 낮아지기 때문에 30~80 mmHg 정도로 감압하여 유분의 끓는점을 낮춰서 증류하는 것이다. 상압하 350℃의 비점을 가진 석유는 38 mmHg 감압하에서 비점이 240℃로 되고, 550℃ 고비점 유분이라도 38 mmHg 정도의 감압하에서는 분해되지 않은 상태로 회수할 수 있다.

감압증류는 상압증류와 비슷한 정류탑(fractionater)으로 증류하는 것이나 감압배기시설을 사용하여 탑내의 압력을 감압하여 시행하는데 이때 필요한 진공은 탑위에 부착된 여러 개의 연속된 수증기 이젝터(steam ejector)에 의하여 얻어진다. 감압증류탑에서 트레이의 간격이 너무 작으면 압력손실을 초래하므로 트레이의 간격은 상압증류탑보다 넓게 하고 탑의 지름도 같은 처리능력의 상압증류탑보다 크게 하는 것이 일반적이다. 일반적으로 파라핀기의 원유로부의 상압잔유를 원료로 사용할 때는 비교적 저온으로 나프텐기의 원유인 경우에는 고온으로 가열된다.

감압증류의 목적은 윤활유 제조를 주목적으로 한 것과 접촉분해나 수소화분해용의 원료 제조용으로 사용된다. 감압증류에 의해 유출되는 것은 중유 원료, 윤활유 원료, 접촉분해용 원료유이며, 잔유는 아스팔트 제품으로 된다.

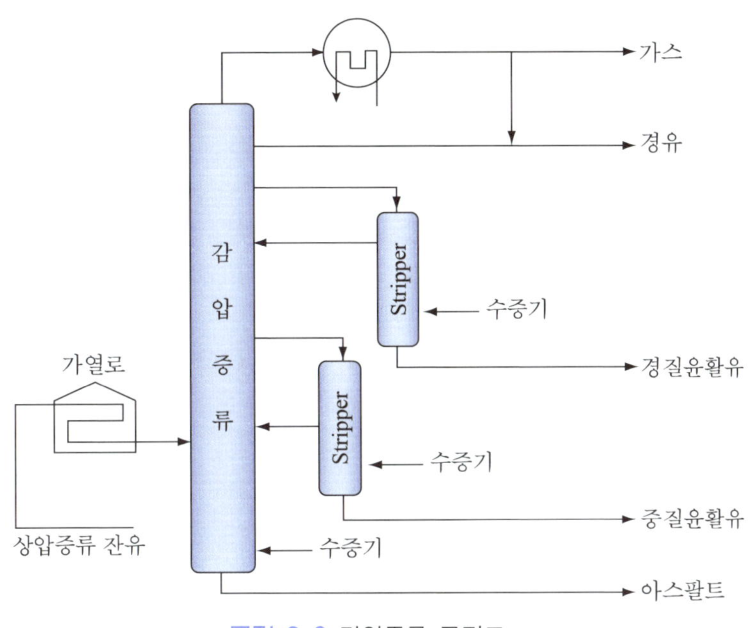

그림 2-9 감압증류 공정도

③ 스트리핑(Stripping)

다량의 용매에 용해한 저비점인 탄화수소의 혼합물에 수증기를 불어 넣어 분리하는 조작을 스트리핑(stripping)이라 하며 이 장치를 스트리퍼(stripper)라 한다. 등유, 경유 유분이나 감압증류의 윤활유 유분은 저비점 유분을 용해하고 있으므로 이것을 제거하는데 스트리핑이 사용된다.

④ 스태빌라이저(Stabilizer)

나프타 성분은 탄소수 4 이하의 가스상 성분을 포함하고 있으므로 이것을 증류하여 제거하고 증기압을 조절하는 증류분리장치를 스태빌라이저라 한다.

2.9 전화공정

부가가치가 적은 석유 유분을 여러 방법으로 화학변환시켜 전보다 우수한 새로운 석유제품으로 바꾸는 조작을 석유의 전화(petroleum conversion)라 한다. 석유정제공업에서 전화공정은 다음과 같은 용도로 일반적으로 사용된다.

① 가솔린의 수요가 급증하게 되고 상압증류로부터의 직류가솔린(straight-run gasoline)만으로는 공급량이 훨씬 부족하며 항공기나 자동차가 발달함에 따라 고옥탄가의 가솔린의 수요가 급격히 증가하게 되어 석유의 전화에 의한 개질가솔린(reformed gasoline)이나 분해가솔린(cracked gasoline)의 제조가 필요하게 되었다.

② 중질잔유와 같이 부가가치가 낮은 물질은 나프타와 액화석유가스(LPG, Liquefied Petroleum Gas)와 같이 부가가치가 큰 제품으로 품질을 개량한다. 나프타는 가솔린을 보충하기 위하여 주로 사용되며 LPG는 연료와 석유화학제품 원료로 사용된다.

석유의 전화공정은 석유정제공정의 주공정으로 원유의 70% 이상이 이 공정을 거치게 된다. 전화공정에는 올레핀을 생산하는 수증기열분해, 고옥탄가 가솔린을 얻기 위한 접촉분해, 고옥탄가 가솔린과 함께 BTX 생산을 위한 접촉개질법, 수소처리법과 접촉열분해를 행하는 수소화 열분해법, 옥탄가를 높이기 위한 알킬화 및 중합법과 수소제조를 위한 수증기개질법 등이 있다.

(1) 열분해법(Thermal cracking, Pyrolysis)

열분해법은 가솔린 생산을 증가시키기 위하여 사용된 최초의 전화공정으로 중질유를 열을 가하여 분해시켜서 보다 분자량이 작은 화합물로 전화시키는 방법이다. 석유정제에서 행해지고 있는 열분해법에는 코킹법(coking process), 비스브레이킹법(visbreaking process)과 수증기 열분해법(steam cracking)이 있다.

① 비스브레이킹법(Visbreaking process)

Visbreaking은 viscosity breaking의 약어로, 긴 사슬의 잔유나 중질유를 열분해시켜 짧은 사슬 분자로 만들어 제품의 점도와 유동점을 낮출 목적으로 실시하는 열분해법이다. 원료는 보통 왁스(wax)분이 존재하여 추운 기후에 유동이 안 되는 높은 유동점을 가지는 중질유(잔유)이다. 왁스는 긴 파라핀의 가지가 달린 방향족화합물과 긴 사슬 파라핀의 복잡한 혼합물이다. 비스브레이킹법은 짧은 체류시간을 사용하여 약 450℃에서 조업하는 코킹법보다 온화한 조건에서 행해지는 열분해공정이다. 일반적으로 비스브레이킹으로 생성되는 유분은 경유이며 동시에 가솔린이나 가스분이 생성된다. 생성된 경유는 접촉분해용 원료유로 사용되며 궁극적으로 접촉분해에 의해 분해가솔린으로 전환된다.

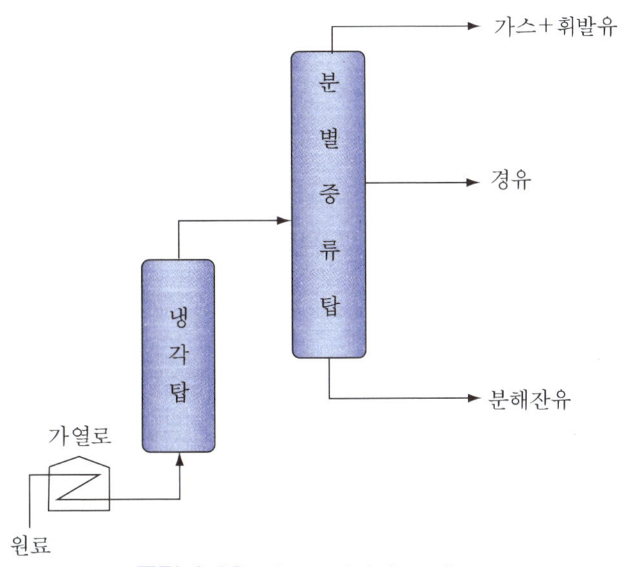

그림 2-10 비스브레이킹 공정도

② 코킹법(Coking process)

코킹공정은 아스팔텐(asphalthene)과 같은 중질잔유를 취급하기 위하여 설계된 가혹도가 높은 열분해공정이다. 코킹법으로 만들어진 제품은 원료의 타입과 공정조건에 따라 상당히 다르다. 일반적으로 원료로 상압증류의 잔유, 아스팔텐, 열분해잔유 등과 같은 중질유를 상압에서 480~520℃로 가열·분해시켜서 가스, 가솔린, 경유분을 얻고, 그 나머지를 장시간 열분해시켜 코크스화하여 석유 코크스(coke)를 제조한다.

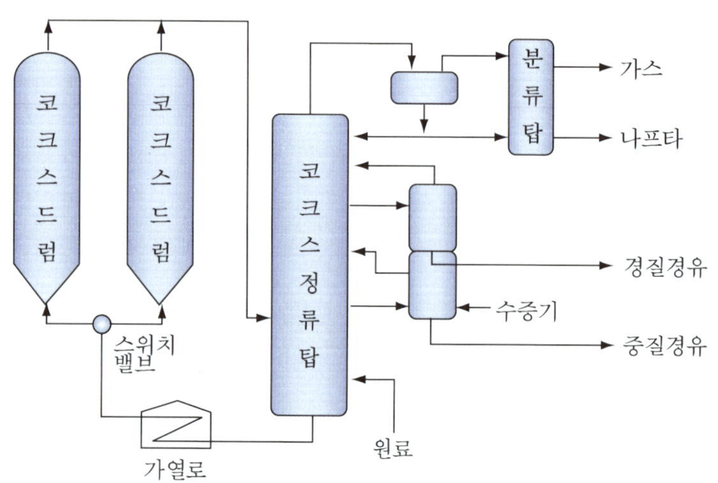

그림 2-11 지연코킹(delayed coking) 공정도

코킹공정에는 지연코킹(delayed coking)법, 접촉코킹(contact coking)법, 유동코킹(fluid coking)법 등이 있다. 유동코킹과 코크스 가스화가 통합된 플렉시코킹(flexicoking) 공정도 사용된다. 그림 2-11은 지연코킹 공정도를 보여준다.

지연코킹은 회분식 반응기로 한 쌍 이상의 큰 드럼으로 구성되어 있다. 한 드럼에서 코크스가 예정된 양만큼 생성되면 원료가 다른 드럼으로 흐름이 전환되어 공정이 계속된다. 코크스는 드럼에서 서서히 생성된다. 코크스의 제거(decoking)는 코크스로 채워진 드럼의 흐름을 중지하고 수증기로 씻어낸 다음 약 200 atm의 고압의 물제트(water jet)로 코크스를 제거한다. 열분해물은 분별증류탑에서 LPG가스, 나프타, 경질 경유, 중질 경유 등으로 분리된다. 지연코킹의 조업조건은 480~500 ℃, 1.4~2.0 bar이다. 너무 낮은 온도에서의 조업은 부드러운 스펀지형 코크스가 제조되고, 높은 온도에서의 조업은 더 많은 코크스와 가스가 생성되며 액체 생성물은 적게 제조된다. 지연코킹에서 생성되는 코크스의 품질은 공급 원료에 우선 관련된다. 코킹공정의 코크스의 황함량은 보통 공급되는 원료의 황함량보다 50% 정도 더 높다. 이것은 탈황처리를 한 다음 주로 시멘트공업이나 발전용 연료로 사용된다. 접촉열분해에서 얻어지는 황함량이 낮은 원료를 사용하면 고급 코크스가 얻어지고 이것은 탄소전극용 흑연생산에 이용된다.

지연코킹으로 제조되는 코크스는 물리적 구조에 따라 다음 3가지 형태로 구분된다.

① 탄환형 코크스(shot coke) : 순도가 낮은 잔유를 가혹한 조건에서 조업할 때 주로 생겨난다. 용도는 유틸리티(utility)로 사용된다.
② 침상형 코크스(needle coke) : 선택된 방향족 원료로 제조된다. 용도는 전극, 합성 graphite 제조에 사용된다.
③ 지연 스펀지형 코크스(delayed sponge coke) : 다공성이고 표면이 넓다. 용도는 알루미늄 음극, TiO_2 그림물감, 보일러 연료 등에 사용된다.

③ 수증기 열분해법(Steam cracking)

수증기 열분해는 촉매없이 675~800℃의 고온, 저압에서 분해가 이루어지며 올레핀이 주생성물이다. 수증기는 탄화수소의 분압을 적게 하여 더 많은 올레핀을 생성시키기 위하여 가해진다. 석유화학공업의 기초원료인 에틸렌, 프로필렌과 같은 올레핀은 대부분 탄화수소의 수증기분해에 의해 제조된다(제4장 석유화학공업 참조).

그림 2-12는 에탄으로부터 에틸렌을 제조하는 수증기열분해 공정도이다.

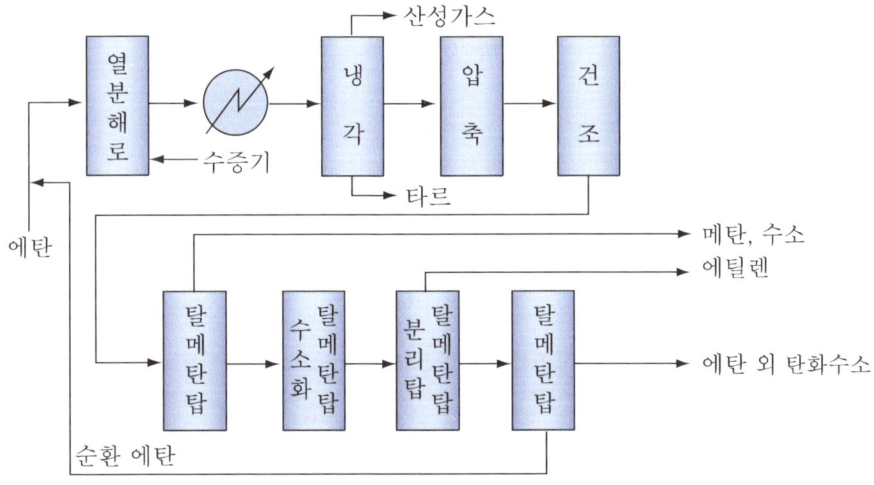

그림 2-12 에탄으로부터 에틸렌 제조의 수증기열분해 공정도

[수증기 열분해법 공정개요]

- 원료인 에탄과 재순환되는 에탄이 수증기와 열분해로로 투입된다.
  이때 수증기 : 에탄의 무게비는 1 : 0.2

- 분해로에서 자유라디칼 분해반응(발열반응)이 진행된다.
  분해로 출구온도는 보통 800℃, 체류시간은 0.5~1.2초
- 노 유출물은 열교환에서 냉각되고 물냉각탑에서 직접 접촉되어 더 냉각되며 여기서 수증기는 응축되어 열분해로에 재순환된다.
- 분해된 가스는 산성가스를 제거하기 위해 처리된 다음 압축, 건조된다.
- 탈메탄탑(demethanizer)에서 메탄과 수소가 열분해 생성물로부터 분리된다.
- 유출물은 아세틸렌(acetylene)을 제거하기 위하여 수소화반응을 시킨다.
- 에틸렌분리탑(ethylene fractionator)에서 에틸렌은 에탄과 중질탄화수소로부터 분리된다.
- 탑저부의 유분은 탈에탄기(deethanizer)에서 에탄과 중질유분으로 분리된다.
- 에탄은 열분해로로 재순환된다.
- 생성물의 수율 :
  (CH_4+H_2) : 13%, ethylene : 80%, propylene : 2.4%, butadiene : 1.4%
  mixed butenes : 1.6%, C_5 이상 : 1.6%

수증기열분해는 높은 흡열반응이다. 높은 온도에서는 올레핀, 큰 분자량의 올레핀 및 방향족화합물의 생성이 쉽다. 이때 올레핀 생성을 최대화하고 탄소 석출을 최소화하는 최적온도를 선택해야 한다. 전형적인 에탄분해의 노(爐) 출구온도는 약 800℃이고, 나프타와 경유의 열분해온도 노 출구온도는 약 675~700℃이다.

수증기 열분해에서 방향족과 고급 탄화수소화합물은 생겨난 올레핀의 이차반응에 의하여 만들어진다. 따라서 노에서의 체류시간이 짧을수록 올레핀의 수율이 높다. 에탄과 경질탄화수소가 원료로 사용될 경우 짧은 체류시간은 올레핀 생성이 증가하고 BTX와 액체 유분의 수율은 낮아진다. 전형적인 체류시간은 0.5~1.2초이다. 올레핀과 BTX 방향족화합물을 동시에 생산할 경우에는 액체 원료의 분해는 에탄보다 상대적으로 더 긴 체류시간을 요구한다.

수증기분해법의 에틸렌 수율을 향상시키는 액체 원료는 최근에 개발된 밀리초(millisecond) 노(爐)를 이용하며 이때 노의 출구온도는 870~925℃이며 체류시간은 0.03~0.1초의 수 밀리 초(秒) 사이에서 조업된다.

수증기/탄화수소 비를 높게 하면 올레핀의 생성이 많아진다. 수증기는 탄화수소 혼합물의 분압을 감소시키며 코크스의 석출을 감소시킨다. 에탄에서는 탄화수소 : 수증기 비는 0.2 : 1이며, 액체 원료인 경우에는 약 1 : 1.2이다.

수증기분해의 원료는 경질탄화수소부터 석유 잔유에 이르기까지 매우 다양하나 일반적으로 전형적인 공급원료는 천연가스(메탄), 에탄, 부탄, 나프타이다. 에탄을 사용할 경우 60% 전환율에서 에틸렌 생성률은 80%이다. 프로판 분해는 에탄과 유사하나 노의 온도가 에탄 분해온도보다 더 낮다. 이때 에탄보다 에틸렌 생성량이 적으며 더 많은 부산물이 생겨나고 분리도 더 복잡하다. 그러나 많은 양의 방향족 열분해 가솔린이 생성된다. *n*-부탄의 분해는 에탄, 프로판과 유사하나 에틸렌의 수율은 더 낮다.

올레핀 제조의 액체 원료는 나프타(naphtha), 개질 라피네이트(raffinate), 상압경유, 감압경유 등이다. 이들 원료들의 수증기분해로부터 얻어지는 올레핀 생성비는 주로 원료의 종류와 공정변수에 의존한다. 비슷한 가동조건에서 경질나프타의 수증기분해는 감압경유의 수증기분해로부터 얻어지는 에틸렌 생성량의 약 2배에 이른다. 액체 원료의 사용은 보통 가스 원료에서 사용된 것보다 짧은 체류시간과 높은 수증기 희석비를 사용한다. 나프타 수증기 열분해는 올레핀과 다이올레핀 이외에 BTX가 풍부한 열분해 가솔린을 생성한다. 나프타의 열분해는 제4장 석유화학공업에서 자세히 다루었다.

④ 열분해반응 메커니즘

열분해반응은 자유라디칼(free radical) 연쇄반응으로 진행된다. 열분해에 이용되는 500℃ 전후에서는 우선 탄화수소 분자의 탄소−탄소결합 또는 탄소−수소 결합이 절단되어 두 개의 자유라디칼이 생성된다. 이때 결합에너지가 적은 결합이 쉽게 절단된다. 예를 들면, **탄소−탄소 결합에너지의 세기**는 제4차 < 제3차 < 제2차 < 제1차 탄소 순이므로 열분해에 의한 탄소−탄소 절단은 제4차 탄소결합이 가장 쉽게 일어나고 제1차 탄소는 절단이 어렵다. 또한 긴 사슬 분자에서는 분자의 중앙부가 끊어지기 쉽다.

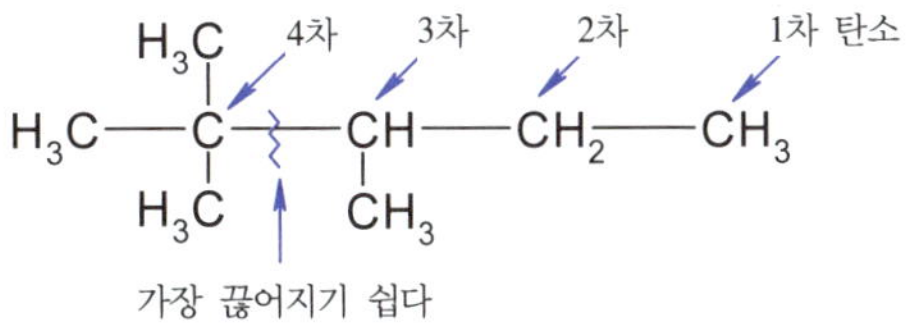

$H_3C-C(CH_3)_2-CH(CH_3)-CH_2-CH_3$

4차 3차 2차 1차 탄소

가장 끊어지기 쉽다

다음은 라디칼 개시반응을 나타낸다.

$$RCH_2CH_2CH_2CH_2CH_2R' \longrightarrow RCH_2CH_2\dot{C}H_2 + R'CH_2\dot{C}H_2$$

라디칼은 계속 분해가 일어나 올레핀과 새로운 자유라디칼을 생성한다. 분해는 일반적으로 유리기 탄소에 대해 β위치에 있는 결합에서 즉, β–절단[4)]을 하게 된다.

$$RCH_2CH_2\dot{C}H_2 \longrightarrow R\dot{C}H_2 + CH_2{=}CH_2$$

$$R'CH_2\dot{C}H_2 \longrightarrow \dot{R} + CH_2{=}CH_2$$

새로운 자유라디칼 $\dot{R}$와 $R\dot{C}H_2$의 계속적인 β-절단은 라디칼이 없어질 때까지 에틸렌을 계속 만들 수 있다. 자유라디칼은 탄화수소의 결합에너지가 작은 수소를 끌어당겨 탄화수소분자를 형성하고 새로운 유리기가 만들어질 수 있다. 탄소–수소 결합이 끊어지기 쉬운 순서는 제3차 탄소에 붙은 수소가 가장 쉽고 제2차, 제1차 탄소에 붙은 탄소–수소 절단의 순서로 어렵다. 탄소–탄소, 탄소–수소 결합에서는 탄소–탄소 결합이 절단되기 더 쉽다.

$$\dot{R} + RCH_2CH_2CH_2R' \longrightarrow RCH_2\dot{C}H_2CH_2R' + RH$$

이때 생겨난 자유라디칼은 β-절단규칙에 따라 짝을 이루지 않은 전자를 가지는 탄소의 양쪽에서 분열될 수 있으며 1-올레핀이 생성된다.

$$RCH_2\dot{C}H_2CH_2R' \longrightarrow \begin{cases} \dot{R} + R'CH_2CH{=}CH_2 \\ \dot{R'} + RCH_2CH{=}CH_2 \end{cases}$$

라디칼끼리 서로 결합하면 포화 탄화수소를 생성하므로 연쇄반응이 중지되지만 반응시의 라디칼 농도가 적어서 이런 반응은 일어나기 어렵다.

---

4) β–절단(scission) : 유리기 탄소에서 시작하여 2번째와 3번째 탄소간의 결합이 끊어지는 것.

Tip

n-데케인(decane)의 열분해 반응메커니즘을 쓰시오.

500℃ 전후에서 열분해하면 우선 탄소-탄소 절단과 탄소-수소 절단이 일어난다. 탄소-탄소 절단 용이성은 제4차>제3차>제2차>제1차 탄소 순이므로 데케인에서는 2차 탄소 그리고 분자의 중앙에서 절단되기 쉽다.

```
    H H H H H H H H H H
    | | | | | | | | | |
  H-C-C-C-C-C-C-C-C-C-C-H   --pyrolysis-->
    | | | | | | | | | |
    H H H H H H H H H H

    H H H H H   H H H H H
    | | | | |   | | | | |
  H-C-C-C-C-C-/-C-C-C-C-C-H
    | | | | |   | | | | |
    H H H H H   H H H H H

      H H H H H        H H H H H
      | | | | |        | | | | |
--> H-C-C-C-C-C·  +   ·C-C-C-C-C-H
      | | | | |        | | | | |
      H H H H H        H H H H H
```

탄소-수소 절단은 2차 탄소에 붙어 있는 수소가 절단되기 쉬우므로,

```
    H H H H H H H H H H
    | | | | | | | | | |
  H-C-C-C-C-C-C-C-C-C-C-H   +  H·
    | · | | | | | | | |
    H   H H H H H H H H
```

생겨난 자유라디칼은 β-절단규칙에 따라 다음과 같이 반응이 진행된다.

$$H_3C-CH_2-CH_2 \wr -CH_2-\dot{C}H_2 \longrightarrow CH_3CH_2\dot{C}H_2 + CH_2{=}CH_2$$

$$CH_3CH_2\dot{C}H_2 \downarrow \ \cdot CH_3 + CH_2{=}CH_2$$

$$CH_3-\dot{C}H_2-CH_2 \wr -CH_2-CH_2-CH_2-CH_2-CH_2-CH_2-CH_3 \longrightarrow$$

$$CH_3-\dot{C}H_2-\dot{C}H_2 + \dot{C}H_2-CH_2-CH_2-CH_2-CH_2-CH_2-CH_3$$

$$CH_3-\dot{C}H_2-\dot{C}H_2 \updownarrow CH_3CH_2{=}CH_2$$

$$\downarrow \beta \text{ 절단}$$

$$CH_2{=}CH_2 + \dot{C}H_2-CH_2-CH_2-CH_2-CH_3$$

$$\downarrow \beta \text{ 절단}$$

$$CH_2{=}CH_2 + \dot{C}H_2-CH_2-CH_3$$

$$\downarrow \beta \text{ 절단}$$

$$CH_2{=}CH_2 + \dot{C}H_3$$

$$\downarrow H\cdot$$

$$CH_4$$

이와 같이 열분해시에는 에틸렌의 생성이 많다. 이처럼 열분해에 의해 원유 중에 거의 존재하지 않던 올레핀유가 거의 절반이 생겨나고 또한 에틸렌을 주로 하는 C_1~C_4의 포화, 불포화 탄화수소 가스가 발생한다. 열분해반응은 라디칼분해반응이므로 이성화, 고리화, 방향족화 반응은 그다지 일어나지 않아 고옥탄가 가솔린 제조에는 별로 적용되지 않고, 나프타 등을 열분해하여 올레핀을 생산하는 석유화학공업에서 주로 사용되고 있다.

(2) 접촉분해법(Catalytic cracking)

끓는점이 높은 큰 분자의 탄화수소를 분해하는 분해법(cracking)에는 열을 이용하여 분해하는 열분해법(thermal cracking process)과 촉매를 사용하여 분해시키는 접촉분해법(catalytic cracking process)이 있다. 석유정제에서 고옥탄가 가솔린을 제조하는 데에는 열분해법보다 접촉분해법이 주로 사용되고 있다.

접촉분해법은 중질유(등유 이상)를 촉매 존재하에 고온에서 분해하여 고옥탄가의 가솔린을 제조하는 방법이다. 접촉분해법은 고부가가치의 경질 및 중질 증류물 외에 경질 가스유분도 생성한다. 접촉분해에 의한 고옥탄가 가솔린의 생성은 촉매의 효과에 의한 이성질화 및 탈수소고리화반응에 기인한다.

① 접촉분해 원료

접촉분해 원료로는 경유에서부터 상압증류 잔유의 진공증류물이 사용된다. 상압증류 잔유는 그대로 원료를 사용하기에는 아스팔텐과 같이 염기성 극성분자가 많이 함유되어 있어 촉매를 비활성화시키기 때문에 직접 사용할 수 없고 수첨반응공정(수소화정제)을 거쳐 전처리한 후 사용한다.

② 접촉분해 촉매

촉매는 초기에 산으로 처리된 천연점토가 사용되었으나 활성이 더 큰 무정형 실리카-알루미나 또는 합성 제올라이트(zeolite, 결정성 알루미나-실리카)로 대체되었다. 이들 촉매는 방향족에 대한 선택성을 증가시킨다. 고체산인 실리카-알루미나 또는 제올라이트 촉매는 카보늄이온(carbonium ion)의 형성을 촉진하는 루이스산 자리(Lewis acid site)와 브뢴스테드산 자리(Brønsted acid site)를 가지며 산으로 작용한다. 제올라이트는 규소 또는 알루미늄 원자를 중심으로 정사면체 정점에 산소 원자를 결합시킨 삼차원 구조로, Na^+, Mg^{2+} 또는 양성자(H^+)와 균형을 이루는 구조로 $M_m(AlO_2)_n \cdot xH_2O$의 일반식을 가진다.

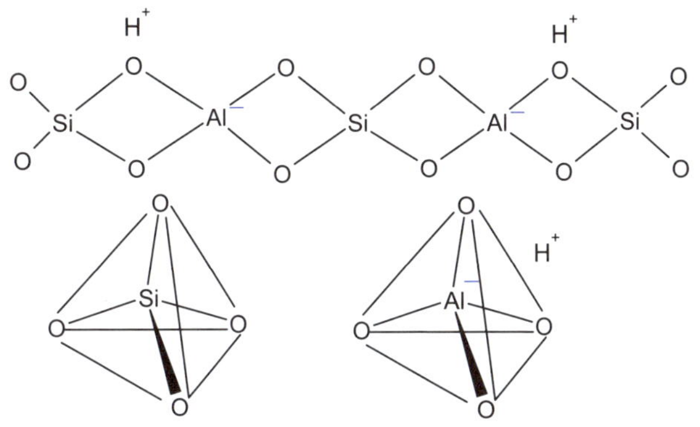

그림 2-13 제올라이트의 기본구조단위

H-제올라이트 촉매에서 400~500℃로 가열될 때 알루미늄원자는 루이스산자리가 형성된다. 또한 물의 존재하에서는 브레스테드산자리가 생긴다.

Lewis acid site

H-zeoloite $\xrightarrow{\Delta}$ (Si–O–Al–O–Si–O–Al 구조) + $^+$Si + H_2O

열분해온도는 450~550℃에서 행해지고 압력은 상압하에서 체류시간은 2~3초이다. 촉매의 재생은 열화된 촉매를 촉매재생기로 보내어 700~750℃에서 공기를 불어 넣으면서 촉매에 침착된 코크스를 태워버린다.

③ 접촉분해공정의 종류

접촉분해공정은 반응기에서 촉매와 원료유의 접촉방식에 따라 유동상식(fixed-bed type), 이동상식(moving-bed type), 고정상식(fixed-bed type)의 3가지 종류로 분류한다. 초기에는 촉매를 반응기에 고정시킨 고정상식을 사용하였으나 점차로 이동상식, 유동상식이 급속하게 발전되어 접촉분해는 대부분 이 두 가지 반응기를 사용하고 있다. 최근에는 대량의 중질경유를 높은 처리효율로 처리할 수 있는 유동상식 접촉분해법이 널리 사용되고 있다. 그림 2-14는 유동상식 접촉분해 공정도를 보여준다.

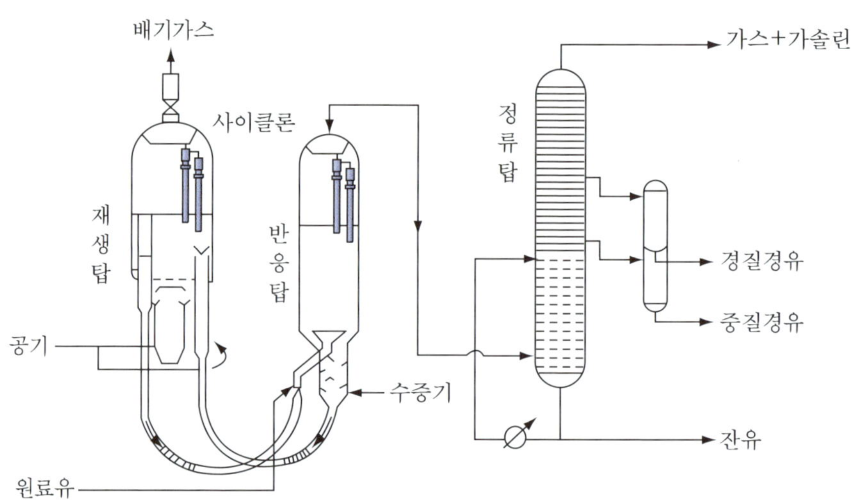

그림 2-14 유동상식 접촉분해 공정도(Esso IV type)

- 유동상식 접촉분해법(Fluidizing-bed catalytic cracking, FCC법) 특징

- 촉매는 직경 20~80μ의 구형의 다공성이 큰 분말로, 원료유 증기와 함께 유동상태에서 접촉시켜 분해효율을 높인다.
- 촉매의 재생을 유동방식으로 행하여 대량의 원료유를 능률적으로 처리할 수 있어 현재 접촉분해는 대부분 이 방식이 널리 사용되고 있다.
- 열분해에 필요한 열은 촉매재생 시 생성되는 발열반응열에 의해서 공급된다. 이 열은 재생된 유동층 촉매흐름 그 자체에 의해 전달된다.
- 유동식접촉분해에 의해 주로 불포화 경질탄화수소가 생성되며 특히 범위 C_3~C_5이고 이들은 석유화학제품 원료로 사용된다. 그 이외에 FCC공정은 높은 옥탄가(높은 방향족 함유량, 측쇄 파라핀, 올레핀에 기인함) 가솔린, 경유, 타르를 생성한다. 이들 생성물의 비는 공정변수에 좌우된다. 중질경유인 경우 옥탄가 90 이상의 가솔린이 약 50 wt%, 가솔린의 약 1/3가량의 경질경유가 얻어진다.

[유동상식 접촉분해법 공정개요]

- 원료유는 재생탑에서 나온 미립상 촉매 중에 불어 넣어 반응탑으로 보내지고, 480~520℃, 상압하에서 반응된 후, 열분해 유분은 사이클론(cyclone)이라고 하는 분리장치내에서 촉매와 효율적으로 분리된다.
- 사용된 촉매는 재생탑으로 가게 되는데, 이때 반응탑 하부의 스트리퍼에서 수증기로 촉매 중의 유분을 제거한다.
- 재생탑에서 가열공기로 촉매상에 부착된 탄소를 550~600℃에서 연소 제거시키고 (CO/CO_2로 제거) 재생된 촉매는 반응탑으로 순환된다.
  분해생성유는 반응탑정에서 분리되어 정류탑에서 비점에 따라 분별된다.
- 공급원료는 주로 중질경유이다. 중질경유는 접촉분해하면 옥탄가 90 이상의 고품질 가솔린이 약 50 wt%의 얻어지고 가솔린의 약 1/3분량의 경질경유도 얻어진다. 접촉분해 가솔린을 분해가솔린(cracked gasoline)이라 한다.

• 이동상식 접촉분해법(Moving-bed catalytic cracking)

- 직경 3~4 mm의 작은 구형 촉매를 상부에서 낙하시켜, 원료유 증기와 접촉시킨다.
- 촉매는 중력에 의해 반응탑 하부의 재생탑으로 떨어지고 촉매에 부착된 탄소를 연소시켜 재생하여 연속적으로 공급한다.
- 원료유는 450~500℃로 가열되어 반응실 상부의 노즐로부터 송입되어 여기에서 촉매와 접촉하여 분해된다.
- 생성물은 반응실 하부로 유출되어 정류탑으로 보내진다.
  이동상식 접촉분해유는 방향족의 전환은 낮고, 포화 또는 불포화된 경질탄화수소 가스의 혼합물이 생성된다. 가솔린 생성물은 방향족과 측쇄 파라핀이 풍부하다.

• 고정상식 접촉분해법(Fixed-bed catalytic cracking)

- 촉매를 충전한 반응탑에 원료유 증기를 통한다.
- 촉매의 재생은 반응을 정지하여 행한다.
- 반응온도 : 450~500℃
- 개질법(reforming)과 수소화 분해법(hydrocracking)은 주로 이 방식을 사용한다.

④ 접촉분해반응 메커니즘

열분해와 접촉분해의 중요한 차이점은 열분해반응은 자유라디칼 중간체를 통하여 반응이 일어나는 반면 접촉열분해는 카보늄이온 중간체를 통하여 일어나는 것이다. 탄화수소의 C−C, C−H 결합의 절단형식은 열분해와 접촉분해에서 다음과 같이 서로 다르다. 접촉분해 시에는 이온적 절단 형식을 취한다.

열분해시 $H_3C-CH_3 \xrightarrow{\Delta}$ $\cdot CH_3 + \cdot CH_3$ / $H_3C-\dot{C}H_2 + H\cdot$

접촉분해시 $H_3C-CH_3 \xrightarrow{zeolite}$ $\overset{+}{C}H_3 + :\overset{-}{C}H_3$ / $H_3C-\overset{+}{C}H_2 + :H^-$

접촉분해에서 생긴 카보늄이온 C^+는 카보양이온(carbocation), C^-는 카보음이온(carboanion)이라고 한다. 카보늄이온은 자유라디칼보다 수명이 길고 따라서 선택성(selectivity)이 더 좋다. 무정형 실리카-알루미나와 결정성 제올라이트와 같은 고체산 촉매는 카보늄이온의 형성을 촉진한다. 다음은 카보늄이온이 생성되는 여러 가지 방법을 나타내고 있다.

i) 탄화수소는 Lewis산에 의해 카보양이온과 hydride가 생성

$$RH + (-O)_2Si(O)_2Al(O-) \rightarrow R^+ + (-O)_2Si(O)_2Al(O-)-H^-$$

ii) 올레핀은 Bronsted산에 의해 카보양이온이 생성

$$RCH{=}CH_2 + (-O)_2Si(O)(OH^+)Al^-(O-)_2 \rightarrow R\overset{+}{C}HCH_3 + (-O)_2Si(O)_2Al^-(O-)_2$$

iii) 1단계와 2단계에서 생겨난 카보늄이온은 새로운 탄화수소에서 하이드라이드(hydride)이온을 취하여 알케인(alkane)과 또 다른 카보늄이온을 생성

$$R^+ + RCH_2CH_3 \rightarrow RH + R\overset{+}{C}HCH_3$$

이때 카보늄이온이 탄화수소의 수소음이온을 취하는 순서는 3차>2차>1차 탄소의 순으로 용이하다. 형성된 카보늄이온은 가능한 안정한 카보늄이온을 형성하므로 제1차 카보늄이온보다는 제2차 카보늄이온으로 전위하고 제2차 카보늄이온보다는 제3차 카보늄이온으로 전위한다. 이 경우 수소나 알킬기는 전자대를 동반하여 이동한다. 이 결과 가지가 많은 카보늄이온이 생성되기 쉬우며 이것은 옥탄가가 높은 가솔린을 얻는데 유리하다.

$$RCH_2CH_2-CH(H)-\overset{+}{C}H_2 \rightarrow RCH_2CH_2-\overset{+}{C}H-CH_3$$

$$H_3C-CH(CH_3)-\overset{+}{C}H-CH_2-CH_3 \rightarrow H_3C-\overset{+}{C}(CH_3)-CH_2-CH_2-CH_3$$

$$R-CH_2-\overset{+}{C}H-CH_2-CH_3 \xrightarrow{CH_3\text{ 이동}} R-CH_2-CH(CH_3)-\overset{+}{C}H_2$$

$$\xrightarrow{H\text{ 이동}} R-CH_2-\overset{+}{C}(CH_3)-CH_3$$

새로운 카보늄이온은 탄소-탄소 β-분해(절단)가 일어나며, 더 안정된 카보늄이온으로 재배열되거나 또는 혼합물에서 탄화수소 분자와 반응하여 파라핀을 생성한다. 탄소-탄소 β-분해는 카보늄이온의 양쪽에서 일어날 수 있으며 보통 3개의 탄소원자를 포함하는 가장 작은 탄화수소 분자가 얻어진다. 긴 사슬을 가진 2차 카보늄이온의 분해는 다음과 같다.

$$RCH_2\overset{+}{C}HCH_2CH_2R' \rightarrow \begin{cases} RCH_2CH{=}CH_2 + \overset{+}{C}H_2R' \\ CH_2{=}CHCH_2CH_2R' + R^+ \end{cases}$$

예를 들면,

$$CH_3\overset{+}{C}HCH_2CH_2R' \rightarrow CH_2{=}CHCH_3 + \overset{+}{C}H_2R'$$

생성된 프로필렌은 양성자화되어 아이소프로필 카보늄이온이 된다.

$$CH_2{=}CHCH_3 + H^+ \longrightarrow CH_3\overset{+}{C}HCH_3$$

아이소프로필 카보늄이온은 β-분해가 일어나지 않는다. 다른 탄화수소로부터 hydride이온을 취하여 프로판을 생성하거나 또는 양성자를 제거하여 프로필렌으로 돌아갈 수 있다. 이것은 열분해보다 접촉분해로부터 상대적으로 높은 프로필렌을 얻을 수 있음을 대변한다.

파라핀의 방향족화는 탈수소고리화반응을 통해 일어난다. β-분해에 의해 형성된 올레핀화합물은 고리화에 도움이 되는 배열로 카보늄이온 중간체를 형성한다. 다음과 같은 카보늄이온이 형성될 경우 고리화가 쉽게 일어난다.

$$RCH_2CH_2CH_2CH_2CH{=}CH_2 \xrightarrow{\text{zeolite}} R\overset{+}{C}HCH_2CH_2CH_2CH{=}CH_2 + H^+$$

일단 고리화가 일어나면 형성된 카보늄이온은 양성자를 잃고 사이클로헥센(cyclohexene)이 얻어진다. 이 반응은 올레핀이 존재할 경우 잘 일어난다.

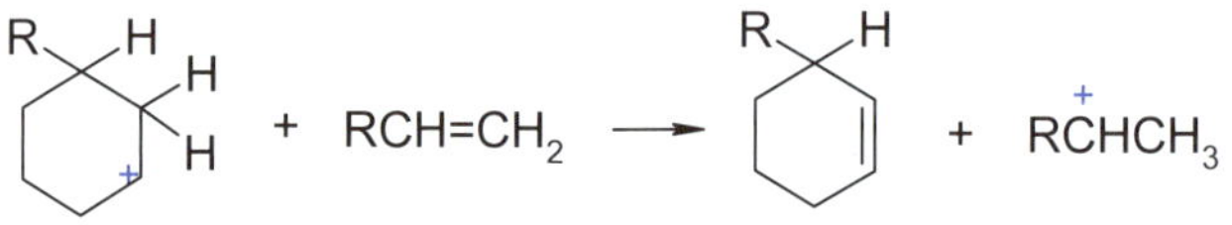

다음 단계는 제올라이트 표면으로부터 Lewis산 자리에 의해 hydride이온이 추출되어 더 안정된 알릴카보늄이온을 형성한다. 다시 양성자 제거가 일어나 사이클로헥사다이엔(cyclohexadidene) 중간체를 형성하고 이 같은 반복은 고리가 완전하게 방향족화될 때까지 일어난다.

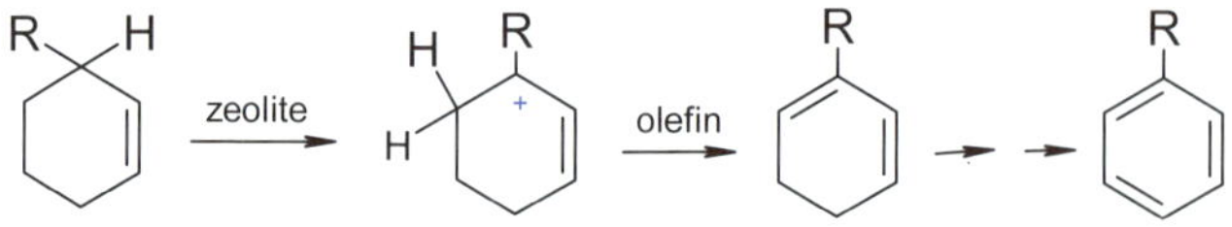

Tip

n-데케인(decane)의 접촉분해 반응식을 쓰시오.

$$CH_3CH_2CH_2CH_2CH_2CH_2CH_2CH_2CH_2CH_3 \xrightarrow{zeolite}$$

$$CH_3\overset{+}{C}HCH_2CH_2CH_2CH_2CH_2CH_2CH_2CH_3 + H$$

여기서 생성된 카보늄이온은 β-분해에 따라 C－C 결합이 절단되어 다음과 같이 프로필렌과 제1차 카보늄이온이 생성된다.

$$CH_3\overset{+}{C}HCH_2 \wr CH_2CH_2CH_2CH_2CH_2CH_2CH_3 \longrightarrow$$

$$CH_3\overset{+}{C}HCH_2\overset{-}{:} + \overset{+}{C}H_2CH_2CH_2CH_2CH_2CH_2CH_3$$

$$\updownarrow$$

$$CH_3CH{=}CH_2$$

새로 생긴 제1차 카보늄이온은 불안정하여 제2차 카보늄이온으로 전위한다.

$$\overset{+}{C}H_2CH_2CH_2CH_2CH_2CH_2CH_3 \longrightarrow CH_3\overset{+}{C}HCH_2CH_2CH_2CH_2CH_3$$

생성된 제2차 카보늄이온은 β-분해에 따라 절단되어 프로필렌의 생성이 많아지게 된다.

$$CH_3\overset{+}{C}HCH_2 \wr CH_2CH_2CH_2CH_3 \longrightarrow$$

$$\overset{+}{C}H_2CH_2CH_2CH_3 + CH_3CH{=}CH_2$$

$$\downarrow \text{H 전이}$$

$$CH_3\overset{+}{C}HCH_2CH_3 \xrightarrow{\beta-\text{분해}} CH_3CH{=}CH_2 + \overset{+}{C}H_3$$

또한 제1차 카보늄이온이 제2차로 전위할 때 분자의 중심을 향하여 전위하면 뷰틸렌이 생성된다.

$$\overset{+}{C}H_2CH_2CH_2CH_2CH_2CH_2CH_3 \longrightarrow CH_3CH_2\overset{+}{C}HCH_2CH_2CH_2CH_3$$

$$\downarrow \beta-\text{분해}$$

$$CH_3CH_2CH{=}CH_2 + \overset{+}{C}H_2CH_2CH_3$$

따라서 n-데케인의 접촉분해시에는 에틸렌 대신에 프로필렌과 뷰틸렌의 생성이 많아짐을 알 수 있다.

n-부탄이 접촉분해에 의하여 iso-부탄으로 이성화 되는 반응식을 쓰시오.

$$CH_3CH_2CH_2CH_3 \xrightarrow{zeolite} CH_3\overset{+}{C}HCH_2CH_3 + H^-$$

생성된 카보늄이온은 CH_3^-의 전위로 이성화된 후 *n*-부탄과 반응하여 아이소부탄으로 된다.

$$CH_3\overset{+}{C}H\,CH_2\text{–}CH_3 \longrightarrow CH_3\text{–}\underset{\displaystyle CH_3}{\underset{|}{C}}H\text{–}\overset{+}{C}H_2$$

$$CH_3\text{–}\underset{\displaystyle CH_3}{\underset{|}{C}}H\text{–}\overset{+}{C}H_2 + CH_3CH_2CH_2CH_3 \longrightarrow$$

$$CH_3\text{–}\underset{\displaystyle CH_3}{\underset{|}{C}}H\text{–}CH_3 + CH_3\overset{+}{C}H\,CH_2\text{–}CH_3$$

(3) 접촉개질법(Catalytic reforming)

접촉개질법은 수소화정제로 전처리한 중질 가솔린 유분을 수소(H_2)기류 중에서 고온·가압하에서 촉매와 접촉시켜 고옥탄가의 가솔린을 얻는 조작이다. 이 공정의 주목적은 옥탄가가 낮은 중질나프타 성분을 변화시켜 옥탄가가 높은 가솔린으로 변화시키고 또한 방향족 탄화수소인 벤젠, 톨루엔, 자일렌(BTX)을 얻는 주요 공정이다. 일반적으로 방향족 화합물은 파라핀과 사이클로파라핀보다 옥탄가가 높고, 가지가 달린 파리핀이 직쇄 파라핀보다 옥탄가가 높은 편이다. 낮은 옥탄가의 나프타 유분의 옥탄가를 증가시키는 방법은 낮은 옥탄가를 가진 탄화수소의 분자구조를 가지가 달린 화합물이나 방향족화합물로 전환시키는 것으로 접촉개질반응은 이러한 기능을 한다. 접촉개질법으로 개질된 유분을 개질가솔린(reformed gasoline, 또는 reformate)이라고 한다.

① 개질원료

개질원료는 상압증류탑에서 생산된 비점범위 70~100℃의 중질 나프타(naphtha) 유분을 주로 사용한다. 접촉분해로부터 제조된 나프타도 사용될 수 있다. 접촉개질에 의한 옥탄가의 증가는 옥탄가가 매우 높은(93~103) 주로 방향족 탄화수소와 아이소파라핀(isoparaffin)류의 형성에 기인하며, 따라서 탄소원자수가 6개 이하인 탄화수소를 함유한 낮은 끓는점을 가진 직류가솔린은 방향족 탄화수소로 전환될 수 없으므로 접촉개질의 원료로 효과적이지 못하다.

이때 접촉개질을 하기 전에 나프타에 들어 있는 황화합물, 질소화합물 및 산소화합물과 같은 불순물은 촉매독을 일으키므로 수소화정제 처리하여 우선 원료로부터 제거하게 된다.

② 촉매

접촉개질에 사용되는 촉매로는 알루미나(Al_2O_3) 또는 실리카 - 알루미나(또는 제올라이트)와 같은 고체산을 담체로 한 Pt-SiO_2 촉매나 백금(Pt)에 레늄(Re), 이리듐(Ir) 등을 가한 2금속 이중기능촉매가 있고, 최근에는 다성분 금속촉매가 개발되어 사용되고 있다. 이들 촉매는 백금에 의한 수소화·탈수소화 기능과, 일반적으로 염화물이나 플루오르화물로 처리된 알루미나는 루이산(Lewis acid)으로서 카보양이온 형성을 촉진시키는 이성질화반응의 이원기능촉매이다. 촉매의 재생은 조업 도중에 촉매의 제거와 교환을 할 수 있도록 설계된 공정에서는 연속적으로 이루어질 수 있으나(이런 장치가 증가하는 추세), 현재 많은 접촉개질 공정에서 반응기의 조업을 중단하고 촉매를 재생하게 된다.

표 2-7 주요 접촉개질법의 종류

프로세스 명	촉 매	촉매재생방식	방 식
Hydroforming (Kellogg사)	MoO_3-Al_2O_3-SiO_2	별도의 재생기로 연속적으로	유동상
CCR Platforming (UOP사)	Pt-?-Al_2O_3-SiO_2	〃	이동상
Platforming (UOP사)	Pt-Cl-Al_2O_3-SiO_2	6개월~1년에 1회 정도	고정상
Houdriforming (Houdry Process Corp.)	Pt-Al_2O_3-SiO_2	〃	고정상
Powerforming (Esso Oil Co.)	Pt-?-Al_2O_3-SiO_2	〃	고정상
Rheniforming (CRC사)	Pt-Re-Al_2O_3-SiO_2	〃	고정상

접촉개질에 사용되는 많은 프로세스가 개발되어 있으나, 촉매의 조성, 반응기의 형식 등이 다를 뿐, 반응조건(온도 450~550℃, 압력 7~35 atm)은 거의 비슷하다. 몇 가지 형태의 접촉개질법과 촉매를 표 2-7에 나타내었다.

반응기의 형식은 촉매의 특성에 따라 좌우된다. 즉, MoO_3-Al_2O_3계 촉매를 사용할 때는 고온, 저유속, 저수소압의 반응조건이 요구되므로 촉매상에 탄소상 물질의 석출이 많아 촉매의 활성이 단시간에 저하된다. 따라서 유동상 혹은 이동상의 촉매 재생장치가 필요하다. 그러나 Pt-Al_2O_3계 2금속촉매를 사용한 후에는 촉매활성이 높아 장시간 연속운전이 가능하여 고정상반응기를 사용하게 되었다. 백금촉매를 사용하는 방식 중 UOP사(Universal Oil Products Co.)가 개발한 플랫포밍법(Platforming process)이 가장 유명하여 널리 이용되고 있고, 성능이 우수하고 저압에서도 수명이 긴 장점과 우수한 성능을 가진 Pt-Re 촉매를 가진 레니포밍법(Rheniforming process, CRC사)도 점차 보급되고 있다. 플랫포밍법에 대한 공정도를 그림 2-15에 나타내었다. 우리나라에서는 석유계 방향족 화합물의 제조에 플랫포밍법을 주로 이용하고 있다.

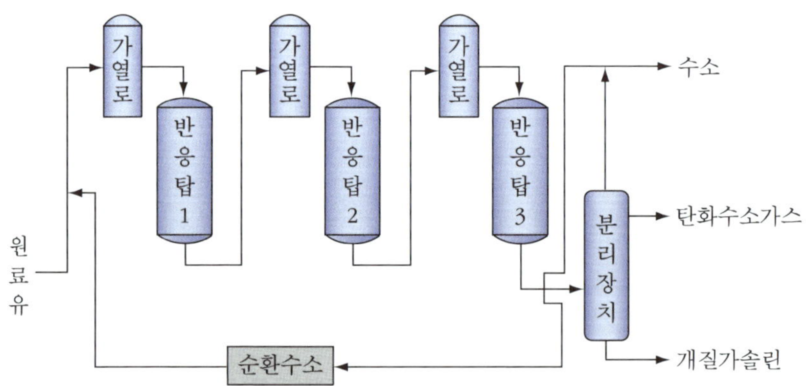

그림 2-15 Platforming 접촉개질 공정도

[플랫포밍 접촉개질법 공정개요]

- 수소화탈황 정제된 원료유는 수소와 혼합 가열된다.
- 접촉개질 반응기는 3개로 이루어지며 처음 반응기는 나중 반응기보다 촉매 함량이 더 적다.
- 두 번째와 세 번째 반응기는 방향족과 가지 달린 파라핀의 수율을 높이기 위하여 반응을 빠르게 하고 더 많은 반응시간을 갖도록 처음 반응기보다 많은 촉매를 사용한다.

- 나프텐의 탈수소화와 파라핀의 탈수소고리화는 높은 흡열반응으로 반응기 출구온도는 입구 온도보다 낮게 되며 따라서 각 반응기의 유입물은 가열로로 가열하게 된다.
- 반응탑은 온도 500~525℃, 압력 7~20 atm
- 개질유분은 증류분리장치(stabilizer)에서 가스와 가솔린으로 나누어지고, 가스 중의 수소는 고압분리에 의해 탄화수소 가스와 분리된다.

접촉개질법에 의해 옥탄가 20~40정도의 직류가솔린이 옥탄가 95~100 정도로 개질된다. 개질유 중의 방향족 탄화수소는 50~70%이고, 나머지는 대부분 가지 달린 파라핀을 주체로 하는 탄화수소이다.

이들 방법으로 얻어지는 개질가솔린은 아이소파라핀류와 방향족 탄화수소가 주성분으로, 석유화학에서는 방향족 탄화수소의 제조법으로도 접촉개질 방법을 널리 이용하고 있다. 방향족 탄화수소를 얻기 위해서는 가혹한 조건에서 운전하므로 촉매의 열화(劣化)가 빠르다. 이 때문에 예비반응탑을 설치하여 열화된 촉매를 재생하면서 운전을 계속할 수 있는 Powerforming법, Ultraforming법 등이 이용되기도 한다. 접촉개질반응에 동반되어 생성된 수소는 계(system)내의 필요한 수소원으로 순환되고, 또 다른 공정내의 수소화정제용으로 유효하게 사용된다.

③ 접촉개질반응 메커니즘

개질반응은 불균일 촉매 기상반응으로 반응이 촉매 표면에서 일어난다. 따라서 반응메커니즘을 연구하는 것이 매우 어려워 개질반응에 대한 정확한 메커니즘은 불확실하다. 접촉개질의 주요반응은 Pt 혹은 Pt-Re 촉매하에서 탈수소하여 올레핀 및 방향족화반응, 이성질화반응이 진행된다. 또한 수소화반응과 수소화탈알킬반응이 있다.

i) 탈수소화반응, 방향족화반응

$$CH_3\text{-}CH_2\text{-}CH_2\text{-}CH_2\text{-}CH_2\text{-}CH_3 \xrightarrow[\text{Pt-Re cat.}]{\text{Pt or}} CH_3\text{-}CH_2\text{-}CH_2\text{-}CH_2\text{-}CH{=}CH_2 + H_2$$

$$\text{(cyclohexane)} \xrightarrow{\text{Pt cat}} \text{(benzene)} + 3H_2$$

n-헥산의 백금표면에서 탈수소화하여 생긴 1-헥센이 고리화반응으로 사이클로헥산이 되고 이것이 탈수소화하여 벤젠이 된다.

$$CH_3\text{-}(CH_2)_3\text{-}CH{=}CH_2 \longrightarrow \quad \longrightarrow \quad + \ 3H_2$$

반응은 올레핀이 제올라이트 촉매의 루이스산 자리에 의해 카보늄이온(carbonium ion)이 생기고 이것이 오른쪽 배열을 가질 경우 고리화가 일어나게 된다. 예를 들면, 1-헵텐(1-heptene)의 제올라이트에서의 연속적인 반응에 의한 메틸사이클로헥센(methylcyclohexene) 형성은 다음과 같다.

$$CH_3CH_2CH_2CH_2CH_2CH{=}CH_2 \xrightarrow{\text{zeolite}} CH_3\overset{+}{C}HCH_2CH_2CH_2CH{=}CH_2 + H^+$$

$$\xrightarrow{} \quad \xrightarrow{-H^+}$$

생성된 메틸사이클로헥센은 백금촉매하에서 탈수소하여 톨루엔이 되거나 혹은 제올라이트 촉매표면에서 수소를 잃고 새로운 카보늄이온을 형성하고, 양성자의 손실이 계속적으로 일어나 최후에는 톨루엔이 생겨난다.

$$\xrightarrow{\text{Pt}}$$

$$\xrightarrow{\text{zeolite}} \quad \xrightarrow{-H^+} \quad \xrightarrow{\text{zeolite}} \quad \xrightarrow{-H^+}$$

ii) 이성질화반응

대부분의 이성질화반응은 카보늄이온 형성을 통하여 일어난다. 생성된 카보늄이온은 재배열되어 가지 달린 이성질체를 형성한다. 다음의 예는 *n*-헵탄(*n*-heptane)으로부터 2-메틸헥산(2-methylhexane)으로 이성질화 하는 반응이다.

$$CH_3\text{-}CH_2\text{-}CH_2\text{-}(CH_2)_3\text{-}CH_3 \xrightarrow{\text{zeolite}} CH_3\text{-}CH_2\text{-}\overset{+}{C}H\text{-}(CH_2)_3\text{-}CH_3$$

$$\xrightarrow[CH_3^-]{H^-\ \text{전이}} CH_3\text{-}\overset{+}{\underset{\underset{CH_3}{|}}{C}}\text{-}(CH_2)_3\text{-}CH_3 \xrightarrow{RH} H_3C-\underset{\underset{CH_3}{|}}{C}H(CH_2)_3CH_3 + R^+$$

iii) 수소화분해반응

수소화분해는 수소를 소모하는 반응으로 가스의 수율은 높아지고 액체 탄화수소의 수율은 낮아진다. 이 반응은 높은 수소압과 높은 온도에서 유리한다. 분해는 사슬을 따라 어느 위치에서도 일어날 수 있다.

$$RCH_2CH_2CH_2R' + H_2 \rightarrow RCH_2CH_3 + R'CH_3$$

iv) 수소화탈알킬화반응

수소화탈알킬화반응은 수소 존재하에서 방향족 곁사슬의 분해반응이다. 반응은 수소를 소모하고 높은 수소분압이 바람직하다. 이 반응은 메틸벤젠(methylbenzene), 에틸벤젠(ethylbenzene)이 수소화탈알킬화 될 경우 벤젠의 수율을 올리는데 특히 유용하다.

$$H_3C\text{-}C_6H_5 + \frac{1}{2}H_2 \rightarrow C_6H_6 + CH_4$$

(4) 수소화분해법(Hydrocracking process)

수소 가압하에 고비점 석유유분을 촉매를 사용하여 나프타와 중질유를 제조하는 공정을 수소화분해법이라 하고 그 특징은 다음과 같다.

① 촉매

실리카 - 알루미나(혹은 제올라이트)를 담체로 한 Co, Mo, W, Pd, Ni 혹은 이들 금속들의 조합으로 되어 있다. 이런 이중작용 촉매는 수소화 - 탈수소화 자리를 제공한다.

② 주요반응

접촉분해와 마찬가지로 촉매에 의해 카보늄이온과 β-분해가 일어난다. 수소화분해로부터 얻어지는 대부분의 생성물은 포화탄화수소이다. 따라서 수소화분해로부터 제조된 가솔린은 접촉분해에 의해 생성된 가솔린보다 옥탄가가 낮다.

③ 원료

상압 및 감압 경유, 탈아스팔트유, 코킹 경유, 열분해 경유, 파라핀추출 잔유 등이 원료로 사용된다. 접촉열분해를 위해 높은 중질이거나 오염물질을 많이 함유한 원료를 전처리하는데 유용하다. 수소화 열분해 장치는 건설비와 조업비용이 많이 드는 장치이나 원료가 점점 중질화 되고 더 경질의 고품질 연료유가 요구되는 경향으로 수소화 열분해는 미래의 정제공정으로의 장점이 있다.

④ 주생성물

나프타, 등유, 디젤 연료유, 윤활유가 주생성물이다. 탄소 사슬에 가지가 많은 아이소파라핀이 많고, 방향족화합물을 포함한 고옥탄가 가솔린이 얻어진다. 탄소의 석출이 적고 가스의 발생도 다른 방법에 비해 적으므로 고옥탄가 가솔린이 얻어진다.

⑤ 가동조건

- 반응조건 : 350~450℃, 수소압 100~150 atm
- 접촉분해와는 달리 코크스의 생성이 없어서 촉매재생장치가 필요 없고 고정상식(fixed-bed type) 분해법이 주로 사용된다.
- 조업의 융통성이 용이하다. (조업조건과 증류 온도 등을 변화시켜 생성물을 변화시키기가 쉽다.)
- 수소화분해법은 많은 장점이 있는 반면 원료가 분해할 때 고온, 고압이 필요하고 다량의 수소가 필요하기 때문에 장치의 건설비와 운전비가 높고 수소제조장치가 필요하다.
- 종류 : Isocracking법, Unicracking법, H-Oil법

공업적으로 사용되고 있는 방식에는 Isocracking법 (Chevron Research사),

Unicracking JHC법(Esso Research & Engineering 및 Union Oil of California사), H-Oil법(Cities Service Research & Development사 및 Hydrocarbon Research사) 등이 있다. Isocracking법과 Unicracking JHC법은 고정상식장치로서 세계적으로 가장 널리 사용되고 있는 수소화분해법이다. 그림 2-16은 1단계 Unicracking JHC법의 공정도를 보여주고 있고 주로 등유 및 경유 제조에 사용된다. 2단계는 주로 가솔린 제조에 사용된다. 대부분의 상업적 수소화분해는 중간-증류물 최적화를 위해 1단계법을 사용한다.

[Unicracking JHC 공정개요]

- 원료유와 수소는 혼합물로 가열된 후 반응탑에 보내져 수소화분해 시킨다.
- 반응탑을 나온 생성물은 고압분리조에서 수소를 분리하고 저압조로 보내짐. 분리된 수소는 순환시켜 재사용한다.
- 저압분리조에서 저급탄화수소가스 등의 기체분이 분리되고 액상성분에 정류탑에 보내져 가스, 가솔린, 미분해유 등으로 나누어져 미분해유는 순환 사용한다.

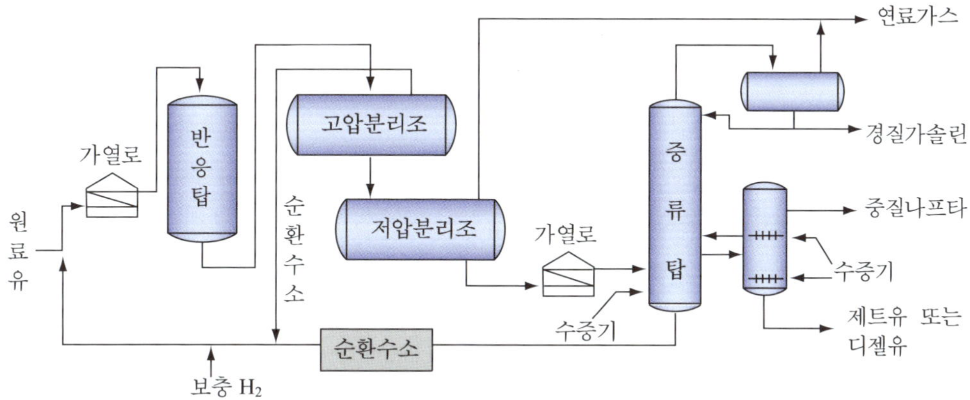

그림 2-16 수소화분해법 공정도(Unicracking JHC)

(5) 이성질화법(Isomerization)

n-파라핀을 이성화시켜 아이소파라핀류와 같은 가지가 많은 탄화수소로 전화하는 방법을 이성질화법(isomerization)이라 한다. 이성질화법은 그리 많이 사용되지 않지만 중요한 석유정제공정이다. 천연가솔린 또는 경질나프타 유분으로부터 얻어

지는 낮은 옥탄가의 C_5~C_6 유분은 이성질화되어 고옥탄가의 생성물로 된다.

탄화수소의 이성질화에는

① 곧은 사슬 탄화수소로부터 가지 달린 탄화수소의 생성
② 올레핀류의 이중결합의 이동
③ 알킬방향족의 알킬기의 이동 등이 있다.

특히 *n*-파라핀으로부터 알킬화의 원료로 사용되는 아이소부탄의 제조와 고옥탄가 연료로서의 아이소펜탄과 아이소헥산의 제조가 중요하다.

이성질화에 사용되는 촉매는 주로 백금계 촉매(예: Pt-Al_2O_3-SiO_2)를 사용하고 고온 이성화법이 일반적이다. 예를 들면 *n*-pentane을 수소압 20 atm, 온도는 375~400 ℃에서 백금계 촉매로 처리하면 높은 효율로 isopentane으로 이성화가 된다.

$$CH_3-CH_2-CH_2-CH_2-CH_3 \longrightarrow CH_3-CH_2-\underset{}{\overset{CH_3}{\overset{|}{C}}}H-CH_3$$

n-펜탄　　　　2-메틸부탄(아이소펜탄)

(6) 알킬화법(Alkylation)

알킬화법은 어떤 화합물에 알킬기를 부가시키는 조작으로 열분해나 접촉분해 과정에서 부생하는 에틸렌, 프로필렌, 뷰텐, 펜텐 등의 올레핀과 아이소부탄을 반응시켜 고옥탄가 가솔린을 제조하는 방법이다. 공업적으로는 에틸벤젠, 도데실벤젠 등의 석유화학제품의 제조를 목적으로 하는 것과 파라핀과 올레핀으로부터 고옥탄가 가솔린 제조에 사용된다. 현재 사용되고 있는 아이소파라핀은 아이소부탄(isobutane)에 한정되고 있다.

촉매를 사용하지 않는 열알킬화법(thermal alkylation process)에서는 고온, 고압이 필요하며 부생물이 많고 목적물의 수율이 낮으므로 현재는 접촉알킬화법(catalytic alkylation process)이 주로 사용되고 있다. 알킬화법의 단점은 원료로 반드시 아이소부탄을 사용해야 한다는 점이며 아이소부탄은 접촉분해장치로부터 얻는 이외의 적당한 공급원이 없다.

① 알킬화반응 특징

- 발열반응으로 올레핀에 대해 5~10배(몰비)의 아이소부탄을 사용
- 촉매 : 황산 또는 HF
- 반응온도 : 2~10℃(H_2SO_4), 15~40℃(HF)
- 압력 : 7~10 atm
- 가지가 많은 고옥탄가의 알킬레이트 가솔린(alkylate gasoline) 생성

Tip

Propylene과 isobutane(2-methyl propane)의 알킬화반응

$$CH_3-CH=CH_2 \xrightarrow{H^+ \text{ cat.}} CH_3-\overset{+}{C}H-CH_2$$

$$CH_3-\overset{+}{C}H-CH_2 + CH_3-CH(CH_3)-CH_3 \rightarrow CH_3-CH-CH_2 + CH_3-\overset{+}{C}(CH_3)_2$$

$$CH_3-\overset{+}{C}(CH_3)_2 + CH_3-CH=CH_2 \rightarrow CH_3-C(CH_3)_2-CH_2-\overset{+}{C}H-CH_3$$

$$\xrightarrow{H^- \text{ 이동}} CH_3-C(CH_3)_2-\overset{+}{C}H-CH_2-CH_3 \rightarrow CH_3-\overset{+}{C}(CH_3)-CH(CH_3)-CH_2-CH_3$$

$$\xrightarrow{+\ CH_3-CH(CH_3)-CH_3} CH_3-CH(CH_3)-CH(CH_3)-CH_2-CH_3 + CH_3-\overset{+}{C}(CH_3)_2$$

$$CH_3-C(CH_3)_2-\overset{+}{C}H-CH_2-CH_3 \rightarrow CH_3-C(CH_3)(H_3C)-CH(CH_3)-\overset{+}{C}H_2$$

$$\xrightarrow{+\ CH_3-CH(CH_3)-CH_3} CH_3-C(CH_3)_2-CH(CH_3)-CH_3 + CH_3-\overset{+}{C}(CH_3)_2$$

$$CH_3-\overset{+}{C}(CH_3)-CH(CH_3)-CH_2-CH_3 \longrightarrow CH_3-CH(CH_3)-\overset{+}{C}(CH_3)-CH_2-CH_3$$

$$\longrightarrow CH_3-CH(CH_3)-CH(CH_3)-\overset{+}{C}H-CH_3 \xrightarrow{+\ CH_3-CH(CH_3)-CH_3} CH_3-C(CH_3)-CH_2-CH(CH_3)-CH_3 + CH_3-\overset{+}{C}(CH_3)-CH_3$$

이 반응에서 주생성물은 2,3-dimethylpentane(약 70% 생성)이고 나머지는 2,2,3-trimethylbutane, 2,4-dimethylpentane이다.

(7) 중합법(Polymerization)

아이소뷰텐 등의 가스상 올레핀을 저분자 중합(2~3량화)시켜 고옥탄가 가솔린을 제조하는 방법이다. 반응은 고체 인산 촉매[피로인산(pyrophosphoric acid, $H_4P_2O_7$)을 규조토에 담지시킨 것]를 사용하여 150℃, 20~30 atm으로 행한다. 공업적으로 촉매를 사용하는 접촉중합법(catalytic polymerization)이 사용되며 촉매는 알킬화법에서 사용하는 것과 같으며 반응메커니즘은 카보늄이온(carbonium ion)에 기인한다. 가장 보편적인 원료는 isobutene으로 2량화(dimerization)하여 isooctane을 형성하며, 이 방법은 UOP, Kellogg, Chevron Research 등에 의해 개발되었다.

Tip

isobutene의 이량화 중합반응

$$CH_3-C(CH_3)=CH_2 \xrightarrow{+\ H^+\ cat.} CH_3-\overset{+}{C}(CH_3)-CH_3$$

$$\xrightarrow{+\ CH_3-C(CH_3)=CH_2} CH_3-C(CH_3)_2-CH_2-\overset{+}{C}(CH_3)-CH_3$$

$$\xrightarrow{+\ H^+\ cat.} CH_3-C(CH_3)_2-CH=C(CH_3)-CH_3 \xrightarrow[Ni\ cat.]{+\ H_2} CH_3-C(CH_3)_2-CH_2-CH(CH_3)-CH_3$$

2,4,4-trimethyl-2-pentene　　　2,2,4-trimethylpentane(isooctane)

이상과 같이 현대의 석유정제공업에서 양질의 가솔린을 대량으로 제조하기 위하여 여러 가지 연구가 이루어지고 있다. 그림 2-17에 가솔린 제조의 개략도를 보여주고 있다.

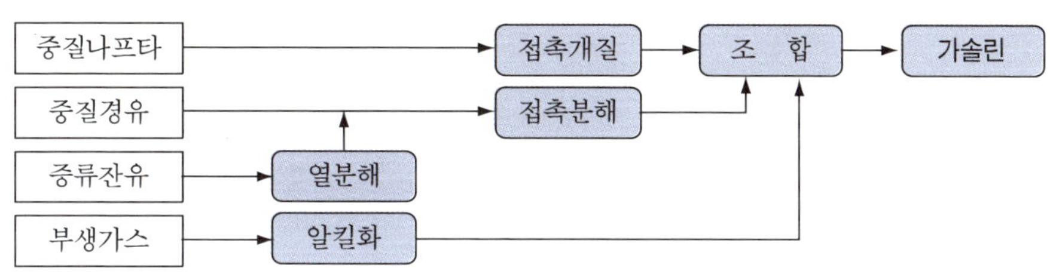

그림 2-17 가솔린 제조의 개략도

(8) 수증기개질법 – 수소제조

수소는 암모니아와 메탄올의 제조, 화학공업에서 C_1화학의 원료, 연료전지의 연료로서 이용될 뿐만 아니라 석유정제나 석유화학 등의 공정에서 수소화(수소첨가)반응, 수소화분해, 수소화정제 등 많은 석유공정에서 필요로 한다. 수소를 얻을 수 있는 방법으로는 물을 전기분해시키면 얻을 수 있으나 이것은 고가의 전력을 이용하는 방법으로 경제적이지 못하고, 석탄이나 석유를 원료로 하여 수증기와 반응시켜 수소를 얻을 수 있으며 현재 수소제조의 가장 경제적인 방법은 석유 유분과 천연가스의 수증기개질법에 의한 것이다.

수증기개질법(steam reforming process)은 촉매를 충전한 개질탑에 황분을 제거한 탄화수소와 수증기를 동시에 보내 가열시켜 수소를 제조하는 방법이다. 석유계 탄화수소로부터 수소의 합성에서는, 유황분을 제거한 탄화수소를 알루미나(Al_2O_3) 담체로 하는 니켈촉매($Ni\text{-}Al_2O_3$)상에서 수증기와, 750~850℃, 20 atm의 조건에서 촉매화학반응을 시킨다. 기본적인 수증기 개질반응은 다음 식에 의하여 진행된다.

$$C_mH_n + mH_2O \longrightarrow mCO + \left(m + \frac{n}{2}\right)H_2 - \frac{50}{m}\text{kcal} \quad \text{(수성가스반응)} \tag{1}$$

$$CO + H_2O \longrightarrow H_2 + CO_2 + 10\text{ kcal} \quad \text{(수성가스이동반응)} \tag{2}$$

위 식(1)은 흡열반응이고 (2)는 발열반응이며 (1)의 반응열이 훨씬 크고 전체반응은 현저한 흡열반응이기 때문에 800℃ 이상의 고온이 필요하다. 위 식(1)은 이론적으로 완전한 반응에 의해 이산화탄소와 수소가 생성될 수 있지만 실제로는 위 식에서와 같이 일산화탄소의 부생이 많이 일어나기 때문에 식(2)의 수성가스 이동반응에 의해 일산화탄소가 처리된다.

원료로는 주로 메탄이나 액화석유가스(LPG)를 사용하며 등유 이상의 중질유는 거의 사용하지 않는다. 원료가 중질화될수록 높은 에너지가 필요하며 충분히 탈황시켜야 하므로 비경제적이다. 수증기개질법에 의한 수소제조법을 그림 2-18에 나타내었다.

[수증기개질법에 의한 수소제조 공정개요]

- 탈황탑에서 황분을 제거한 원료탄화수소를 수증기와 함께 반응탑으로 보내 수증기개질반응을 시킨다. 반응은 Ni-Al_2O_3 촉매상에서 750~850℃, 20 atm의 조건에서 촉매화학반응[식(1)]이 진행된다.
- 수증기 개질반응 후의 반응가스에는 아직 상당한 CO가 남아 있으므로 CO전화로(convertor)에서 수성가스 이동반응[식(2)]을 행한다.
  이때 촉매로 Fe-Cr계(반응온도 약 500℃) 또는 Cu-Zn계(반응온도 약 300℃)가 사용된다.
- 생성된 CO_2는 아민 등의 알칼리용액으로 가압하여 흡수·제거한다.
- 흡수액은 저압하에서 CO_2를 방출하므로 순환재사용 한다.
- 미량으로 존재하는 CO는 니켈촉매를 사용하여 메탄으로 변화(methanation)시켜 제거된다.

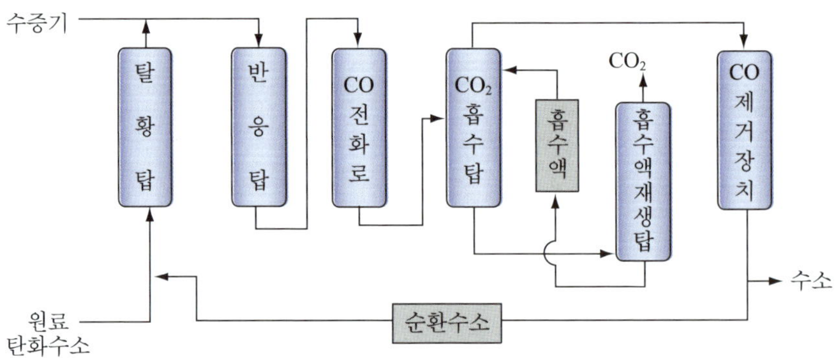

그림 2-18 수증기개질법에 의한 수소제조 공정도

수증기 개질반응은 고온 유지를 위해 수증기와 함께 산소를 혼합하는 경우가 있다. 이것은 '부분연소법(혹은 부분산화법)'이라 하고, 다음 식(3)에 나타난 발열반응이 동반되어 전체반응이 고온이 되기 쉽다. 반응가스에는 상당한 CO가스가 있으므로 수성가스 이동반응식(2)를 행한다. 부분연소법은 비교적 중질의 탄화수소를 원료로 하는 경우에 적합하다.

$$C_mH_n + \frac{m}{2} O_2 \longrightarrow mCO + \frac{n}{2} H_2 - \frac{9}{m} \text{ kcal} \quad (3)$$

$$CO + H_2O \longrightarrow H_2 + CO_2 + 10 \text{ kcal} \quad (2)$$

부분산화법은 중유, 아스팔트, 피치, 석탄 등을 원료로 하는 경우가 많다. C_1화학의 원료인 합성가스(synthesis gas, $CO+H_2$)는 이 방법에 의해 제조된다.

수소를 생산하는 방법으로는 수증기개질법 외에 물의 전기분해법, 탄화수소 연료의 부분산화법, 오토써멀(autothermal)법 등이 상용화되어 있으나 그 중에서 수증기개질법이 광범위한 생산용량과 높은 수소생산수율 등의 장점으로 인하여 현재 가장 많이 사용되고 있다. 일반적으로 물전기분해방식은 엔탈피 $\Delta H = 286$ kJ/mole이고 수소 생산 시 전기 사용량이 많은 단점으로 인하여 전기료가 싼 지역 외에는 많이 보급되어 있지 않고 있으며, 부분산화법과 오토써멀법은 대용량의 수소생산 및 수소/일산화탄소의 높은 합성가스비를 필요로 하는 용도에 주로 쓰이고 있어 수증기개질법만큼 보편적이지 못하다.

수증기개질법에서 천연가스(CH_4), 액화천연가스(LPG), 조제가솔린(나프타 등)의 석유계 원료로부터 석유를 합성하는 대신에 석탄의 탄소질(코크스)을 고온에서 수증기와 반응(수성가스반응)시켜 수소를 합성하기도 한다. 장래 석유계 원료의 가격 상승이나 고갈 등에 의해 석탄의 경쟁력이 석유와 비견될 시에는[5] 석탄을 원료로 하여 수소를 제조하는 방법이 유용해질 수도 있다.

---

[5] (참고) 고유가시대에 들어서서 매장량 약 1조 ton의 석탄은 사용연수가 약 220년 정도로 추정되어 석유의 약 50배에 달하고 있다고 알려져 있다. 석탄은 석유 대체에너지 자원으로서 또한 화학제품의 원료로서 비록 석유에 비하여 이용이 용이하지 않은 면이 있으나 그 유효이용이 다시 살아나고 있다.

석탄의 코크스에서 수소합성반응 :

$C + H_2O \rightarrow CO + H_2$ (수성가스반응)
$CO + H_2O \rightarrow H_2 + CO_2$ (수성가스 이동반응)

2.10 정제공정

상압증류나 석유전화법 등에 의해 얻어진 유분 중에는 최종제품이 되는 것도 있으나 황(S), 질소(N), 산소(O), 금속(metal)을 포함하는 화합물이 불순물로서 포함되어 있고, 이들은 처리 장치의 부식, 촉매 열화 등의 문제나 불쾌한 냄새로 석유제품의 질 저하, 연소시의 아황산가스(SO_2) 발생 등에 의한 대기오염의 원인이 되기 때문에 이들을 제거하는 조작이 필요하게 되고 이러한 과정을 정제공정(精製工程)이라고 한다. 석유제품의 종류에는 각종 용도에 따라 수십 종류가 있으며 각각 일정한 규격이 있으므로 이것에 적합하게 정제하지 않으면 안된다. 석유정제방법에는 다음과 같은 것들이 행해지고 있다.

1) 화학적 방법	· 산이나 알칼리 사용 · 황산 세정 : 황산으로 가솔린~윤활유 중의 올레핀, 황분, 질소분 제거에 사용 · 알칼리 세정 : 황산처리유를 NaOH용액으로 중화세척하여 H_2S, RSH, 나프텐산, 지방산, 페놀산 등을 제거하는데 사용
2) 용제추출법	· 특수 용제를 사용하여 특정성분만 추출제거하는 법 · 액체 SO_3~등유/경유 혼합물로부터 방향족 탄화수소 추출제거에 사용 · 액상 프로판, 페놀, 크레솔 등~윤활유의 정제에 사용되는 용제 · 퍼퓨랄(furfural)~유분으로부터 나프텐, 방향족, 올레핀, 착색물질 등을 추출하여 제거하는 용제로 주로 사용
3) 백토처리	· 착색물질, 수지분, 아스팔트분 등 제거
4) 스위트닝(sweetening)법	· 싸이올(thiol, RSH)류 등의 악취를 없애는 방법

5) 수소화정제법	· 원료유를 수소와 혼합하여 고온고압에서 주로 코발트-몰리브덴-알루미나계의 촉매를 사용하여 반응시킴으로써 황, 질소, 산소화합물 등을 제거하는 것으로 주로 탈황을 주목적으로 함
6) 메록스 (Merox)법	· LPG, 분해가솔린, 경질가솔린 등의 머캅탄(mercaptan, thiol)류의 추출 및 산화시키는 방법
7) 황회수	· 처리가스 중의 황화수소에서부터 황을 회수하는 것

정제법으로 황산 세정, 알칼리 세정, 백토정제, 용제추출 등의 약품정제방법은 오랫동안 사용된 정제법으로 현재에도 보편적으로 시행되고 있는 방법이나 부생되는 폐기물 처리에 문제가 다소 있고 요즘은 특별한 용도를 제외하고는 수소화정제법이 석유정제법의 주류를 이루고 있다.

(1) 수소화정제법(Hydrorefining process)

상압증류 등에서 얻어지는 각 석유 유분이나 잔유 또는 전화조작에 의해 얻어지는 유분 중에는 황, 질소, 산소, 금속을 포함하는 화합물이 불순물로 포함되어 있다. 수소화정제법은 석유 유분에 포함되어 있는 이들 불순물이나 유해한 불용성분을 제거하는 조작으로 이들 불순물을 수소화처리(hydrotreating)하고 또한 올레핀을 포화 화합물로 바꾼다.

수소화정제의 주목적은 우선 수소화탈황(水素化脫黃, hydrodesulfurization)에 있다. 수소화탈황은 개질나프타의 탈황 전처리, 항공터빈유나 등유 경유의 탈황, 윤활유의 가공, 접촉분해유의 탈황을 주체로 한 전처리, 감압경유나 잔유의 탈황 등에 광범위하게 사용된다.

① 촉매와 반응조건

촉매는 황이나 질소분에 내성이 있어야 하므로 알루미나 또는 제올라이트를 담체로 한 Co-Mo, Ni-Mo, Ni-W 금속계 시스템이 효율적이다. 반응은 온도 260~425℃, 수소압력 50~200 atm에서 행해진다. 탄소의 석출을 적게 하기 위하여 되도록 저온에서 반응시키는 것이 좋으며 촉매의 활성이 저하되면 반응온도를 올리면 어느 정도 성능 저하를 막을 수 있다.

② 수소화정제반응

수소화정제반응은 원료유와 수소를 혼합하여 촉매하 고온·고압에서 황화합물은 황화수소로, 질소화합물은 암모니아로, 산소화합물은 물로 변환시키고 또한 올레핀을 포화 탄화수소로 바꾸게 된다. 유분 중의 황, 질소, 산소화합물은 여러 종류가 있으나 수소화정제반응 기본반응식은 다음과 같다.

$$RS + 3/2H_2 \rightarrow RH + H_2S$$

$$RN + 2H_2 \rightarrow RH + NH_3$$

$$ROH + H_2 \rightarrow RH + H_2O$$

$$C_nH_{2n} + H_2 \rightarrow C_nH_{2n+2}$$

다음은 석유유분에 존재하는 대표적인 불순물들의 수소화정제반응이다

(thiol류) $RSH + H_2 \rightarrow RH + H_2S$

(sulfide류) $R\text{-}S\text{-}R' + 2H_2 \rightarrow RH + R'H + H_2S$

(disulfide류) $R\text{-}S\text{-}S\text{-}R' + 2H_2 \rightarrow RH + R'H + H_2S$

(thiophene류)

(S) $+ 4H_2 \rightarrow CH_3(CH_2)_2CH_3 + H_2S$

(pyrrole류)

(N) $+ 4H_2 \rightarrow CH_3(CH_2)_2CH_3 + NH_3$

(N) $+ 5H_2 \rightarrow$ *n*-C_5H_{12} (+ *iso*-C_5H_{12}) + NH_3

(pyridine류)

(N) $\xrightarrow{2H_2}$ (N) $\xrightarrow{H_2}$ $CH_2CH_2CH_2NH_2$

$\xrightarrow{H_2}$ $CH_2CH_2CH_3$ $+ NH_3$

(페놀류)

OH $+ H_2 \rightarrow$ $+ H_2O$

(올레핀) $RCH{=}CH_2 + H_2 \rightarrow RCH_2CH_3$

수첨탈황공정은 접촉개질공정에 사용되는 촉매를 보호하기 위하여 나프타의 전처리나 등유·경유의 탈황, 윤활유 정제 및 중질유의 직접탈황 및 간접탈황공정 등에 널리 사용되고 있다.

(2) 경질유분의 탈황

수소화탈황은 가솔린에서부터 중유까지 적용범위가 대단히 넓으나 가솔린, 등유, 경질경유 등에서는 촉매독이 거의 걸리지 않아 취급이 상대적으로 용이하다. 경질유분 중 황분 및 불순물의 함량은 보통 1% 이하이며 Co-Mo계 촉매를 사용하여 수소화정제 처리한다. 접촉온도는 260~430℃, 압력은 30~200 kg/cm^{2}이며, 가솔린에서는 방향족이 수소화되지 않도록 30~70 kg/cm^{2}의 저압·저온에서 운전하며, 등유와 경유에서는 방향족도 수소화할 수 있도록 고압·고온의 가혹한 조건에서 처리한다. 경질유의수소화정제법의 예가 그림 2-19에 나타나 있다.

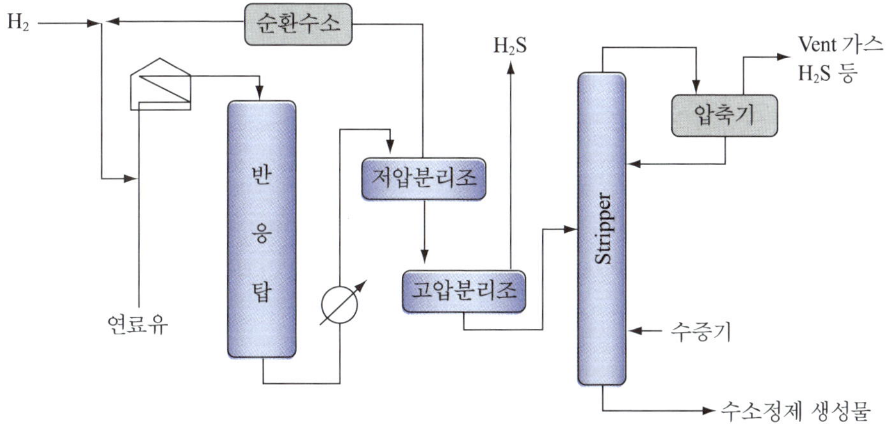

그림 2-19 경질유의 수소화정제 공정도

공급원료유는 수소와 혼합되고 적당한 온도로 가열되며 촉매를 포함하고 있는 반응탑으로 도입된다. 반응 유출물은 찬 원료흐름에 의하여 냉각되어 저압분리조(flash drum)로 이송되어 과잉 수소는 분리되어 순환된다. 액상성분은 저압분리조로 보내져 H_2S 등을 제거한 후 스트리퍼로 들어간다. 이곳의 상부로부터 황화수소나 경질나프타가 제거되고 탑하부에서 수소정제된 제품이 얻어진다.

(3) 중유의 탈황

상압증류 잔유의 경우에는 수소화정제로 처리시 불순물에 의한 촉매의 피독이 심하여 정제가 어렵다. 그러나 중유는 대량으로 사용되는 중요한 연료로 불충분한 정제는 심각한 대기오염을 야기시킨다. 중유 중 황분 함량은 대략 4~5% 정도이다. 중유의 탈황에는 직접탈황법과 간접탈황법이 있으며 후자가 널리 쓰였으나 탈황률에 한계가 있고 촉매의 개량도 진보되었기 때문에 현재는 직접탈황법이 많이 사용되고 있다[6].

① 직접탈황법

중유를 그대로 가열하여 촉매 존재하에서 수소화 및 수소화분해시키는 방식이다. 중유를 수소화탈황하면 황분이나 질소분은 상당히 감소하지만 동시에 탄화수소의 일부에서는 수소화분해가 일어나 경질분이 증가한다. 원료유 중에 중금속이나 아스팔트분의 공존 때문에 촉매열화의 단점이 있다. 수소화탈황은 촉매는 다르지만 수소화분해와 같이 수소를 사용하며 접촉조건도 비슷하므로 장치나 프로세스도 거의 수소화분해와 같은 것이 사용된다. 분해 반응을 동반하므로 제품으로는 탈황 중유 이외에 가솔린, 등유, 경유도 얻어진다.

UOP의 Isomax법, Gulf의 Gulf HDS법 등은 이미 상업화되어 있으며, H-Oil법은 Hydrocarbon Research와 Cities Service의 공유 프로세스로 수소화분해와 수소화탈황의 양쪽에 모두 사용할 수 있다. 그림 2-20에 H-Oil법의 공정도와 그림 2-21에 반응탑을 나타내었다.

표 2-8 쿠웨이트산 원유의 상압잔유의 직접탈황

원료명	비중(d_4^{15})	S(wt%)	N(ppm, wt)	Ni(ppm, wt)	V(ppm, wt)
원 유	0.96	3.9	0.23	50	15
가솔린	0.73	0.001	5	0	0
등·경유	0.81	0.01	80	0	0
중 유	0.93	0.11	850	1>	1>

(Gulf HDS법에 의함, 탈황률 약 97%)

---

6) 한국의 각 정유사에서는 최근 황분 0.3%정도의 초저황 중유의 제조가 행해지고 있다.

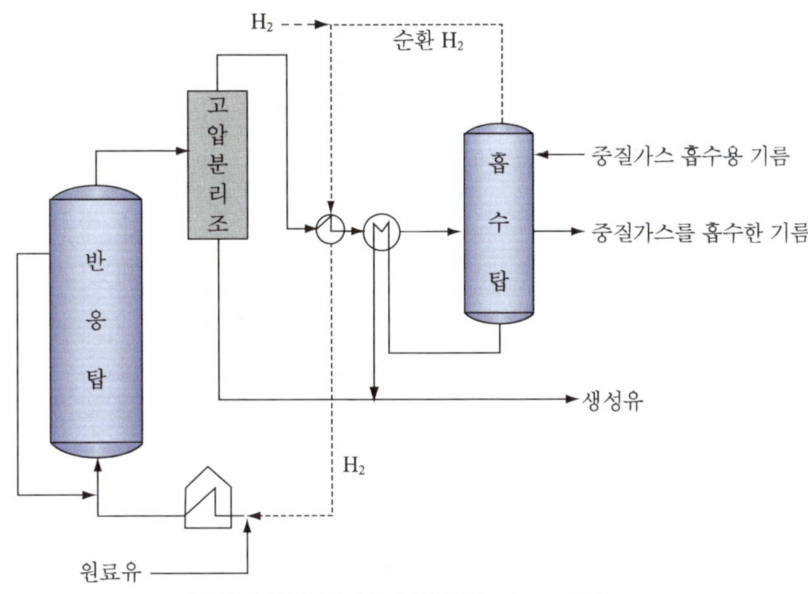

그림 2-20 중질유 탈황공정도(H-Oil법)

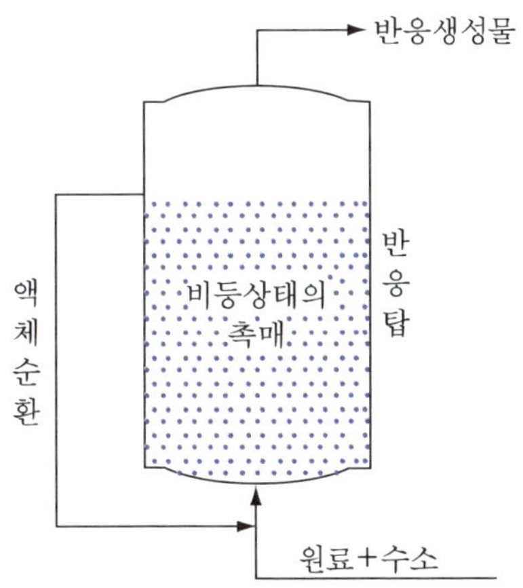

그림 2-21 H-Oil법의 반응탑

② 간접탈황법

원료유를 먼저 감압증류하여 아스팔트나 중금속을 잔유로서 미리 제거하고 수소화정제하기 쉬운 유출유만을 수소화 탈황처리하고, 여기에 감압잔유를 적당하게 배합하여 규격에 맞는 탈황중유 제품을 얻는 방법이다.

직접탈황의 경우 고가의 촉매가 보통 반년 정도가 지나면 사용할 수 없게 되나, 간접탈황법은 촉매수명은 길고 탈황반응은 용이하지만 황분이 많은 잔유와 배합하

여 제품을 얻으므로 제품의 황함률이 엄격히 규제되면 탈황유에 감압잔유를 배합하는데 다소 문제가 될 수도 있다. 그림 2-22에 간접탈황법의 공정도를 보여주고 있다.

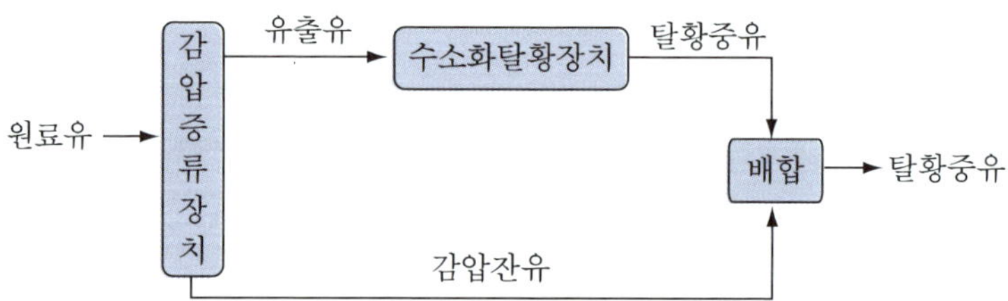

그림 2-22 간접탈황법에 의한 중유의 제조 공정도

(4) 황의 회수

각종 수소화정제에서 발생하는 황화수소(H_2S)는 아민계 용제에 의해 화학적으로 흡수제거된다. 흡수반응은 가역적이며 10~30 atm의 가압하에 흡수시키고 다른 가스성분과 분별후 0.5~3 atm으로 감압하여 100℃ 정도로 가열하여 흡수한 황화수소를 방출시킨다. 흡수용 용제로는 에탄올아민(NH_2-CH_2-CH_2-OH), 다이에탄올아민[NH-(CH_2-CH_2-OH$)_2$] 등이 사용된다.

$$H_2S + 2\,R_2NH \longrightarrow [R_2NH_2^+]_2\,S^{2-}$$

황화수소로부터 단체 황(S)의 회수는 Claus법에 의하여 다음과 같은 반응으로 진행된다. 다음 반응에서 첫 번째 반응은 연소관에서 행하고, 두 번째 반응은 보크사이트(bauxite, 산화알루미늄을 주성분으로 하는 광석) 촉매하, 200~260℃에서 반응을 행한다. 생성물을 냉각하면 순도 99.9%의 단체 황이 얻어진다.

$$H_2S + 1.5O_2 \longrightarrow SO_2 + H_2O$$

$$2H_2S + SO_2 \xrightarrow{\text{bauxite cat, 200~600°C}} 3S + 2H_2O$$

회수된 황은 황산이나 고무가황제 등의 원료로 사용된다. 황산은 주로 비료제조에 사용된다.

(5) 스위트닝(Sweetening)

석유 유분 중에 함유된 싸이올(thiol, RSH)류를 산화시켜 다이설파이드(RSSR)로 변환하여 싸이올의 불쾌한 냄새를 제거시키는 방법을 스위트닝이라 한다. 황화합물 중 가장 문제가 되는 것이 싸이올(mercaptan이라고도 함)이며, 황의 농도가 낮은 경우나 완전한 탈황을 필요로 하지 않을 때나 올레핀 등의 수소화를 피할 필요가 있을 때에 싸이올의 제거를 목적으로 스위트닝이 이루어진다. 이 방법의 잇점은 건설비 및 운전비가 저렴하다.

반응은 다음 식에서 보듯이 수산화나트륨으로 싸이올(thiol)을 추출한 다음, 다이설파이드(disulfide)로 만드는 방법이 사용되고 있다.

$$RSH + NaOH \longrightarrow R-SNa + H_2O$$

$$2R-SNa \xrightarrow{O_2,\ H_2O} R-S-S-R + 2NaOH$$

용제탈황과 스위트닝을 병용하는 방법으로 Merox법이 있다. 이 방법은 우리나라에서도 실시되고 있으나 탈황효과는 수소화탈황법에 미치지 못한다. 메록스법(Merox process, UOP사)은 LPG, 분해가솔린, 경질가솔린 등에 들어 있는 싸이올(thiol, mercaptan)류를 대부분 추출하여 제거하고 나머지는 스위트닝하여 악취와 부식성을 없애는 방법으로 메록스촉매(코발트 프탈로사이아닌설폰화물)를 용해시킨 NaOH 수용액으로 싸이올류를 추출하고 공기 산화로 다이설파이드로 바꿔 분해 제거한다.

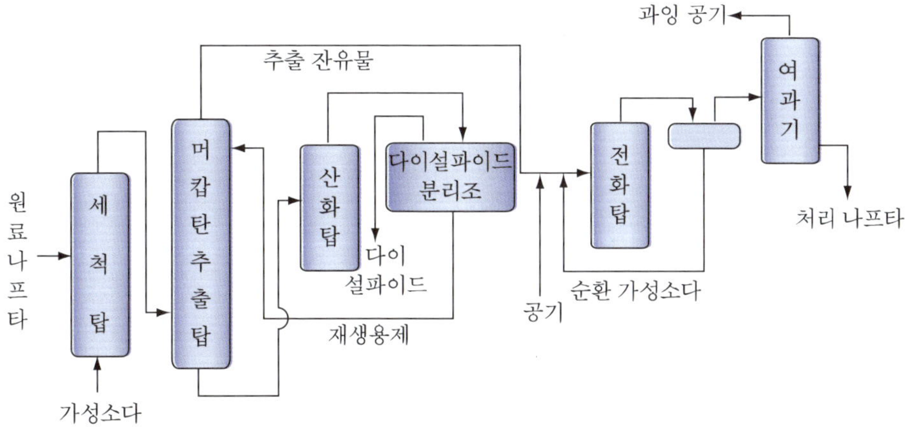

그림 2-23 Merox법의 공정도

[메록스법 공정개요]

- 원료유를 미리 세척탑에서 수산화나트륨 수용액으로 세척하여 산성 성분인 황화수소를 제거한 후 추출탑으로 보낸다. 추출용제는 Merox촉매(프탈시아닌 코발트를 설폰화한 것)를 포함한 수산화나트륨(NaOH) 용액을 사용한다.
- 추출탑에서 추출된 싸이올류는 산화탑에 보내져 공기로 산화되어 이황화물(RSSR)로 되어 분리된다.
- 재생용제는 다시 추출탑으로 순환된다.
- raffinate는 merox촉매를 포함한 가성소다 용액과 다시 혼합되어 전화탑으로 들어가 스위트닝된 후 정치탑에서 소다용액을 분리한다.
- 미량의 소다용액을 sand filter로 제거한 다음 제품으로 생산한다.
- 추출탑의 온도 = 30℃, 압력 = 4~5 kg/cm^2
- 원료유 1용량당 0.5 정도의 용제가 사용된다.

2.11 윤활유 정제

윤활유는 기계의 마찰부분의 저항을 감소시키고 그 운동을 원활히 하여 동력손실, 기계의 마모 등을 방지하는 목적으로 사용한다. 각종 기계류의 발달에 따라 여러 가지 성능의 윤활유가 개발되고 있다. 생산량도 연료유의 다음이며 품질의 다양화와 가공도는 석유제품 중에 가장 높은 것에 속한다.

윤활유의 정제는 상압잔유물을 감압증류하여 점도범위별로 분리한 감압경유와 감압잔유의 프로판 탈아스팔트유로부터 방향족 화합물과 왁스성분을 제거하여 유동점 규격 및 점도지수[7]를 만족시키는 윤활기유(潤滑基油, lube base oil)를 제조하는 공정이다. 윤활유 정제공정에서 생산되는 윤활기유는 8~9가지 정도이다. 윤활유 생산시 얻어지는 두 가지의 중요한 부산물로서 역청(bitumen)과 왁스(wax)가 있다. 대부분의 정제공장은 역청배합공정을 가지고 있으나 오래된 정제공장 이외에는 왁스를 정제하지 않는다.

---

7) 점도지수(Viscosity Index)란? 온도의 변화에 따른 점도의 변화를 말하며 점도지수가 클수록 온도에 따른 점도변화가 적어 성능이 우수하다는 것을 의미한다.

감압증류 잔유는 프로판 탈아스팔트(propane deasphalting) 장치로 액체 프로판에 의하여 매우 진한 역청 아스팔텐(asphaltene)을 제거한다. 이 추출공정으로부터 얻어지는 추출잔유물은 보통 브라이트 스톡(bright stock)이라고 하는 최고의 중질 윤활유 배합원료로서 역시 탈납공정을 거쳐 저장고에 저장된다.

윤활유 정제에 사용되는 주요 단위공정에는 다음과 같은 것들이 있다.

① 탈아스팔트(deasphalting)

상압 잔유에 들어 있는 아스팔트(asphalt)는 용이하게 산화되어 슬러리(slurry)로 되므로 제거해야 한다. 제거방법으로 예전에는 증류, 황산 처리가 행하여졌으나 최근에는 프로판 탈아스팔트법이 주로 이용되고 있다. 탈아스팔트 장치에서는 점도를 낮추기 위하여 소량의 프로판을 섞는다.

② 용매추출(solvent extracting)

윤활기유의 불순물을 제거하고 점도지수를 개선하기 위한 정제방법이며 종전에는 발연황산(oleum, fuming sulfuric acid)이나 액체 SO_2가 사용되었으나 최근에 사용되는 용제로는 퍼퓨랄(furfural), 페놀 및 듀졸, 프로판, 페놀+크레졸의 2성분 용제 등이 사용된다. 최근에는 퍼퓨랄과 페놀을 대체하여 *N*-메틸-2-피롤리돈(NMP)을 사용하는 공정이 Texaco와 Exxon에서 개발되었다. 퍼퓨랄 정제공정이 윤활기유의 정제에 가장 널리 사용되는 공정이다.

③ 탈납(dewaxing)

탈납은 처음에는 냉각, 침강 - 가압여과나 원심 탈납공정을 사용하였으나 최근에는 거의 용제 탈납공정으로 전환되었다. 용매로는 메틸에틸케톤(MEK), 메틸아이소뷰틸케톤(MIBK), 벤젠과 톨루엔, 아세톤을 단독 혹은 혼합용매로 사용한다. 탈납공정에서 윤활기유를 용매로 처리하여 냉각·여과하여 오일을 분리해 낸다. 이때 여과에서 왁스(wax)가 결정으로 얻어지고 이것을 분리하여 재결정시켜 정제된 왁스를 얻을 수 있다.

윤활유를 수소화처리하기 전에는 윤활유의 방향족 화합물, 아스팔트를 제거하여 색상을 좋게 하고 산화성에 저항하는 힘을 향상시키기 위하여 진한 황산으로 세척하는 황산처리(sulfuric acid treating) 그리고 윤활유의 탈색, 안정화를 위하여 백토처리(clay treating)를 하였으나 황산침적물(sludge)이나 폐백토의 처리문제가 발생하는 이러한 공정은 현재 거의 사용되지 않고 있다. 현재는 윤활유 정제에 수소화정제 프로세스가 채용되고 있고, Standard사의 Hydrofinishing법이 가장 일반적으로 이용되고 있는 윤활유 수소화처리공법이다.

공업용이나 운송에서 사용되는 수십 가지의 상업용 윤활유는 정제된 윤활기유를 적당한 점도로 배합하고, 필요에 따라 점도 지수 향상제, 유동점 강하제, 산화방지제, 부식 방지제 및 유화제 등을 첨가하여 제품으로 한다.

2.12 석유제품

석유제품(petroleum products)은 원유를 증류하여 얻어진 제품이며 나프타를 원료로 하여 석유화학공업에서 제조되는 석유화학제품(petrochemicals)과는 구별된다. 석유제품 중에서 가장 소비량이 많은 것이 연료유(fuel oil)이고, 그 다음이 윤활유의 순이다. 연료유는 그 성상과 용도에 따라 액화석유가스(LPG), 가솔린(gasoline), 등유(kerosene), 경유(light oil), 중유(heavy oil) 등으로 대별되며 이중 가장 사용량이 많은 것이 중유로 대부분은 연료 발전용으로 소비되며 그 다음이 석유화학 원료인 나프타와 가솔린이 많이 사용된다. 석유제품의 종류는 다음과 같은 것들이 있다.

(1) 액화석유가스(Liquefied Petroleum Gas)

프로판(propane, 가정용 연료), 부탄(butane, 자동차연료), 프로필렌(propylene), 뷰틸렌(butylenes) 등을 주성분으로 하는 상온, 15 kg/cm^2 이하의 가압에서 액화되는 가스를 액화석유가스(LPG, Liquefied Petroleum Gas)라 한다.

주로 석유정제공정의 증류나 분해처리에서 발생하는 가스 및 천연가스로부터 제조된다. 프로판은 약 −42℃, 부탄은 −0.5℃까지 냉각 또는 가압하여 액체상태로 저장된다. 메탄을 주성분으로 하는 액화천연가스(LNG)와 달리 용이하게 액화하여 운반이 쉽기 때문에 도시가스가 정비되지 않은 지역에서 가정용 연료나 자동차용 연료로서 널리 사용되고 있다. 수송용 연료로 사용되는 LPG는 부탄가스이고 가정용 연료는 프로판 가스이다. LPG는 그 이외에 석유화학 원료나 에어로졸용, 전력용으로도 사용된다.

(2) 가솔린(Gasoline)

가솔린은 비중 0.63~0.76, 끓는점 범위가 30~225℃로 무색 투명한 액체로 휘발유라고 한다. 제조법에 따라 직류가솔린, 분해가솔린, 개질가솔린, 중합가솔린, 합성가솔린 등이 있다. 끓는점 100℃를 전후해서 경질가솔린(경질나프타)과 중질가솔린(중질나프타)으로 분류된다. 나프타(naphtha)라는 것은 가솔린과 같은 비점범위의 유분이며 가솔린과 동의어로 사용되었으나, 현재는 일반적으로 석유화학원료용의 유분을 가리킨다. 가솔린은 석유화학원료용 나프타, 자동차 가솔린, 항공 가솔린, 공업용 가솔린 등으로 대별된다.

① 나프타

원유를 증류할 때 LPG와 등유 유분 사이에 유출되는 것으로 일반적으로 경질나프타와 중질나프타로 나눈다. 끓는점이 100℃ 이하를 경질나프타(light straight run naphtha), 그 이상인 것을 중질나프타(heavy straight run naphtha)라 한다. 경질나프타는 주로 용제 및 석유화학의 원료로 사용되며 중질나프타는 개질공정을 통해 휘발유나 BTX제조에 사용된다. 나프타를 열분해하여 에틸렌, 프로필렌, 부타다이엔, BTX 등을 생산하고 이들 석유화학 기초유분으로 농업용 필름, 합성수지, 합성고무, 합성섬유, 염료, 의약품 등 각종 석유화학제품을 만든다.

② 자동차 가솔린

직류 및 각종 분해, 개질, 정제법에 의해 제조된 가솔린을 배합하여 제조한다. 가솔린은 탄소수가 5~12의 혼합 탄화수소이며, 현재 옥탄가 90 이상의 고품질 가솔린이 대부분이고 프리미엄(옥탄가 95 이상), 레귤러(옥탄가 85 이상) 등이 있다.

자동차 가솔린기관의 실용성능에 안티노크성(antokknocking property)이 있는데 이것은 노킹에 대한 저항성을 나타내는 것으로 보통 옥탄가(octane number)로서 표현한다. 옥탄가는 시료 가솔린과 동등한 안티노크성을 표시하는 아이소옥탄(2,2,4-trimethyl -pentane)과 헵탄(heptane)의 혼합물 중의 아이소옥탄의 용적백분율로 표시된다. 보통 옥탄가 측정법은 세계 공통이며 저속 및 가속시의 안티노크성은 Research법, 고속시의 안티노크성은 Motor법으로 측정한다. 옥탄가를 높이기 위하여 안티노크제인 사에틸납(tetraethyllead, TEL)을 사용하였으나 연소가스 중의 납(lead)이 대기오염문제로 대두되어 현재는 옥탄가 증진제로 MTBE(methyl *tert*-butyl ether)를 첨가하고 있다. MTBE의 옥탄가는 117(Research법), 102(Motor법)이다.

최근 미국 등에서 사용되고 있는 가스올(gasohol)은 알코올 혼합가솔린으로, 가솔린 90 vol%에 에틸알코올 10 vol% 혼합된 것(E10) 등이 사용된다. 이것은 분자 내에 산소를 포함하고 있으므로 자동차 가솔린의 혼합량은 휘발성이나 공연비(air fuel ratio, APR)가 제한되고, 에틸알코올이 가솔린에 혼합되면 공비현상에 의해 휘발성이 현저하게 높아지므로 조합하는 자동차 가솔린의 증류성상에 충분히 유의하여야 한다.

③ 항공 가솔린

비점 170℃ 이하인 아이소파라핀(isoparaffin)계의 고옥탄가 가솔린으로 품질이 엄격히 규제된다. 항공가솔린은 KS에서는 옥탄가에 따라 1호(옥탄가 80/87), 2호(100 /130), 3호(115/145)로 분류된다. 항공 가솔린의 대표적인 물성은 옥탄가, 증기압, 증류성상 등이 있으며, 요구조건은 안티노크성, 휘발성, 산화안정성, 발열량, 석출점 및 몰용해도 등이 우수해야 된다.

④ 공업용 가솔린

공업용 가솔린은 공업에 사용되는 가솔린으로 주로 용제, 세척제, 희석제 등으로 사용된다. 원유를 증류한 다음, 고도로 정제된 것이 사용되며, 끓는점 범위가 비교적 좁다. 용제로 주로 사용되기 때문에 용해력, 선택성, 안정성이 좋으며 부식성과 불순물이 없고 무색투명하며 냄새가 없어야 한다. 종류에는 석유 벤젠(세척용), 고무 휘발유(고무용, 도료용), 솔벤트나프타(추출용), 미네랄스피릿(도료용), 클리닝솔벤트(드라이클리닝, 도료용)가 있다.

(3) 제트연료(Jet fuel)

제트연료는 항공터빈엔진용 연료로서 비점범위 50~300℃이며 비중이 0.751~0.840인 고내한성 항공터빈유로서 가솔린과 등유를 배합하여 제조된다. 자동차 가솔린 정도의 고옥탄가는 필요하지 않지만 산소농도가 낮으며 저온조건의 고공에서 사용되기 때문에 연료효율이 높은 것이 요구되고 실용성능으로 연소특성, 열안정성, 저온 성능, 발열량, 그리고 청정성 등이 있다.

제트엔진에 사용되는 연료는 JP-4와 Type-A가 많이 사용된다. JP-4는 휘발유분과 등유분을 합한 넓은 비등범위의 연료로서 원유로부터의 수율은 크나 인화성이 높아 군용기에 이용하고 있다. Type-A는 인화성이 낮은 등유분으로 되어 있어 원유로부터의 수율은 적으나 안정성이 높아 민간용 항공기 연료로 사용되고 있다.

(4) 등유(Kerosene)

등유는 비점범위 160~270℃, 비중 0.76~0.87로 가정용 석유난로, 도료용제, 기계세정 등에 사용된다. 등유의 요구성능에는 충분한 휘발성, 안전한 인화점, 양호한 연소성, 낮은 유해성분(황분) 및 무자극성 등이 있다. 인화점은 화재에 대한 안정성의 지표로서 43℃ 이상이며, 연점(燃點)은 연소시 검댕의 생성경향을 표시하는 것으로 연소시 연기를 내지 않고 연소할 수 있는 최고 불꽃의 높이를 mm로 표시한다. 수소화정제시킨 무색투명의 정제경유는 '백등유'라고 하며 가정용 난로에 주로 사용된다. 보일러 등유는 가정용 난방연료로 사용되던 등유의 수급을 맞추기 위해 등유 유분과 경유 유분을 적절하게 혼합하여 가정용·상업용 난방 보일러, 산업용 보일러 등의 연료로 사용하며 실내등유와 구별하기 위해 착색제를 넣어 적색을 띠고 있다.

(5) 경유(Light oil, Gas oil, Diesel fuel oil)

경유는 비중 0.76~0.85, 비점범위 200~350℃인 담갈색의 기름이다. 가솔린엔진

은 가솔린과 공기를 일정한 혼합비로 혼합한 것을 전기불꽃으로 점화하는데 반해 디젤엔진은 공기만을 흡입·압축하여 충분히 고온으로 된 실린더 속에 경유를 분사하여 자기착화(自己着火)시킨다. 디젤엔진의 연소방식에는 직접분사식, 예비연소식 등이 있다. 디젤연료 중 경유는 주로 자동차나 산업기계 등 소형 고속디젤엔진에 사용되지만, 중유는 소형의 중속디젤엔진에서부터 선박용 고속디젤엔진에 이르기까지 그 용도에 따라 A중유로부터 C중유까지 사용되고 있다. 디젤엔진에서 연료분사부터 착화까지의 시간을 착화지연이라고 부르며, 디젤경유의 착화성을 표시하는 척도로 세탄가(cetane number)가 사용된다. 이는 세테인(cetane, hexadecane)의 세테인가(세탄가)를 100, 2,2,4,4,6,8,8-heptamethylnonane(HMN)의 세탄가를 15로 하여 세탄과 HMN의 혼합연료의 착화성을 기준으로 디젤경유의 착화성을 나타낸다. 탄화수소의 세탄가의 크기는 n-파라핀 > 아이소파라핀 > 나프텐 > 올레핀 > 방향족 순이다.

경유의 제조는 상압증류장치에서 약 180~350℃의 비점범위에서 분류된 경유유분(직류경유)을 수소화탈황하여 필요에 따라 유동향상제를 첨가하여 제조하고 있다. 주용도는 디젤기관용 연료(고세탄가), 소형보일러 연료, 기계세정용, 절삭유 등으로 이용된다. 접촉분해에 의해 가솔린 제조원료로 사용되기도 한다.

(6) 중유(Heavy oil, fuel oil)

중유는 상압증류의 잔유나 감압증류의 잔유로부터 아스팔트를 제거한 잔유로써 흑갈색, 점성의 액체이다. 비중은 0.90~1.0, 발열량 10,000~11,000 kcal/kg으로 보일러, 디젤기관, 제련, 철광, 요업 등 각종 연소로용 연료로 사용된다.

중유의 종류는 점도에 의해 나누며 황분과 경유의 혼합비율에 따라 세분된다. 점도가 낮은 것부터 A중유(Bunker A), B중유(Bunker B), C중유(Bunker C)로 나누고, A중유는 95~99%가 경유나 사이클유이며 나머지는 상압 및 감압잔유 혹은 추출유이다. B, C중유는 잔유나 visbreaking유를 10~50%의 각종 경유나 탈황유, 사이클유로 희석하여 점도, 황분을 조정하여 제조된다. 제조는 탱크에서 기재를 혼합하는 경우와 혼합기로 기재를 혼합하면서 유조선에 직접 선적하는 방식이 있다.

(7) 윤활유(Lubricating oil) 및 그리스(Grease)

각종 기계의 윤활제로 사용되는 윤활유는 석유계, 동식물계, 합성품, 혼성품 등 여러 가지가 있으나 대부분이 석유계가 주종이다. 석유계 중 파라핀계가 비교적 적용성이 좋아 고급품으로 가장 널리 사용되었지만 응고점이 높아 저온에서는 사용할 수 없기 때문에 현재는 나프텐계 특히 곧은 사슬 알킬기를 가진 2환 또는 3환식의 한층 우수한 것이 얻어져 사용량이 증가하게 되었다. 일반적으로 상압증류 잔유를 감압증류하여 분리정제하여 제조한 윤활기유를 모체로 하여 각종 윤활유를 제조하게 된다.

윤활유 제품은 사용 조건에 따라 요구조건이 차이가 있으나 일반적인 요구조건으로는 1) 충분한 점도를 가질 것, 2) 한계윤활상태(限界潤滑狀態)에서 견디어 낼 수 있는 유성(油性)을 가질 것, 3) 화학적으로 안정할 것, 4) 운전 전·후의 윤활유의 온도차와 점도차가 적을 것 등이다.

공업이 발달함에 따라 기계류도 그 사용조건이 다종다양하게 되어 윤활유의 종류도 다양해졌다. 윤활유는 대개 공업용, 엔진용, 특수용 등으로 분류하고 있으며 그 종류에는 다음과 같은 것들이 있다.

① **스핀들유** (spindle oil)	가장 저점도의 윤활유로서 방직기계의 精紡機(spindle)에 주로 사용. 그 밖에 소형모터, 자전거, 고속공작기계, 미싱 등에 사용
② **정밀기계유** (instrument oil)	시계, 전화기, 광학기계, 각종 계기 등에 사용하는 저점도의 윤활유
③ **다이너모유** (dynamo oil)	발전기, 전동기, 송풍기, 공작기계, 등에 사용 저점도의 정제고급윤활유
④ **기계유** (machine oil)	일반기계, 철도차량 등에 광범위하게 사용
⑤ **터빈유** (turbine oil)	수력·화력발전, 선박터빈 등에 사용. 장기간 연속하여 사용하므로 특히 산화안정성이 우수하고 부식성이 없으며 여러 종류의 첨가제를 가하여 사용
⑥ **냉동기유** (refrigerating oil)	각종 냉동기, 냉장고용 윤활유
⑦ **기어유**(gear oil)	각종 기어에 사용되는 윤활유. 고점도의 기름이 사용

⑧ **실린더유** (cylinder oil)	증기기관 실린더에 사용. 점도가 가장 높은 윤활유
⑨ **모터유** (motro oil)	가솔린엔진 자동차 모터의 윤활유 유동성이 좋고 점도지수가 높아야 함
⑩ **디젤엔진유** (diesel engine oil)	디젤엔진에 사용하는 윤활유. 보통 정제석유에 산화방지제, 청정분산제 등을 첨가하여 사용
⑪ **항공윤활유** (aviation engine oil)	항공기엔진의 윤활에 사용하는 기름으로 피스톤엔진용과 제트엔진용이 있음. 대단히 가혹한 조건에서 사용하므로 합성윤활유가 사용

그리스(grease)는 반고체상 또는 고체상의 윤활제로서 점조제(粘稠劑)를 가하여 만든다. 점조제는 칼슘, 바륨, 알루미늄 등의 금속비누가 사용되고, 고온조건에서 사용할 경우에는 무기계 점조제가 그리고 항공기 등에는 유기계 점조제가 사용된다. 그리스의 특징은 밀봉성을 크게 하여 외부로부터 먼지, 수분, 가스분 등의 유입을 막는다. 실제로 사용되고 있는 윤활유는 절연유 이외의 것은 여러 가지 첨가제를 가하여 사용조건에 적당한 제품으로 만든다.

(8) 납(Wax)

납(蠟)이란 넓은 의미로 상온에서 고체 또는 반고체의 유기물을 가리키며 크게 동·식물왁스와 석유왁스로 나눌 수 있다. 석유왁스(petroleum wax)는 원유의 감압증류 유출유로부터 분리·정제한 상온에서 고형의 탄화수소로 파라핀왁스(paraffin wax), 마이크로왁스(microcrystalline wax), 페트로레이텀(petrolatum) 등이 있다.

석유왁스는 석유정제의 탈납(dewaxing)공정으로 얻어지며 탈납은 종래에는 프레스탈납(press dewaxing)이나 원심탈납이 사용되었으나 최근에는 거의 용제탈납 공정으로 왁스를 얻고 있다. 용제탈납의 용매로서는 메틸에틸케톤(MEK), 메틸아이소뷰틸케톤(MIBK) 등을 사용한다. 탈납공정에서 왁스질의 유분을 구름점 위 5~8℃로 가열한 후 MEK용매와 혼합한 후 열교환기와 급냉기로 보내져 일정한 속도로 냉각시킨다. 여기서 왁스가 결정으로 석출되고 이것은 회전 진공여과기에 의해서 여과되어 오일로부터 분리된다. 왁스는 재결정, 1차 및 2차 여과 과정 등을 거쳐 정제된 왁스가 얻어진다.

① 파라핀 왁스 (paraffin wax)	*n*-파라핀(C_{20} 이상)이 주성분으로 상온에서 고체인 납으로 주로 양초, 방습지, 방수지, 크레용 등에 사용된다.
② 마이크로왁스 (microcrystalline wax)	가원료는 파라핀왁스보다 더 무거운 유분을 사용한다. 따라서 파라핀왁스보다 융점이 높고 평균분자량이 크다. 조성은 아이소파라핀이 주성분이며 소량의 *n*-파라핀, 나프텐을 포함한다.
③ 페트로레이텀 (petrolatum)	감압증류 잔유나 중질윤활유 등의 탈납시에 분리정제한 반고체의 왁스로 백색의 왁스를 바셀린(vaseline)이라 한다. 녹방지용(방청제), 로프 그리스 원료, 연고 등의 의약품, 화장품용 등에 사용한다.

(9) 아스팔트(Asphalt)

아스팔트는 감압증류의 잔유로부터 만들어지는 흑색 반고체나 고체의 물질로, 석유정제에서 얻어지는 석유아스팔트와 천연에서 산출되는 아스팔트로 분류된다. 석유아스팔트는 직류아스팔트(straight asphalt)와 blown asphalt로 대별된다. 아스팔트는 100~180℃로 가열하면 액체로 된다.

① 직류아스팔트	감압증류장치 탑저로부터 잔유에서 얻어지는 것과 감압잔유에 용제를 가하여 아스팔트분을 침전분리시켜 고점도윤활유를 제조하는 용제탈납법에서 부생되는 것(용제탈납아스팔트)이 있다. 주로 도로포장용으로 사용된다.
② Blown asphalt	경질유분을 어느 정도 제거시킨 후 공기를 불어 넣어 일부를 산화, 탈수소, 중축합 등의 반응을 시킨 것으로 직류아스팔트보다 경질인 아스팔트이다. 방수공사용, 전기절연제, 도료, 고무혼화제 등에 사용된다.

천연아스팔트는 기원전부터 페인트, 접착제, 방부제 등으로 이용되어 왔으나 현재는 주로 도로포장용으로 사용된다.

아스팔트제조에 사용되는 원유는 혼합기유(아라비안, 이란, 쿠웨이트 등)와 나프텐기유(베네수엘라, 멕시코 등)의 것으로 아스팔트의 성상은 원유에 따라 다르므로 원유의 선택이 매우 중요하다.

(10) 석유코크스(Petroleum coke)

석유코크스는 감압잔유를 코킹열분해(coking process)하여 얻어지는 잔유물로써 탄소가 주성분인 고형 탄소질이다. 탄소전극, 합성흑연, 타이어 고무용 등에 이용되고 있다.

(11) 부생연료유

부생연료유는 석유화학공정에서 나프타 및 콘덴세이트(condensate)를 원료로 하여 석유화학제품을 생산하는 과정에서 생겨나는 부산물로서, 주로 보일러(가정용 제외) 또는 노(furnace)의 연료로 사용되고 있다. 현재 대표적인 제품으로는 등유와 중유의 대체유로 heavy end와 같은 부생연료유가 쓰이고 있다.

2.13 연소배출가스의 대기오염제어

(1) 연소배출가스에 의한 대기오염

대기오염물질은 크게 가스상 오염물질과 입자상 오염물질로 구분된다. 가스상 오염물질은 황산화물(SO_x), 질소산화물(NO_x), 일산화탄소(CO), 탄화수소(HC) 등과 같은 물질이고 입자상 오염물질은 분진(particulate), 매연(smoke), 박무(mist), 연무(haze), 훈연(fume) 등과 같은 고체 또는 액체상의 오염물질이다. 일반적으로 대기오염에서 가장 중요하게 취급되는 물질은 먼지, 황산화물, 질산화물, 일산화탄소, 오존 등이다.

석유산업 및 석유 연료를 사용하는 장소에서 생기는 가장 큰 환경문제는 연료의 연소 배출가스에 의한 대기오염이다. 비가 산성화되어 호소가 산성화되거나, 삼림이 고사하는 문제가 유럽, 북미 등에서 심각하다. 원인은 화석연료의 연소에 의한 이산화황이나 질소산화물 등 산성가스의 대기방출 때문이다. 현재 우리나라는 배출가스 규제가 실행되고 있다. 대기환경의 기준이 되는 항목으로 입자상 오염물질로는 먼지(TSP), 미세먼지(PM_{10}), 그리고 가스상 오염물질로는 이산화황, 이산화질소, 일산화탄소, 광화학 물질인 오존, 그 외 중금속으로 납(Pb)을 기준항목으로 설정하여 운영하고 있다. 특히 이산화황(SO_2)에 관해서 연료유의 탈황이나 배연탈황 장치의 설치로 현저한 효과를 거두어 환경기준치를 넘지 않도록 하고 있다. 질소산화물의 경우, 배연탈질소 장치가 설치되었지만 이산화황만큼 효과적으로 이루어지지 않고 있다. 이것은 자동차의 증가가 주된 원인이다.

· 대기오염방지 대책의 기본

- 사전처리 ~ 오염가스를 배출하지 않거나 적게 배출하는 공정기술개발
- 사후처리 ~ 발생된 오염가스를 발생원으로부터 제거하는 기술확립

· 연소배출가스의 주된 오염물질

- 입자상 오염물질

  배연가스 중 주된 입상오염물질은 분진이다.

  분진 처리법 : 원심력집진기, 습식집진기, 전기집진기, 중력침강 등
- 가스상 오염물질

  물질 : 황산화물(SO_x), 질소산화물(NO_x), 탄화수소(C_nH_m), 일산화탄소(CO)

  처리법 : 흡착, 흡수, 연소 등

표 2-9 배연 중의 오염원인 물질과 그 주된 처리법

배 출 물	처 리 법
황산화물(SO_2)	배연탈황법, 석회석고법, 알칼리흡수법 등
질산화물(NOx)	배연탈질법, 접촉환원법, 무촉매법, 산화흡수법 등
탄화수소(C_nH_m)	접촉 완전연소법
일산화탄소(CO)	접촉 완전연소법, 흡수법
분 진	원심력집진법, 습식집진법, 전기집진법, 기계집진법

(2) 대기오염 저감대책

① 황산화물(SO_x) 저감대책

대기 중의 아황산가스는 연료의 연소와 산업 공정에서 주로 발생한다. 아황산가스의 저감대책은 연료 중에 황분이 적은 연료를 사용하거나 연료 연소 후 배출가스를 탈황(배연탈황)시키는 방법이 있다.

- 연료탈황 및 저유황 연료 사용 확대
- 청정연료 사용 의무화 : 대도시의 보일러 연료를 LNG로 대체
- 배연탈황 : 아황산가스(SO_2)는 연료유의 저유황화와 배연가스의 탈황법에 의하여 효과적으로 제거될 수 있다. 아황산가스의 제거에는 여러 가지 탈황법이 개발되어 사용되고 있으며 요즘에는 알루미나를 담체로 한 알칼리 흡수제를 사용하는 습식법이 널리 이용되고 있다.

② 질소산화물(NO_x) 저감대책

질소산화물은 고온에서 연료 연소시 주로 발생한다. 난방, 산업, 수송 부문 중 수송에 의한 배출이 질소산화물 전체 배출량의 약 70%를 차지하고 있고, 차량보급의 증가로 이 농도는 해마다 증가하고 있는 추세이다. 질소산화물은 주요 대기오염물질인 오존의 가장 중요한 전구물질이므로 특히 관심의 대상이 되고 있다. 질소산화물의 방지대책에는 연료의 탈질 및 배연탈질법이 이용되고 있다.

- 연료의 탈질 : 아직 실용화되어 있지 않고 거의 대부분이 연소방법에 의해 제어를 하고 있다.
- 배연탈질 : 연료의 연소에 수반하여 발생하는 NOx 대부분은 아황산가스(SO_2)보다 반응성이 훨씬 적은 일산화질소(NO)이기 때문에 배연탈질은 배연탈황 보다 기술적으로 곤란하여 중점적인 개발에도 불구하고 현재로서는 아직 충분한 제거효과를 나타내지 못하고 있다.

현재 가장 널리 보급되고 있는 NO_x의 제거법은 백금촉매를 사용하여 암모니아(NH_3)와 반응시켜 질소(N_2)와 물(H_2O)로 변환시켜 제거하는 접촉환원법이다.

자동차 배기가스중의 NO_x의 제거법도 중요과제로 개량이 진행되고 있다. 2단연소 및 저온연소로 질소산화물의 방출을 저감시키고 있다. 이 외에도 연소실의 구조를 개량하여 질소산화물의 방출량을 저감시키는 방법 등 여러 저감방법이 제시되고 있다.

③ 분진의 저감대책

분진은 주로 0.01~100μm 사이의 미세한 독립상태의 고체 또는 액체 입자이다. 분진 중 크기가 10μm 이상으로 비교적 무거워서 침강하기 쉬운 것은 강하분진(dust fall)이라고 하고, 그 이하의 미세하고 가벼운 분진은 장기간 공중에 부유하는 것으로 부유분진(suspended particles)이라고 한다. 이 중에서 0.1~1μm 크기의 먼지는 인체에 가장 큰 피해를 주는 미세입자이다.

연소에서 배출되는 분진의 감소대책으로는 사용 연료의 개선과 배출시설의 최종 배출구를 통하여 배출되기 전에 집진기를 설치하여 배출량을 감소시키는 방법이 있다. 집진법에는 중력 집진법, 원심력 집진법, 전기 집진법, 여과 집진법, 세정 집진법 등이 사용되고 있다.

CHAPTER 03

천연가스와 메탄유도체

3.1 천연가스 서론

천연가스(natural gas)는 자연에서 기체상태로 매장된 가연성 경질탄화수소로 약간의 비탄화수소 물질을 함유하고 있다. 천연가스는 원유가 포함되지 않은 유전에서 발견되는 비조합천연가스(nonassociated natural gas)와 또는 원유에 접촉되어 존재하거나 원유에 녹아 있는 조합천연가스(associated natural gas)가 있다. 천연가스를 액화시킨 것이 액화천연가스(LNG, Liquefied Natural Gas)이다. 대부분의 천연가스의 주성분은 메탄(CH_4)가스이며 C_2~C_5의 파라핀계 탄화수소(paraffin hydrocarbon)가 혼합물로 혼재하며 이들의 비율은 산지에 따라 다르다. 비조합천연가스는 조합천연가스보다 메탄의 비율이 높으며, 반면에 조합천연가스는 중질탄화수소가 더 많이 함유되어 있다. 천연가스 중에 들어 있는 비탄화수소 성분은 황화수소(H_2S), 이산화탄소(CO_2), 질소(N_2), 헬륨(He), 아르곤(Ar)가스이다. 천연가스의 구성성분은 산지에 따라 차이가 많으나 전형적인 천연가스의 구성성분을 표 3-1에 나타내었다.

표 3-1 전형적인 천연가스의 구성성분

성 분	wt %
메탄 (CH_4)	70~95
에탄 (C_2H_6)	2~10
프로판 (C_3H_8)	< 7
부탄 (C_4H_{10})	< 3
불순물 (N_2, CO_2, H_2S)	소량(평형)

표 3-2 세계 천연가스 가채매장량 및 생산량

구분 / 지역	가채매장량(R)		생산량(P)		가채년수 (R/P)
	조m^3	비율(%)	10억m^3	비율(%)	
미국	8.7	4.7	749	20.7	11.6
러시아	32.3	17.3	644	17.8	50.2
이란	33.5	18.0	190	5.3	176.3
캐나다	2.2	1.2	174	4.8	12.6
카타르	24.3	13.0	165	4.6	147.3
중국	5.4	2.9	137	3.8	39.4
세계	186.6		3,613		51.6

(출처: BP Statistical Review of World Energy 2017)

천연가스의 확인매장량(R)은 2016년 기준 186.6조 m^3이고 생산량(P)은 3,613억 m^3/년으로 집계되었다(표 3-2 참조). 따라서 천연가스의 가채년수(R/P)는 약 51.6년으로 추정된다.

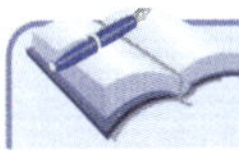

3.2 천연가스의 형태

천연가스의 형태는 다음과 같은 것들이 있다.

① 천연가스(NG, Natural Gas)

일반 기체 상태의 천연가스로서 메탄이 주성분인 가스

② 액화천연가스(LNG, Liquefied Natural Gas)

천연가스를 −162℃의 상태에서 약 1/600로 압축하여 액화시킨 상태의 가스로서 정제과정을 거쳐 순수 메탄의 성분이 매우 높고 수분의 함량이 없는 청정가스

③ 압축천연가스(CNG, Compressed Natural Gas)

NG를 200~250배로 압축하여 저장한 가스

④ (천연)가스수화물(Gas hydrate)

가스수화물(가스 하이드레이트)은 극지방 또는 심해저에 저온 고압 상태에서 천연가스와 물이 결합하여 생겨난 결정성 물질로 메탄이 주성분이다. 드라이아이스와 같은 얼음결정 속에 가스가 채워져 있어 대기 중에서 물과 가스로 분리되는 고체물질이다. 세계 추정 매장량이 약 10조 톤이며 우리나라의 동해에도 6억 톤 가량이 매장되어 있는 것으로 추정된다.

천연가스는 전세계에 광범위하게 매장되어 장기적으로 원유보다는 안정적 공급이 가능하고 석유대체에너지로써 중요한 역할을 하고 있다(표 3-3 참조). 우리나라는 인도네시아 등으로부터 LNG 형태로 수입하여 인수기지(평택과 인천에 소재)에 저장하고, 여기에 냄새를 첨가한 후 고압의 기체로 전국에 배관(pipeline)망을 통하

여 연료로 공급하고 있다.

표 3-3 세계 에너지 소비 및 수요 전망 (단위 : 천조 Btu)

구분	에너지소비	수요전망			연평균증가율(%) '15~'50
	2015	2020	2025	2050	
총 에너지 소비	575.4	604.9	634.9	813.7	1.0
석탄	158.2	161.9	161.9	164.6	0.1
석유	190.6	200.0	203.9	244.9	0.7
천연가스	128.9	131.7	143.4	218.2	1.5
원자력	26.0	28.5	30.9	39.4	1.2
기타 신재생	71.7	82.7	94.8	146.6	2.1

출처: International Energy Outlook (EIA, 2017)

3.3 천연가스의 정제

채취한 천연가스에는 이산화탄소, 황화수소, 수분이 여러 가지 양으로 포함되어 있다. 황화수소(H_2S)나 머캅탄(mercaptan 혹은 thiol, RSH) 등의 황화합물이 들어 있는 천연가스는 공해의 원인이 되고 금속장치를 부식시키기도 한다. 이산화탄소는 고온과 저압하에서 고체가 되어 장치 운전에 지장을 초래하며 가스의 열가(heating value)를 떨어뜨린다. 냄새가 없고 건조된 천연가스를 얻기 위해서는 산성가스(acid gas)를 제거해야 된다. 또한 중질탄화수소를 상당량 포함한 천연가스는 이들을 천연가스액체(natural gas liquid)로 회수하기 위해 분리해야 한다.

(1) 수분 제거

파이프라인의 부식문제를 줄이고 가스수화물(gas hydrate)의 형성을 방지하기 위하여 천연가스로부터 수분을 제거해야 한다. 천연가스 중의 물은 고압에서 탄화수소와 물이 물리화학적 반응으로부터 형성된 백색고체인 수화물이나 또는 얼음으로 된다.

천연가스 중의 수분을 제거하기 위하여 물을 잘 용해하는 글라이콜(glycol)로 처리한다. 사용되는 전형적인 용매는 에틸렌글라이콜(ethylene glycol), 다이에틸렌글라이콜(diethylene glycol), 트라이에틸렌글라이콜(triethylene glycol)이다. 흡수탑에서 기체 - 액체 흐름은 향류(counter flow)로 한다. 수분은 실리카젤(silica gel)과 같은 고체 흡착제를 사용하여 제거될 수도 있다.

(2) 산성가스 제거

산성가스를 제거하는 방법에는 다음 3가지가 있다.

① 화학적 흡수 : 산성가스와 가역적으로 반응하는 용매(아민계 흡수제)를 사용하여 산성가스를 제거
② 물리적 흡수 : 선택적인 흡수용매에 의해 고압하에서 산성가스를 물리적으로 흡수 제거
③ 물리적 흡착 : 고체흡착제를 사용하는 물리적 흡착. 산성가스가 낮을 때 유효

① 화학적 흡수(chemical absorption, chemisorption)

에탄올아민(ethanol amine)과 같은 약한 염기 용액을 사용하여 천연가스 중의 산성가스를 화학적으로 처리한다. 이 공정은 많은 양의 산성가스를 처리할 수 있다. 흡수용매로는 모노에탄올아민(monoethanol amine)과 다이에탄올아민(diethanol amine)이 주로 사용된다. 아민 용액의 농도는 보통 15~30%이다. 아민 용액은 천연가스 중의 황화합물과 반응하여 황화물(sulfides)이 되고, 이산화탄소는 탄산염(carbonates)과 탄산수소염(bicarbonates)으로 바뀐다.

② 물리적 흡수(physical absorption)

용매를 사용하여 천연가스 중의 산성가스를 선택적으로 흡수하고 탄화수소는 그대로 남겨두는 방법으로 산성가스와 용매 사이에 화학반응이 일어나지 않는다. 산성가스를 다이메틸에테르(dimethyl ether)로 처리하면 황화수소와 이산화탄소는 용매로 흡수되어 제거된다. 산성가스로 포화된 혼합액은 압력을 감소시키면 황화수소와 이산화탄소는 흡수제로부터 제거되고 용매는 재사용된다.

③ 물리적 흡착(physical adsorption)

높은 표면적을 가지는 제올라이트와 같은 분자체(molecular sieve)를 사용하여 천연가스 중의 산성가스를 흡착제거한다. 흡착법은 산성가스의 양이 적을 경우에 효과적이다. 연속공정에서는 2개 이상의 흡착층(adsorption layer)이 사용된다.

(3) 천연가스 분리

천연가스에 존재하는 메탄 이외의 탄화수소는 고부가가치의 원료이자 중요한 연료이다. 천연가스는 대부분 액화천연가스로 연료로 사용되나 미국에서는 약 30% 정도가 화학공업 원료로 사용된다. 천연가스 분리공정은 그림 3-1과 같다.

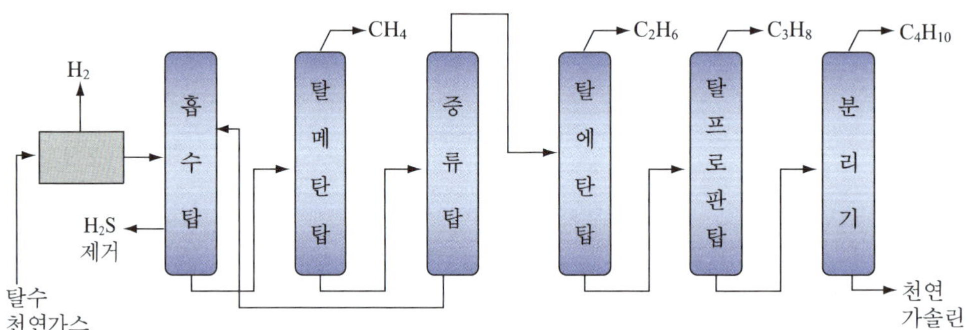

그림 3-1 천연가스 분리공정 흐름도

희석가스 흡수법에 의한 천연가스 분리공정에서 탈수와 산성가스가 제거된 공급가스는 생산가스와의 열교환 및 프로판 냉매 등에 의하여 냉각시킨 후 분리기에서 응축성 탄화수소가 분리된다. 분리된 응축 탄화수소 또는 천연가스액체(NGL)는 희석오일 흡수탑(lean oil absorber)으로 보내져 희석오일에 흡수된다. 흡수오일은 나프타나 천연가솔린으로 사용되고, 분리기에서 분리된 휘발성 가스는 탈에탄기로 가서 탑 위에서 에탄이 분리되고 탑 밑의 액체는 LPG로 사용되거나 다시 탈프로판기로 보내져 프로판을 분리하고 탑 밑 액체에서 부탄을 분리하고 천연 가솔린을 얻는다.

최근에는 희석가스 흡수법 대신에 매우 낮은 온도로 극저온냉각(cryogenic cooling) 시키는 방법으로 유입가스의 단열팽창(adiabatic expansion)과 터보팽창기

(turboexpander)로 가스를 냉각시키는 자동냉각법에 의한 천연가스 분리공정이 이용되고 있다.

(4) 천연가스 액화

천연가스로부터 얻어진 메탄보다 무거운 응축탄화수소인 천연가스액체(NGL)가 회수된 다음 건성 천연가스는 극저온 유조선에 의해 수송되기 위해 액화시켜야 한다. 천연가스의 액화는 보통 두 가지 방법 즉, 팽창기 사이클(expander cycle)과 기계적 냉각으로 행한다. 팽창기 사이클에서 가스 부분은 높은 압력으로부터 낮은 압력으로 팽창된다. 이것은 가스의 온도를 떨어뜨리고 열교환기를 통하여 유입되는 가스를 냉각시키게 된다. 메탄이 액화온도에 도달할 때까지 같은 방법으로 계속 냉각시킨다.

기계적 냉각에서는 질소, 메탄, 에탄, 프로판으로 이루어진 복합 냉각제가 사용된다. 이 액체들이 증발될 때 필요한 열은 천연가스로부터 얻어지며 천연가스가 액화될 때까지 에너지(온도)를 잃게 된다. 냉각제 가스들은 재압축되고 재순환된다.

처리된 액화천연가스의 주성분은 주로 메탄으로 이루어져 있다. 그 외에 회수되지 않은 메탄, 프로판 등의 경질탄화수소가 포함되었으며 소량의 질소, 이산화탄소가 포함된 가스유분이다.

3.4 천연가스의 이용

천연가스는 에너지원(연료)뿐만 아니라 공업원료로 사용된다. 에너지로는 대부분이 도시가스 연료로 사용되고 발전, 철강 생산 등의 연료로도 사용된다. 화학공업의 원료로는 메탄올, 암모니아 합성 등에 매우 중요하게 사용된다.

천연가스의 주성분은 메탄이고 메탄 이용의 주요 공정은 메탄올, 수소, 암모니아 등의 원료가 되는 합성가스(synthesis gas)의 제조이다. 천연가스를 사용하는 화학공업은 대략 다음 그림 3-2와 같다.

(1) 합성가스의 제조

CO와 H_2의 혼합물을 합성가스(synthesis gas)라 하며 그 제조원료는 석탄, 메탄, 석유 유분 등이다. 2차 세계대전 동안 독일은 석탄을 가스화(gasfication)시켜 합성가스를 얻었다. 이 합성가스는 Fischer Tropsch 공정에 의해 가솔린 범위의 액체탄화수소 혼합물 제조에 사용되었다. 이 방법은 높은 제조비용 때문에 사용되지 않지만 현재 석탄의 가격이 매우 싼 남아프리카공화국에서 사용되고 있다.

합성가스는 천연가스(메탄)에서부터 중질석유에 이르는 모든 탄화수소의 수증기 개질(steam reforming) 또는 부분산화(partial oxidation)에 의해 제조될 수 있다. 합성가스의 주요 제조방법은 약 800℃에서 니켈촉매에 의해 천연가스를 수증기 개질하는 방법이다(2.9절 참조). 이 방법은 사우디아라비아나 미국과 같이 천연가스가 풍부하고 가격이 싼 경우에 주로 사용된다.

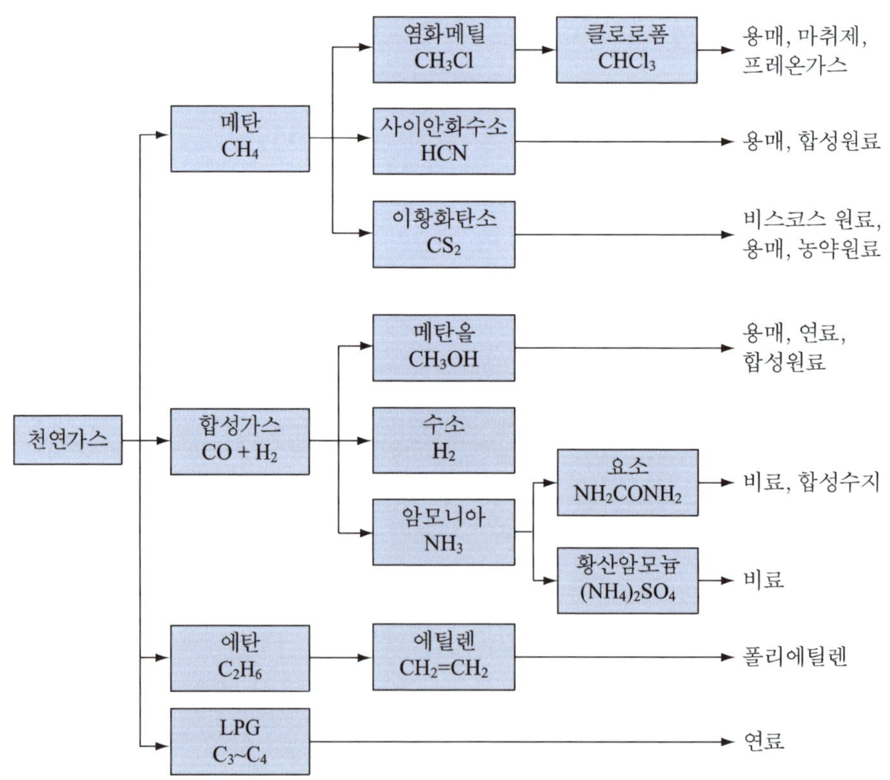

그림 3-2 천연가스 합성 계통도

천연가스의 수증기개질반응은 다음과 같다.

$$CH_4 + H_2O \longrightarrow CO + 3H_2$$

유럽, 일본, 우리나라와 같은 비산유국에서는 합성가스를 주로 나프타의 수증기개질에 의해 제조한다. 나프타는 C_5~C_{10}의 범위에 있는 탄화수소 혼합물로 n-헵탄의 수증기개질반응은 다음과 같다.

$$CH_3(CH_2)_5CH_3 + 7H_2O \longrightarrow 7CO + 15H_2$$

이때 탄화수소의 분자량이 증가함에 따라 생성가스 중의 H_2/CO의 생성비는 낮아진다. 무촉매 부분산화에 의하여 합성가스를 제조할 수도 있으나 H_2/CO의 비는 수증기개질보다 낮다.

$$CH_4 + 1/2\ O_2 \longrightarrow CO + 2H_2$$

생성가스 혼합물은 이동전환(shift conversion)된다. 이동전환반응에서 일산화탄소는 수증기와 반응하여 이산화탄소와 수소가 만들어진다. 반응은 높은 발열반응이다.

$$CO + H_2O \longrightarrow CO_2 + H_2$$

생성된 이산화탄소는 물리적 또는 화학적 흡수용매로 흡수제거한다.

메탄화반응(methanation)은 수증기개질반응의 역반응이다. 수소는 일산화탄소와 이산화탄소와 반응하여 그들을 메탄으로 전환시킨다. 메탄화반응은 발열반응이며 반응기의 온도는 200~300℃, 압력은 약 10 atm하에서 레이니-니켈(Raney nickel)촉매로 행한다.

$$CO + 3H_2 \longrightarrow CH_4 + H_2O$$

$$CO_2 + 4H_2 \longrightarrow CH_4 + 2H_2O$$

- **합성가스의 용도**
  - 얻어지는 합성가스의 대부분은 일산화탄소를 이산화탄소로 전환하여 수소와 함께 암모니아(NH_3) 제조에 사용된다.

암모니아는 요소(urea), 질산암모늄(ammonium nitrate), 하이드라진(hydrazine) 제조에 사용한다.

- 메탄올 제조에 사용
- 수소는 석유정제의 수소화 탈황, 수소첨가 정제, 수소첨가 열분해 등에 사용.

(2) 합성가스로부터 메탄올의 제조

메탄올(methanol)은 지방족알코올의 첫 번째 화합물로 원래 목재를 분해증류하여 제조하였으나(이를 목정(木精, wood spirit)이라 함), 현재는 주로 합성가스로부터 제조한다. 메탄올은 매우 극성이며 수소결합을 이루고 있으며 비교적 높은 끓는점(65℃)과 낮은 휘발성을 가지고 있다. 메탄올은 높은 산소함유량(50 wt%)과 높은 옥탄가(112) 때문에 가솔린 배합제로 사용되기도 한다.

메탄올은 합성가스의 촉매반응에 의해 제조된다. 천연가스로부터 얻어진 합성가스에서 $CO : H_2$의 비가 1 : 3이고 메탄올 합성에 필요한 양론적인 $CO : H_2$의 비가 1 : 2이기 때문에 여분의 수소를 줄이기 위하여 일산화탄소가 부가된다. 메탄올 제조공정에서 처음에는 300~400℃, 270~420 atm의 높은 압력과 산화아연 - 산화크롬($ZnO - Cr_2O_3$) 촉매를 사용하였으나, 현재는 새로운 활성구리계 촉매인 산화구리 - 산화아연 촉매를 사용하여 200~300℃, 50~100 atm에서 조업하는 저압공정(ICI공정)이 개발되어 사용되고 있다. 양론적으로 CO보다 H_2가 더 많을 때 CO_2를 가한다.

$$CO + 2H_2 \longrightarrow CH_3OH$$

$$CO_2 + 3H_2 \longrightarrow CH_3OH + H_2O$$

메탄올의 제조공정 과정은 그림 3-3과 같다.

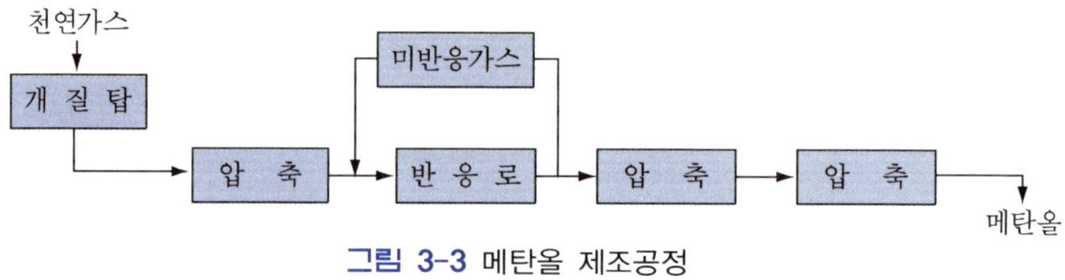

그림 3-3 메탄올 제조공정

• 메탄올의 용도

- 메탄올 생산의 약 50%는 산화시켜 폼알데하이드(HCHO) 제조에 사용된다.
- 아세트산 제조에 사용된다. 즉, 메탄올과 일산화탄소를 로듐(Rh) 촉매하 250 ℃, 약 70 atm에서 반응(BASF 공정)시켜 아세트산을 제조(제4장 참조).
- 많은 유기산과 반응하여 아크릴산메틸, 메타크릴산메틸, 아세트산메틸, 테레프탈산메틸과 같은 메틸에스터 제조에 사용한다.
- 가솔린 첨가제인 메틸 *t*-뷰틸에테르(MTBE) 제조 원료에 사용된다.

$$CH_3OH + CH_3-\overset{\displaystyle CH_3}{\overset{|}{C}}=CH_2 \xrightarrow[50°C]{\text{solid acid cat}} CH_3-O-\underset{\underset{\displaystyle CH_3}{|}}{\overset{\overset{\displaystyle CH_3}{|}}{C}}-CH_3$$

(3) 합성가스로부터 암모니아의 제조

암모니아 합성반응은 다음과 같다.

$$N_2 + 3H_2 \longrightarrow 2NH_3$$

반응속도는 Le Chatelier 원리에 의하여 높은 압력과 낮은 온도에서 잘 일어난다. 1909년 독일의 F. Harber는 오스뮴 촉매상에서 550℃, 180 kg/cm^2 압력하에서 암모니아를 합성하였고 암모니아 생성반응이 잘 일어나는 촉매를 발견하기 위하여 많은 연구를 하였다. 그 후 영국, 독일, 미국 등에서 나프타, LPG, 석유화학 폐가스를 원료로 하는 수증기개질반응이 공업화되었고 이로부터 합성가스를 제조하게 되어 암모니아 제조 공정이 널리 사용되었다. 현재 상대적으로 낮은 온도(450℃)에서 좋은 수율로 암모니아를 제조하기 위하여 칼륨과 산화알루미늄과 같은 산화물에 의해 촉진된 산화철 촉매(Fe-Al_2O_3-K_2O)가 사용된다. 그림 3-4는 천연가스로부터 암모니아 제조공정 흐름을 보여주고 있다.

천연가스는 우선 탈황(sulfur removal) 과정에서 촉매의 피독을 방지하기 위하여 원료중의 황을 제거한다. 수증기개질반응은 1차, 2차의 두 단계로 이루어져 있다. 1차 개질은 750~850℃ 온도, 30기압에서 원료와 수증기가 개질로 속에 공급된다. 배출가스는 수소, 일산화탄소, 이산화탄소, 수증기 이외에 미반응 탄화수소이다.

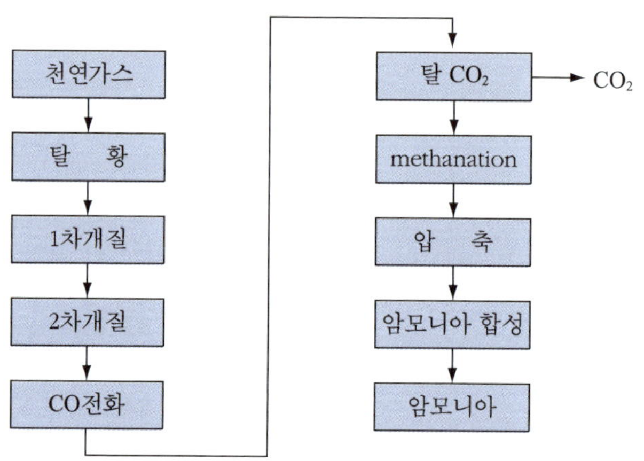

그림 3-4 암모니아 제조 공정 흐름

2차 개질로는 내화벽돌로 둘러싸인 강철반응기로 온도가 1,000℃ 이상이다. 이 온도에서 개질반응은 사실상 완결되고 극소량의 메탄만 남게 된다. 이 공정에서는 필요한 질소를 공정흐름으로 유입시킬 수 있다. 2차 개질로에서 나오는 가스는 질소, 수소, 일산화탄소, 수증기와 소량의 메탄을 포함한다. 이동전환기(shift converter)의 목적은 이동반응(shift reaction)에 의하여 일산화탄소를 이산화탄소로 완전히 전환시키는 것이다.

CO_2 제거는 탄산칼슘이나 에탄올아민 용액으로 흡수시켜 제거한다. 이 단계에서 나오는 가스는 수증기, 질소, 수소 그리고 미량의 이산화탄소, 일산화탄소, 메탄이다. 메탄화(methanation) 단계에서 미량의 산화탄소가 이 공정에서 제거된다. 메탄화는 약 350℃에서 니켈촉매에 가스를 보내어 이루어진다. 이 온도에서 일산화탄소와 이산화탄소는 수소와 반응하여 메탄과 물로 전환된다. 메탄화기로 나온 가스흐름은 냉각되어 물은 응축되고 분리되어 소량의 메탄과 함께 질소와 수소가 1 : 3의 비율인 합성가스를 생성한다.

- 암모니아의 용도
  - 암모니아의 주요 용도는 요소(urea), 질산암모늄, 황산암모늄, 인산암모늄과 같은 비료제조이다.
  - 암모니아는 질산, 하이드라진(hydrazine), 아크릴로나이트릴(acrylonitrile), 헥사메틸렌다이아민(hexamethylenediamine)과 같은 화학제품의 전구물질이다.

(4) 폼알데하이드(Formaldehyde)

메탄올과 공기의 혼합가스를 가열한 촉매상(Ag-Cu, V, Mo을 함유한 Fe 산화물 등)에 상압으로 통과시키고 생성가스를 물로 처리하여 폼알데하이드 수용액(37% formalin)을 얻는다. 보통 메탄올의 폭발한계를 피하여 메탄올과잉(600~700℃) 혹은 공기과잉(280~380℃)의 조건이 사용된다.

$$CH_3OH + 1/2\ O_2 \xrightarrow[400°C]{Fe_2O_3\text{-}MoO_3} H-\overset{\overset{\displaystyle O}{\|}}{C}-H + H_2O$$

폼알데하이드는 페놀, 요소, 멜라민(melamine)과의 축합중합(condensation polymerization)에 의하여 페놀수지, 요소수지, 멜라민수지를 각각 제조한다. 이들은 칩보드(chip board)와 합판 제조에 사용되는 중요한 접착제이다.

- **폼알데하이드의 용도**

  페놀수지, 요소수지, 폴리아세탈수지 제조에 주로 사용

(5) 요소(Urea)

요소의 제조는 암모니아와 이산화탄소의 2단계 반응으로 진행한다. 이 반응에서 암모늄카바메이트(ammonium carbamate)가 먼저 형성되고 다음에 카바메이트가 요소와 물로 분해된다. 반응조건은 압력 200 atm, 온도 170~220℃이다.

$$2\,NH_3 + CO_2 \longrightarrow NH_2\text{-}COONH_4$$

$$NH_2\text{-}COONH_4 \longrightarrow NH_2\text{-}\overset{\overset{\displaystyle O}{\|}}{C}-NH_2 + H_2O$$

- **요소의 용도**

- 요소 생산량의 약 80%가 비료 생산에 사용된다.
- 약 10%가 접착제와 플라스틱(요소 - 폼알데하이드 수지, 멜라민 - 폼알데하이드 수지) 제조에 사용된다.
- 사료용, 세제 제조용으로 등유로부터 *n*-파라핀을 분리하는데 사용된다.

(6) 질산(Nitric acid)

질산은 가장 많이 사용되는 무기화합물 중의 하나이다. 질산은 암모니아를 백금-로듐(Pt-Rh) 촉매를 사용하여 공기로 산화시켜 제조한다.

$$4\,NH_3 + 5O_2 \longrightarrow 4\,NO + 6\,H_2O$$
$$2\,NO + O_2 \longrightarrow 2\,NO_2$$
$$3\,NO_2 + H_2O \longrightarrow 2\,HNO_3 + NO$$

• 질산의 용도

- 질산의 주용도는 질산암모늄(NH_4NO_3) 제조이다.
- 질산은 방향족과 파라핀족 화합물의 나이트로화제로 사용된다. 나이트로화합물은 염료와 화학공업의 중요한 중간체이다.
- 질산은 강철제련과 우라늄 추출에도 사용된다.

(7) 하이드라진(Hydrazine)

하이드라진(N_2H_4)은 Rashig공정을 사용하여 암모니아를 산화시켜 제조한다. 산화제로 차아염소산나트륨(sodium hypochloride, NaOCl)이 사용된다. 하이드라진은 연기가 나는 무색의 액체로 강한 환원제이다.

$$2\,NH_3 + NaOCl \longrightarrow NH_2{-}NH_2 + NaCl + H_2O$$

하이드라진은 연소할 때 620 kJ/mole의 매우 큰 열을 내기 때문에 로켓연료로 사용된다.

$$NH_2{-}NH_2 + O_2 \longrightarrow N_2 + 2H_2O + 620\ kJ$$

• 하이드라진의 용도

- 로켓연료로 사용
- 발포제, 의약, 비료공업에 사용
- 중합개시제, 환원제로 사용

3.5 메탄 유도체

메탄은 보통 정상적인 조건에서 반응성이 적은 파라핀계 탄화수소로, 고온·고압의 상당히 가혹한 조건에서 메탄으로부터 직접 제조되는 화학제품은 그리 많지 않다. 메탄의 염소화는 열 또는 자외선 개시에 의해서 가능할 뿐이다. 메탄은 수증기 존재하에서 부분적으로 산화되어 합성가스 혼합물이 만들어진다. 합성가스는 암모니아와 메탄올의 전구물질임을 이미 앞에서 다루었다. 메탄과 다른 시약으로부터 제조되는 화학제품으로는 이황화탄소, 사이안화수소, 염화메탄 그리고 합성가스이다.

(1) 이황화탄소(Carbon disulfide)

메탄을 높은 온도에서 황과 반응시키면 이황화탄소가 합성된다. 반응조건은 약 675℃, 2 atm에서 촉매로 활성알루미나 또는 진흙이 사용된다. 이 반응은 순수한 황이 기화되어 메탄과 혼합되어 알루미나 촉매 위에 통과시켜 진행된다.

$$CH_4(g) + 2\ S_2(g) \rightarrow CS_2(g) + 2\ H_2S(g)$$

부산물로 얻어진 황화수소(hydrogen sulfide)는 Claus 반응에 의하여 황으로 제조될 수 있다.

- 이황화탄소의 용도

- 주로 레이온(rayon)과 셀로판(cellophane) 제조에 사용
- 염소화시켜 사염화탄소(tetrachloromethane) 제조

$$CS_2 + 3\ Cl_2 \rightarrow CCl_4 + S_2Cl_2$$

- 광석의 부유선광제(flotation agent), 암모니아 처리시스템에서 방식제 제조에 사용

(2) 사이안화수소(Hydrogen cyanide)

사이안화수소는 무색 액체(b.p. 25.6℃)로 물에 녹으며 매우 독성이 큰 화합물이지만 반응성이 높아 중요한 화학중간물질이다.

사이안화수소는 공기중에서 암모니아와 메탄을 반응시켜 제조한다. Pt-Rh합금이 촉매로 사용되고 1,100℃에서 반응시킨다.

$$2\,CH_4 + 2\,NH_3 + 3\,O_2 \rightarrow 2\,HCN + 6\,H_2O$$

혹은 공기없이 촉매로 백금, 알루미늄-루테늄합금을 사용하여 암모니아와 메탄을 반응시켜 합성한다. 이 반응은 흡열반응으로 251 kJ/mole의 에너지가 필요하다.

$$CH_4 + NH_3 \rightarrow HCN + 3\,H_2 \qquad \Delta H = 251\ kJ/mole$$

산소 존재하에서 암모니아와 메탄올의 반응에 의해서도 사이안화수소가 합성된다.

$$NH_3 + CH_3OH + O_2 \rightarrow HCN + 3\,H_2O$$

• 사이안화수소의 용도

- 플라스틱과 합성섬유 제조에 중요한 단량체인 아크릴로나이트릴, 아디포나이트릴의 합성 원료
- Oxamide 비료(식물성장동안 꾸준히 질소를 방출하는 비료) 제조에 사용.

(3) 염화메탄(Chloromethane)

메탄에서 수소가 염소원자로 치환된 화합물은 염화메틸(chloromethane, methyl chloride, CH_3Cl), 염화메틸렌(dichloromethane, methylene chloride, CH_2Cl_2), 클로로폼(trichloromethane, chloroform, $CHCl_3$), 사염화탄소(tetrachloro -methane, carbon tetrachloride, CCl_4)가 있다.

메탄의 염소화반응은 열과 빛을 가하여 얻어진 염소 자유라디칼에 의해 개시되는 라디칼반응이다. 메탄의 열에 의한 염소화는 약 350~370℃, 대기압하에서 일어난다. 염소화반응은 다음과 같이 단계적인 반응을 거쳐 진행된다.

$$Cl_2 \xrightarrow{hv} 2\,Cl\cdot$$

$$Cl\cdot + CH_4 \rightarrow \dot{C}H_3 + HCl$$

$$\dot{C}H_3 + Cl_2 \rightarrow CH_3Cl + Cl\cdot$$

$$Cl\cdot + CH_3Cl \rightarrow \dot{C}H_2Cl + HCl$$

$$\dot{C}H_2Cl + Cl_2 \rightarrow CH_2Cl_2 + Cl\cdot$$

염소 자유라디칼은 모든 염소가 없어질 때까지 계속되며 클로로폼과 사염화탄소도 위와 같은 방법으로 형성된다.

- **염화메탄의 용도**

- 염화메탄의 주용도는 실리콘(silicone) 제조이다. 그 외 메틸셀룰로오스 제조 원료, 용매 및 냉매로 사용된다.
- 염화메틸렌의 주요 용도는 페인트 제거제이며, 그리스 제거 용매, 폴리우레탄의 발포제, 아세트산 셀룰로오스의 용매로 사용
- 클로로폼은 냉매와 에어로졸 추진제로 사용되는 freon-22 제조에 사용되고, 사플루오르화에틸렌(tetrafluoroethylene, $CF_2{=}CF_2$, 내열성 고분자 teflon 제조 원료) 제조에 사용
- 사염화탄소는 CFC(chlorofluorocarbon) 제조에 사용

(4) 사플루오르화에틸렌(Tetrafluoroethylene)

클로로폼을 플루오르화수소와 반응시키면 chlorodifluoromethane이 제조된다. 촉매는 오염화안티몬(antimony pentachloride)이 사용된다.

$$CHCl_3 + 2\,HF \xrightarrow{SbCl_5} CHF_2Cl + 2\,HCl$$

생성된 chlorodifluoromethane을 600~800℃로 열분해시키면 염화수소가 제거되면서 사플루오르화에틸렌이 생성된다.

$$2\,CHF_2Cl \xrightarrow{600\text{~}800°C} CF_2{=}CF_2 + 2\,HCl$$

• 사플루오르화에틸렌의 용도

- 내열성으로 화학반응장치와 주방가열용 기구의 코팅에 쓰이는 폴리테트라플루오로에틸렌(polytetrafluoroethylene, PTFE; 상품명 teflon) 제조에 사용

(5) 클로로플루오로메탄(Chlorofluoromethane)

클로로플루오로탄소(chlorofluorocarbon, CFC)로 이루어진 화합물의 분자식은 $C_kH_lCl_mF_n\,(2k+2=l+m+n)$으로 표시되는데 이들 일련의 화합물을 프레온(freon)이라고 칭한다. 프레온은 1930년대 Du Pont사에서 냉동용 냉매로서 개발되었으며, 불연성, 화학적 안정성, 무독성으로 에어로졸용 분무제, 우레탄용 발포제, 전자공업용 세정제로 사용된다.

클로로폼 혹은 사염화탄소와 플루오르화수소를 촉매로 오염화안티몬($SbCl_5$) 존재에서 반응시켜 제조한다. 반응은 100℃, 2~5 atm에서 일어난다.

$$\underset{\text{chloroform}}{CHCl_3} + 2\,HF \rightarrow \underset{\text{HCFC-22}}{CHF_2Cl} + 2\,HCl$$

$$CCl_4 + HF \rightarrow \underset{\text{CFC-11}}{CFCl_3} + HCl$$

$$CCl_4 + 2\,HF \rightarrow \underset{\text{CFC-12}}{CF_2Cl_2} + HCl$$

또한, 메탄의 염소화 및 플루오르화가 동시에 이루어지는 반응에 의해서도 합성된다. 반응조건은 370~470℃, 4~6 atm이다.

$$3CH_4 + 12Cl_2 + 4HF \rightarrow CF_2Cl_2 + 2CFCl_3 + 16HCl$$

또한, $$\underset{\text{tetrachloroethylene}}{CCl_2=CCl_2} + Cl_2 + 3HF \xrightarrow{SbCl_5} \underset{\text{CFC-113}}{CCl_2F - CClF_2} + 3HCl$$

오존층에 영향을 주지 않는 CFC 대체물질 개발이 많이 연구되고 있다. 프레온-11 대체물질로 HCFC-123 ($HCCl_2CF_3$), 프레온-12 대체물질로 HCFC-22 ($CHClF_2$)가 개발되어 에어컨, 냉동, 에어로졸, 폼(foam) 제조에 사용된다.

• CFC 용도

- 냉매 및 에어로졸 추진제로 사용
- 폴리우레탄 발포제로 사용
- 할론(halon)가스 제조에 사용. 할론은 주로 소화제(消火劑)로 사용

Tip

프레온 명명법

프레온(CFC)의 명명법은 상품명에 붙여서 쓰던 것을 지금도 사용하고 있다.

Freon xyz에서

백단위 $x=$ 탄소 원자수-1

십단위 $y=$ 수소 원자수$+1$

일단위 $z=$ 플루오르 원자수

CF_2Cl_2 (프레온-12)

$CFCl_3$ (프레온-11)

$CHClF_2$ (프레온-22)

$CFCl_2CF_2Cl$ (CFC-113)

할론 명명법

Halon $wxyz$에서

천단위 수 w $=$ 탄소 원자수

백단위 수 x $=$ 플루오르 원자수

십단위 수 y $=$ 염소 원자수

일단위 수 z $=$ 브로민 원자수

CF_2BrCl (halon-1211)

CF_3Br (halon-1301)

C_2F_4Br (halon-2402)

CFC에서 일부의 염소가 수소로 치환된 것을 수소화염화플루오르화탄소(HCFC, hydrochlorofluorocarbon)라고 한다. 숫자 표시법은 CFC와 같고, 하나 이상의 이성질체가 있으면 가장 대칭적으로 치환된 화합물은 숫자로만 나타내고 덜 대칭적인 이성질체는 차례로 a, b로 표시한다.

$CHClF_2$ (HCFC-22)

CF_3CHCl_2 (HCFC-123)

CCl_2FCH_3 (141b)

염소를 함유하지 않고 수소, 플루오르, 탄소만을 함유하면 HFC (hydrofluoro-carbon)라 한다.

CH_2FCF_3 (HFC-134a)

CH_3CHF_2 (HFC-152a)

할론(halon)은 CFC에서 염소원자를 브롬으로 치환한 화합물로 소화제(fire retardant)로 많이 사용된다.

오존층 보호를 위해 프레온의 제조, 배출규제가 되어 프레온의 생산규모는 점점 줄어들고 있다. 오존층 파괴는 1974년 미국 캘리포니아대학의 F.S. Rowland와 M.J. Molina가 제기한 이래 현재 오존층 파괴물질인 CFC, Halon, 함염화수소 화합물의 생산을 통제하고자 세계적인 노력을 하고 있다.

CFC가 성층권으로 올라가 고에너지인 자외선을 받으면 C－Cl 결합의 분해가 일어나 자유라디칼을 형성함으로써 연쇄반응이 진행된다. 생성된 염소 라디칼은 연쇄반응에 의하여 수천 개의 오존분자를 파괴하고 성층권에서 확산되어 없어지거나 다른 물질과 반응하여 사라지게 된다.

$$CFC \xrightarrow{hv} Cl\cdot + \dot{C}F \quad (\text{예, } CF_2Cl_2 \xrightarrow{hv} Cl\cdot + \dot{C}F_2Cl)$$

$$Cl\cdot + O_3 \rightarrow ClO\cdot + O_2$$

$$ClO\cdot + O \rightarrow Cl\cdot + O_2$$

Halon 가스에 의한 오존층 파괴도 염소와 비슷한 수준으로 알려져 있다.

CHAPTER 04

석유화학

4.1 석유화학 서론

석유화학(石油化學)이란 천연가스 및 나프타(naphtha), 경유 등의 석유계 탄화수소를 분해시켜 기초유분(에틸렌, 프로필렌 등), 화학공업용 중간제품(아세트 알데하이드, 산화에틸렌, 벤젠, 각종 중합용 단량체 등), 그리고 일상생활에 필요한 최종제품(폴리에틸렌, 폴리스타이렌, 폴리염화바이닐 등)을 제조하는 부문이다. 이들 기초원료, 중간제품 및 최종제품을 석유화학제품(페트로케미칼, petrochemicals)이라 한다. 기초원료 중 에틸렌과 프로필렌은 가장 기초가 되는 석유화학제품이다. 표 4-1에 석유화학 주요제품과 그 주된 용도를 나타내었다.

표 4-1 석유화학 주요제품과 그 용도

원료탄화수소	주요 석유화학제품	주 용 도
에틸렌 (ethylene)	저밀도폴리에틸렌(LDPE) 고밀도폴리에틸렌(HDPE) 염화바이닐(VCM) 산화에틸렌 아세트알데하이드	필름, 라미네이트, 전선피복, 중공품 성형품, 필름, 파이프, 자동차부품 폴리염화바이닐(PVC), 건축자재, 자동차제조 폴리에스터 섬유, 계면활성제, 부동액 아세트산, 아세트산에스터, 가소제
프로필렌 (propylene)	폴리프로필렌(PP) 아크릴로나이트릴 프로필렌옥사이드 아크릴산, 아세톤 글리세롤 뷰탄올, 옥탄올	대형성형품, 필름, 공업용부품, 합성섬유 아크릴섬유, ABS/AS수지, 합성고무 폴리우레탄, 폴리에스터 수지, 세제, 부동액 아크릴수지, 용제 화장품, 알키드 수지 가소제, 도료용제
C_4 유분	뷰타다이엔 메틸제3뷰틸에터(MTBE)	합성고무, 나일론 가솔린첨가제
방향족화합물	벤젠 톨루엔 자일렌 스타이렌(SM) 페놀	나일론, 합성세제, 염료 용제, 폴리우레탄 폴리에스터섬유, 용제 폴리스타이렌, 합성고무 페놀수지

(1) 석유화학의 원료

현재 유기화학제품의 약 90% 정도가 석유와 천연가스를 원료로 사용하고 있고 석유화학제품은 거의 전적으로 석유와 천연가스에 의존하고 있다. 석유화학의 공급원은 다음과 같으며 이들로부터 얻어진 직접적인 원료는 저급올레핀과 방향족탄화수소이다.

① **나프타** (naphtha)	나프타는 원유를 증류하여 생성되는 경질나프타(C_5~C_9)로서 석유화학 원료로 주로 사용되며 이를 수증기열분해하면 올레핀과 방향족화합물이 얻어진다.
② **천연가스** (natural gas)	이것은 천연에서 산출되는 메탄을 주성분으로 하는 가스이다.
③ **정유소 가스**	석유정제공업에서 부생되는 가스로 원유를 상압증류할 때 부생되는 상압증류가스, 촉매를 사용하여 등유, 경유 등을 분해하여 분해가솔린을 제조할 때 부생되는 접촉분해가스, 개질가솔린을 제조할 때 부생되는 접촉개질가스 등이 있다. 상압증류가스는 대부분이 파라핀계 탄화수소이다. 접촉분해가스에는 올레핀계 탄화수소를 많이 포함하고 있어 이들은 석유화학 원료로 중요하다. 또 접촉개질가스는 파라핀계 탄화수소가 주성분이며 수소도 많이 포함되어 있다.

석유화학공업에서 사용되는 원료는 각 나라의 특성에 따라 다르다. 천연가스가 풍부한 미국 등지에서는 이것을 최대의 석유화학원료로 사용하고 또한 석유의 열분해나 접촉분해에 의한 부생가스에서 얻기도 하며, 석유자원이 없거나 적은 우리나라, 일본, 유럽 등은 나프타를 열분해하여 석유화학제품의 기초원료인 올레핀류를 주로 얻고 있으며 경유 등도 원료로 사용된다.

(2) 석유화학공업의 특징

석유화학공업은 화학공업의 일부이며 전형적인 장치산업으로 생산설비와 제품의 종류가 다양하다. 많은 석유화학제품 회사들은 원유정제를 하지 않으며 주요 사업은 석유화학제품의 생산이다. 그러나 석유정제공업과 나프타 분해를 하는 기업을

중심으로 여러 회사들이 모여 파이프라인(pipeline)으로 연결된 기업집단의 생산형식인 콤비나트(Kombinat)를 형성하고 있다. 즉, 석유정제 기업, 나프타 분해를 하는 기업을 중심으로 하여 암모니아 공업, 올레핀 유도체, 방향족(芳香族)유도체 등의 제조공업이 파이프라인으로 연결된 기업집단 형식을 취한다. 그림 4-1에 콤비나트의 생산 일례를 나타내었다. 콤비나트화의 목적은 원료의 확보, 생산의 집중화, 유통과정의 합리화 등으로 원가를 절감할 수 있다.

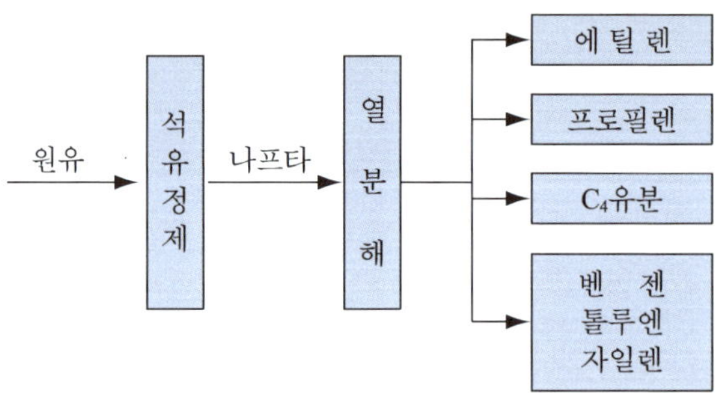

그림 4-1 석유화학 콤비나트의 흐름

(3) 우리나라의 석유화학공업

우리나라의 석유화학산업은 1960년대 경제개발 5개년 계획 아래 중화학공업 발전계획이 수립되어 비료, 시멘트, 정유공장 등이 건설됨으로써 화학장치산업으로 기반이 구축되었으나 그 당시 석유화학제품 수요는 여전히 10만 톤에도 못 미치는 낙후된 산업이었다. 1960년 폴리염화바이닐(poly vinyl chloride, PVC) 공장 건설(대한플라스틱공업사)을 계기로 근대적인 설비를 갖춘 열가소성 수지의 생산이 시작되었으며, 나일론(nylon) 생산은1963년 한국 나일론회사에서 하루 2.5톤 가량을 생산하였고 1966년에는 애경유지, 락희화학에서 합성세제 생산을 시작하게 되었다.

1970년에 이르러서는 석유화학 공업육성법이 제정되었고 나프타 분해설비와 주요 계열공장이 착공되었고 석유화학공업이 본격적으로 발전하기 시작한 것은 1972년 10월에 울산석유화학단지가 건설되면서부터이다. 이때 연 15만톤의 에틸렌 생산능력을 갖는 나프타분해공장(유공)이 건설되고 이를 출발점으로 석유화학공업에서 비중이 큰 PVC, 폴리에틸렌(한양화학), 폴리프로필렌(대한유화), 아크릴로나이트릴(동서화학), SBR(한국합성고무), 카프로락탐(한국카프로락탐), 알킬벤젠(이수화학), 메탄올(대성목재), 무수프탈산(삼경화학), 에탄올, 아세트알데하이드(한국에탄올) 공장을 건설하여 석유화학공업이 크게 발전하여 우리나라 공업의 주류를 이루게 되었다. 이후 1979년 10월에 제2석유화학 콤비나트인 여수석유화학단지의 건설로 35만톤의 에틸렌 생산능력을 갖추게 되었고 따라서 70년대 말까지는 지속적인 발전이 이루어졌다.

그러나 1979년 10월 2차 석유파동으로 인한 원유, 나프타 가격 급등과 산업 전반에 걸친 경기후퇴에 의해 석유화학공업은 조정기를 거쳐, 1980년대 초 석유화학업체와 섬유업체에서 금속을 대체할 수 있는 엔지니어링 플라스틱(engineering plastics)을 개발하기 시작하여 선진외국자본 및 기술의 유도를 하게 되었다.

그 후 1998년 대산석유화학단지가 건설되면서 우리나라는 현재 주요 석유화학제품은 대부분 자급자족할 수 있는 생산체제를 갖추고 있으며 석유화학공업은 석유정제공업과 함께 급성장을 이루었다. 2016년 현재 에틸렌 연간생산능력 904만톤으로 세계 5위의 생산능력을 가지고 있다. 표 4-2에 우리나라 에틸렌 생산현황을 나타내었고 그림 4-2는 주요 석유화학제품의 생산량을 보여주고 있다.

표 4-2 에틸렌 생산능력

석유화학단지명	회사명	에틸렌 생산능력(만톤)
울산석유화학단지	SK종합화학	86
	대한유화	80
	소 계	166
여수석유화학단지	여천 NCC	195
	LG화학	116
	롯데케미칼	103
	소 계	414
대산석유화학단지	한화토탈	109
	LG화화	104
	롯데케미칼	111
	소 계	324
합 계		904

(출처: 한국석유화학협회, 2016년 기준)

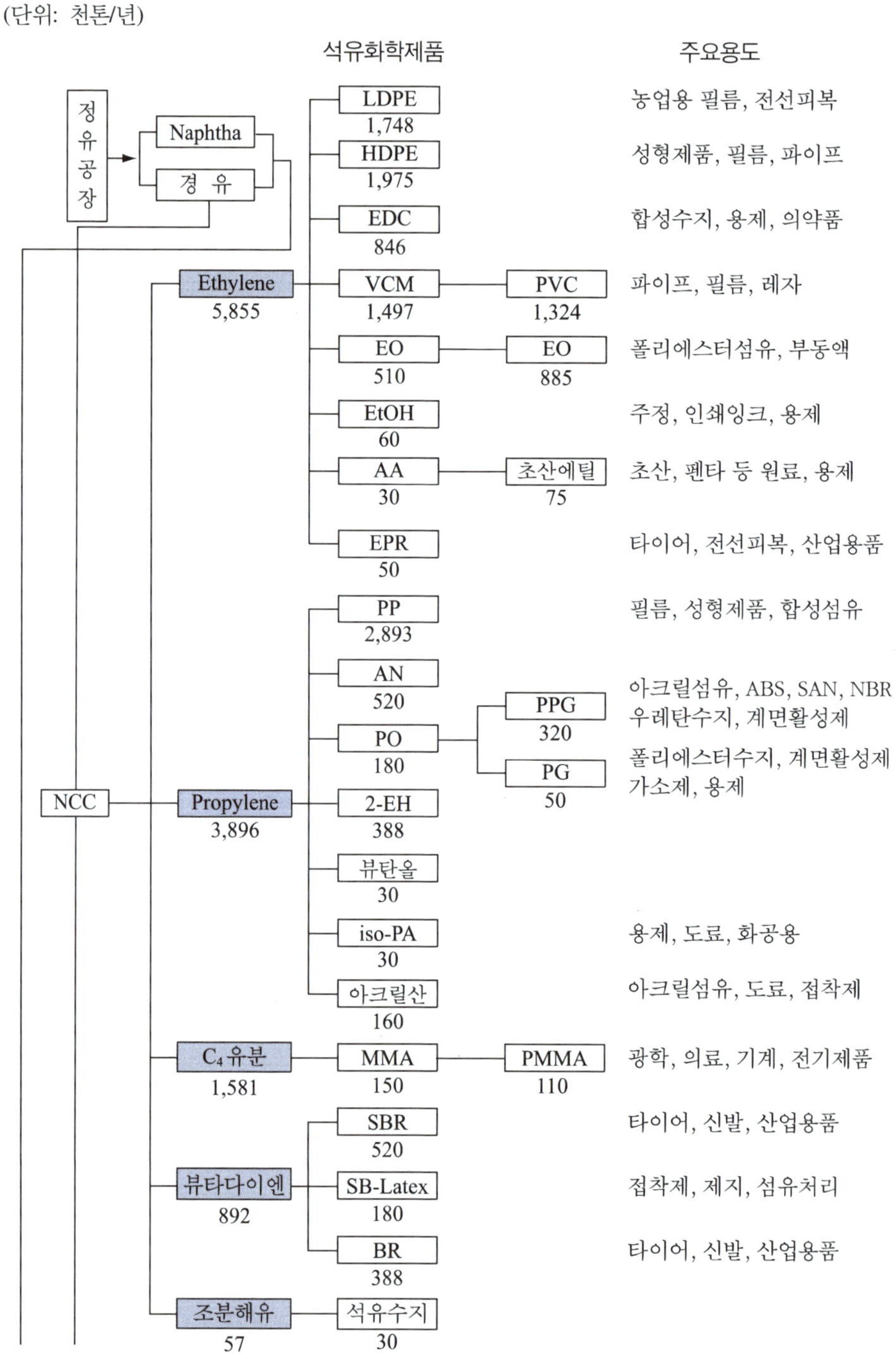

(단위: 천톤/년)

정유공장 → Naphtha, 경 유 → NCC

기초유분	석유화학제품		주요용도
	LDPE 1,748		농업용 필름, 전선피복
	HDPE 1,975		성형제품, 필름, 파이프
	EDC 846		합성수지, 용제, 의약품
Ethylene 5,855	VCM 1,497	PVC 1,324	파이프, 필름, 레자
	EO 510	EO 885	폴리에스터섬유, 부동액
	EtOH 60		주정, 인쇄잉크, 용제
	AA 30	초산에틸 75	초산, 펜타 등 원료, 용제
	EPR 50		타이어, 전선피복, 산업용품
	PP 2,893		필름, 성형제품, 합성섬유
	AN 520		아크릴섬유, ABS, SAN, NBR
	PO 180	PPG 320	우레탄수지, 계면활성제
		PG 50	폴리에스터수지, 계면활성제 가소제, 용제
Propylene 3,896	2-EH 388		
	뷰탄올 30		
	iso-PA 30		용제, 도료, 화공용
	아크릴산 160		아크릴섬유, 도료, 접착제
C_4유분 1,581	MMA 150	PMMA 110	광학, 의료, 기계, 전기제품
	SBR 520		타이어, 신발, 산업용품
뷰타다이엔 892	SB-Latex 180		접착제, 제지, 섬유처리
	BR 388		타이어, 신발, 산업용품
조분해유 57	석유수지 30		

그림 4-2 우리나라 석유화학제품 계열도 (계속)

(2007년 기준, 출처: 한국석유화학공업협회)

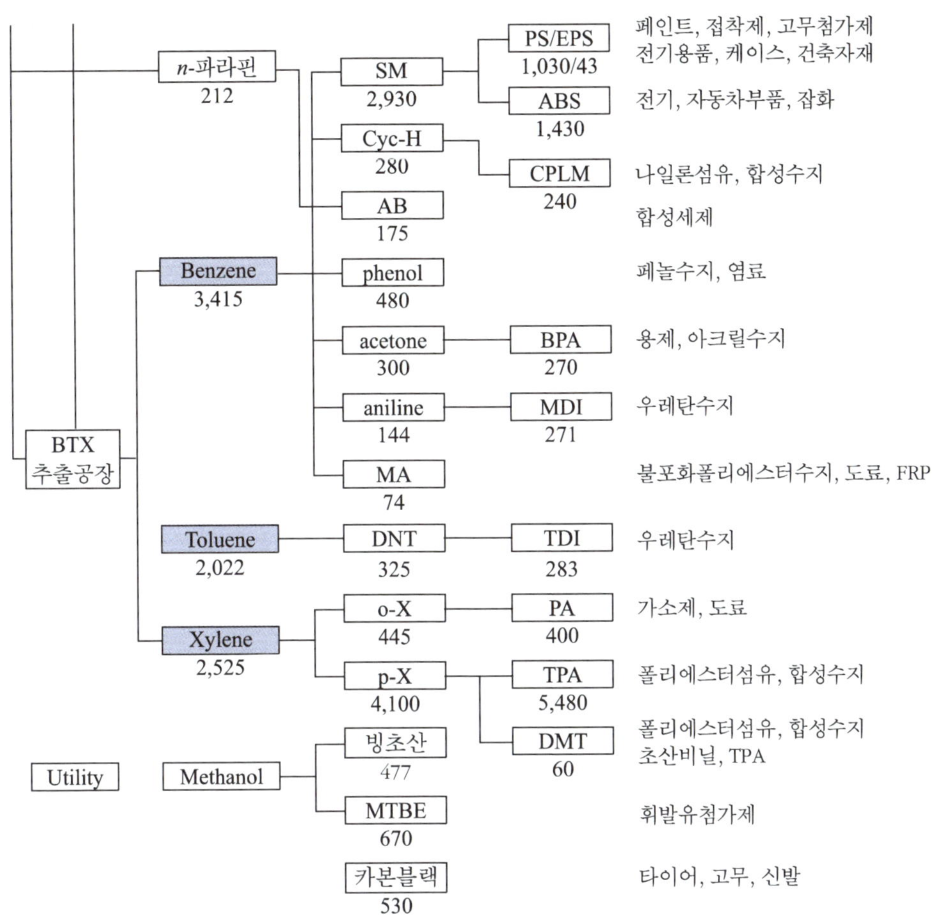

그림 4-2 우리나라 석유화학제품 계열도

ABS	: acrylonitrile-butadiene-styrene	AN	: acrylonitrile
BPA	: bisphenol A	CPLM	: caprolactam
DMT	: dimethylterephthalate	DNT	: dinitrotoluene
EDC	: ethylene dichloride	EO	: ethylene oxide
EPR	: ethylene propylene rubber	EPS	: expanded polystyrene
HDPE	: high density polyethylene	iso-PA	: isopropyl alcohol
LDPE	: low density polyethylene	MA	: maleic acid
MDI	: methylene diphenyl diisocyanate	MMA	: methylmethacrylic acid
MTBE	: methyl *t*-butyl ether	PA	: phthalic acid
PMMA	: polymethylmethacrylate	PO	: propylene oxide
SBR	: styrene-butadiene rubber	SM	: styrene monomer
TDI	: toluene diisocyanate	TPA	: terephthalic acid
VCM	: vinyl chloride monomer	2-EH	: 2-ethylhexanol

4.2 나프타의 열분해 및 석유화학 기초유분 제조

(1) 탄화수소의 수증기열분해

에틸렌, 프로필렌과 같은 경질올레핀의 제조는 탄화수소의 수증기열분해(steam cracking)가 주로 사용된다. 수증기분해의 원료 공급물은 경질파라핀계 탄화수소 가스로부터 중질유까지 다양하다. 탄화수소의 수증기열분해는 2.9절에서 이미 다루었다.

포화탄화수소를 갖는 파라핀보다 불포화 탄화수소의 이중결합 구조를 가진 올레핀(olefin)은 반응성이 좋아 중합반응(polymerization), 산화반응(oxidation), 알킬화반응(alkylation) 등에 의하여 화학제품의 원료가 된다. 이러한 올레핀 중에서 에틸렌(ethylene), 프로필렌(propylene) 및 C_4 불포화 탄화수소(C_4 unsaturated hydrocarbons)가 공업적으로 널리 쓰인다.

올레핀의 공업적인 제조방법은 미국과 같은 산유국은 천연가스 및 정유소가스가 주로 원료로 사용되고 있다. 이것은 미국의 풍부한 천연가스 자원과 자동차 가솔린의 수요가 많아 정유소가스 생산량이 상대적으로 많은 것에 기인한다. 그러나 미국에서도 나프타(naphtha)의 사용이 증가하고 있는 추세이다. 천연가스나 원유생산이 거의 없는 유럽, 일본, 우리나라는 주로 나프타를 원료로 하여 올레핀을 얻고 있다. 수증기분해에서 가스상 원료보다 나프타와 같은 액체 원료를 사용하면 올레핀 외에 BTX (Benzene, Toluene, Xylene)와 같은 다양한 부산물이 생성된다.

경유의 수증기분해에 의한 올레핀 제조는 1930년경부터 사용되었으나 나프타와 같은 열분해 공급물의 용이성 때문에 경유의 사용이 감소되었다. 일반적으로 경유는 높은 황과 방향족 함유량이 상대적으로 높기 때문에 올레핀 제조에서 나프타보다 좋은 원료는 아니다. 보통 경유는 에틸렌의 생산이 적으며 중질연료유가 많이 생성된다. 경유는 올레핀 공급의 중요한 잠재적인 원천으로 분해공정은 나프타와 비슷하다.

원료와 반응조건에 따라 열분해되어 얻어지는 올레핀의 조성은 다소 다르다. 원료사정에 따라 나프타 이외의 탄화수소를 사용할 수도 있으나 중질유를 사용할 경우 장치의 건설비가 높아지며 중질성분의 부생물이 많아진다. 표 4-3은 여러 가지

원료로부터 얻어지는 전형적인 올레핀의 수득률을 나타낸다. 천연가스로부터 에탄을 원료로 사용하는 경우 에틸렌 수율이 가장 높고, 장치의 건설비는 나프타 열분해의 약 60%로 알려져 있다. 나프타나 경유의 열분해에서는 상당량의 열분해 가솔린과 연료유가 생성된다.

표 4-3 열분해 원료에 따른 전형적인 올레핀의 수득률 (wt%)

생성물 \ 원료	에탄	프로판	부탄	나프타	경유
H_2 + CH_4	13	28	24	26	18
ethylene	80	45	37	30	25
propylene	2.4	15	18	13	14
butadiene	1.4	2	2	4.5	5
mixed butenes	1.6	1	6.4	8	6
C_5^+ 이상	1.6	9	12.6	18.5	32

(soruce : "Oil and Gas Journal", Sept. 10, pp.60-64 (1990))

(2) 나프타의 수증기열분해

나프타는 C_4~C_9의 파라핀 및 사이클로파라핀을 주성분으로 한 액체 탄화수소로 수증기와 함께 고온으로 가열하여 기체상태로 한 후 분해로(furnace)에서 열분해를 시키면 라디칼 분해반응에 의하여 주생성물인 에틸렌 및 프로필렌 등의 올레핀을 생성하며 부산물로 C_4의 다이엔(diene)류와 C_6 방향족 화합물을 얻게 된다.

나프타의 열분해에서 현재 가장 널리 사용되고 있는 공업적인 분해방식이 관상로(管狀爐) 방법이다. 그림 4-3은 관상로 방식이다.

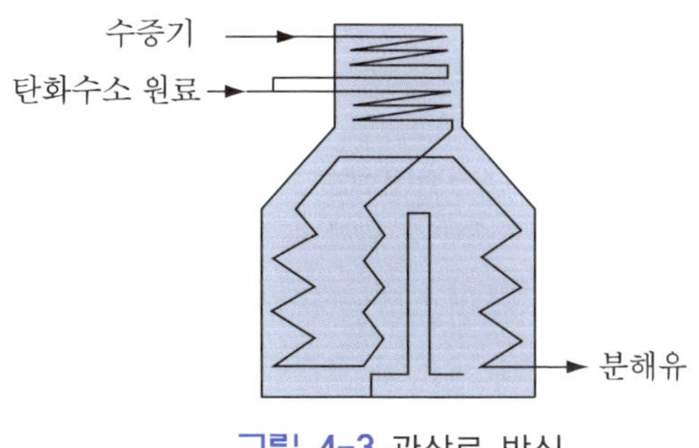

그림 4-3 관상로 방식

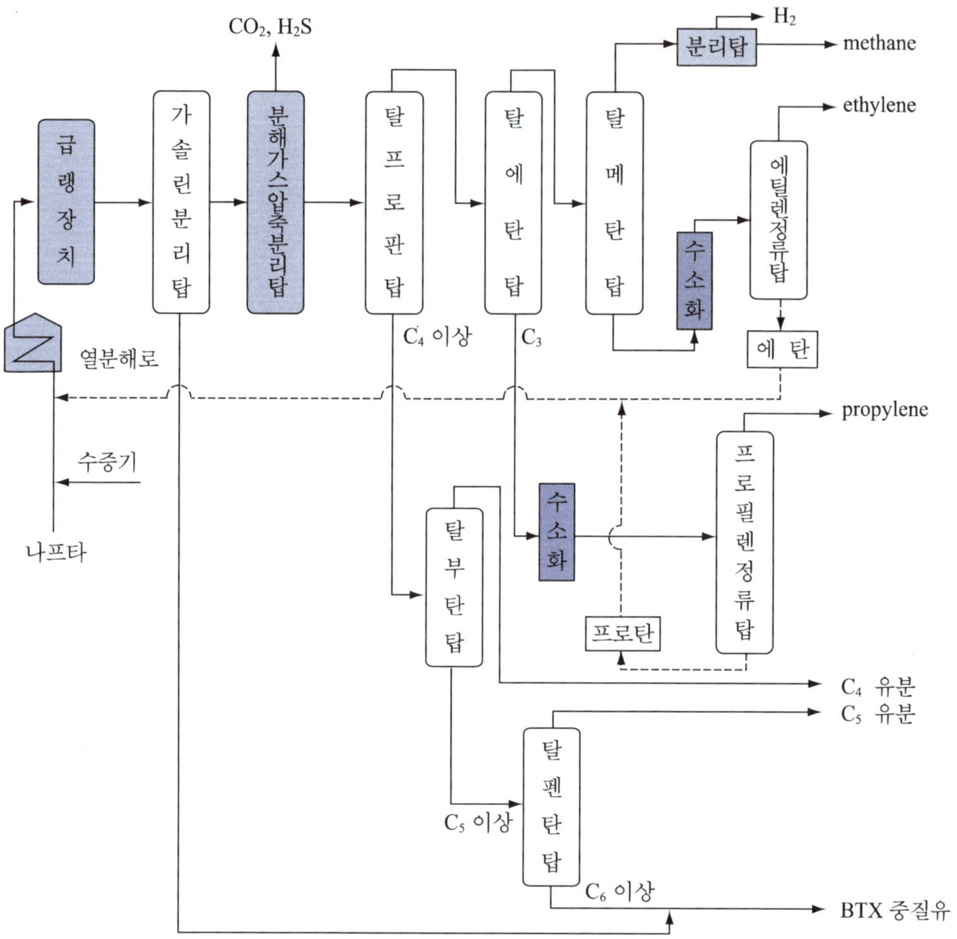

그림 4-4 나프타 열분해 공정도

그림 4-4는 관상로 방식을 이용하는 전형적인 나프타 열분해공정 흐름도를 나타내고 있다.

[나프타 열분해공정개요]

① 원료 나프타가 수증기(원료에 대해 0.6~0.8의 비율)와 함께 분해로(furnace) 내의 다수 관내를 800~850℃로 통과한다. 반응관은 pipe steel로 촉매는 사용하지 않는다. 이 고온 관내를 통과하는 수 밀리초(millisecond) 안에 분해반응이 일어난다. 분해반응은 *n*-파라핀의 열분해로 생성되는 탄소 자유라디칼의 β-절단이 일어나 에틸렌의 생성이 많아지게 된다(제2장 참조).

$$R-CH_2-CH_2-CH_2 \wr -CH_2-\dot{C}H_2 \xrightarrow{\beta-\text{fission?}} R-CH_2-CH_2-\dot{C}H_2 + CH_2{=}CH_2$$

$$R-CH_2 \wr -CH_2-\dot{C}H_2 \xrightarrow{\beta-\text{fission?}} R-\dot{C}H_2 + CH_2{=}CH_2$$

② 분해로를 나온 가스는 곧바로 400~600℃로 급랭(quenching)되어 그 이상의 분해를 막는다.

③ 냉각된 분해가스는 가솔린 분리탑에서 가솔린 등의 액상 연료유와 가스유분을 분리한다. 산성가스 H_2S, CO_2를 알칼리 세정으로 제거한다.

④ 탈프로판탑에서 가스분을 압축하여 탄소수 C_4 이상의 유분을 액화시키고, C_3 이하의 가스는 다시 탈에탄탑으로 보내져 C_3 이상의 유분은 액화시키고 C_2 이하 유분은 탈메탄탑으로 보내진다.

⑤ 탈메탄탑에서 C_2 이하의 가스를 냉각하여 CH_4, H_2 가스를 분리한다. 수소는 심랭분리기(−160℃, 37 atm)에서 분리된다. 탈메탄탑에서 나온 C_2 유분 중 아세틸렌(C_2H_2)을 Cu-Cr 촉매로 선택 수소화시켜 에틸렌으로 변환시키고 이어서 정류탑에서 저온분류에 의해 에탄과 에틸렌을 분별하고 에탄은 분해로로 순환시킨다.

⑥ 탈에탄탑에서 분리된 C_3 유분 중의 메틸 아세틸렌, 아렌을 수소화한 다음 프로필렌 정류탑에서 프로필렌과 프로판을 분리한다. 프로판은 분해로로 순환된다.

⑦ 탈프로판탑에서 나온 C_4 이상의 화합물은 탈부탄탑에 보내 C_4 유분을 분리하고, C_5 유분을 탈펜탄탑에 보내 C_6 유분과 분리한다. C_6 이상은 연료유 또는 방향족 화합물 제조용 원료로 사용된다.

관상로 분해법은 외부에서 가열한 반응관 중에 수증기로 희석한 원료를 공급하여 열분해하는 방법으로 분해온도가 높고, 반대로 반응시간(체류시간)이 짧은 경향이 있어 에틸렌의 수율을 향상시킨다. 나프타의 열분해온도는 750~900℃의 고온이다. 전형적인 나프타의 분해조건은 온도 800℃, 대기압, 수증기/나프타 비율(kg/kg)은 0.6~0.8 범위이며 분해로 체류시간은 0.35초이다.

보통 올레핀 중에서 에틸렌이 가장 높은 부가가치를 주기 때문에 그 수율이 최대가 되도록 분해장치가 설계되어 운전조업 된다. 나프타 열분해장치를 에틸렌 플랜트(ethylene plant)라고 부르며, 그 생산능력은 각국의 석유화학 규모의 척도로서 사용된다. 일반적으로 나프타 공급량의 약 30%가 에틸렌으로 생산되고 있다.

(3) 에틸렌(Ethylene)

석유화학의 가장 기본적인 원료인 에틸렌은 현재 대부분 탄화수소를 촉매없이 고온에서 열분해(thermal cracking) 또는 수증기열분해(steam cracking)라고 하는 방법에 의해 제조한다. 원료는 주로 메탄이 주성분인 천연가스, 나프타 및 석유정제 공정에서 부생되는 석유가스가 사용된다.

• **특 성**

- 구조 : $CH_2=CH_2$
- 상온, 상압에서 무색 가연성 가스이며, 탄화수소 특유의 냄새를 가지고 있는 가장 기초적인 유기화합물이다.
- 에틸렌은 이중결합(double bond)을 가지고 있어서 반응성이 높다. 공업적으로 중요한 반응은 중합, 벤젠과의 알킬화 및 산소, 물, 할로겐 등의 부가반응이다.
- 저장시에는 저온, 고압이 필요하다.

• **용 도**

- 에틸렌은 석유화학제품의 가장 기초적인 원료이다.
- 농업용 필름, 파이프, 폴리에스터(polyester) 섬유, 부동액(ethylene glycol), 성형제품 등의 원료에 사용
- 전기용품, 전선피복, 포장재, 건축자재, 인쇄잉크 등에 사용
- 우리나라의 경우 에틸렌 생산량의 약 65%가 중합체(polymer) 즉 저밀도 폴리에틸렌(low density polyethylene, LDPE)과 고밀도 폴리에틸렌(high density polyethylene, HDPE) 제조에 사용
- EPR(ethylene-propylene rubber)과 같은 공중합체(copolymer)의 단량체(monomer) 제조에 사용
- 산화에틸렌(EO), 염화바이닐(VCM), 스타이렌(SM), 아세트산 등의 에틸렌 유도체 제조에 이용.

(4) 프로필렌(Propylene)

프로필렌의 제조법은 다음과 같다.

- 나프타의 열분해시 생성되는 유분으로부터 분리(회수율 : 약 90%)
- 열분해나 접촉분해의 제유소 부생가스(함유량 약 35~60%)로부터의 회수

• **특 성**

- 구조 : $CH_2=CH-CH_3$
- 무색 가연성 가스이며, 탄화수소 특유의 냄새를 가지고 있다.

• **용 도**

- 필름, 성형제품, 폴리프로필렌(PP) 수지, 우레탄 수지, 합성섬유, 계면활성제, 에폭시 수지, 알릴알코올, 글리세린, 농약, 산화방지제, 가소제, 아세톤, 용제, 도료 등의 제조 원료로 사용
- 우리나라는 프로필렌 생산량의 약 70%는 폴리프로필렌(PP) 중합체 제조에 사용
- 정유공정에서 휘발유에 첨가하기 위해서 알킬화와 가지 달린 올리고머(oligomer)[8], 즉 이량체·삼량체·사량체(C_6H_{12}, C_9H_{18}, $C_{12}H_{24}$)로의 중합에 사용
- 프로필렌 유도체로서 아크릴로나이트릴, 아크릴산, 산화프로필렌, 아이소프로필알코올 등의 제조에 이용

---

[8] 올리고머(oligomer) : 이량체, 삼량체… 등의 주분자량의 중합생성물로 주로 고분자의 중간체, 접착제 및 이형제 등으로 이용되는 고분자.

(5) C_4 유분(C_4 raffinates)

석유정제과정이나 부탄, 나프타, 경유의 열분해 과정에서 부산물로 탄소수 4개인 1-뷰텐(1-butene), 시스- 및 트랜스-2-뷰텐(*cis*-, *trans*-2-butene), 아이소뷰텐(isobutene) 및 1,3-뷰타다이엔(1,3-butadiene), *n*-부탄, 아이소부탄이 생성된다. 이들을 B-B유분 혹은 C_4 유분(C_4 raffinates)이라 부른다. C_4 유분 중에서 공업적으로 중요한 유분은 1,3-butadiene과 butylene이다.

• **제 법**

- 천연가스나 석유정제공업에서 부생되는 C_4 탄화수소로부터 제조 : 석유자원이 풍부한 미국과 같은 산유국에서 주로 이용
- 나프타의 열분해로부터 생성되는 혼합 C_4 유분으로부터 분리제조 : 한국, 일본, 유럽같이 나프타분해 공업이 석유화학의 근간을 이루는 나라에서 주로 이용

Tip

C_4 유분의 분리

나프타의 열분해 가스로부터 C_4 유분의 제조는 에틸렌, 프로필렌을 분리한 다음, 나머지로부터 회수한다. C_4 유분의 분포는 분해 원료와 공정에 따라 다르다. 나프타의 고온열분해로는 1,3-butadiene(30~40%) 및 isobutene(약 30%)이 많고, 1-butene, 2-butene이 그 다음이며 *n*-butane, isobutane 등의 포화탄화수소는 적다.

이들 C_4 유분들은 비점 범위가 상당히 좁기 때문에 단순증류만으로 각각의 성분을 분리할 수 없다. 따라서 증류에 의해 2종류 유분으로 대별하고, 비점이 가까운 유분은 황산 등과 같은 용매와 화학적 친화성의 차를 이용한 분리기술(추출 또는 추출증류)로 분리한다.

증류에 의해 분리된 탑정유분 중의 뷰타다이엔은 추출용제 *n*-메틸 피롤리돈(NMP법, BASF사)[9], 다이메틸 폼아마이드(GPB법, 일본 제온사)[10]가 사용된다. 65% 황산용액은 아이소뷰텐을 추출증류하는데 사용되고, 1-뷰텐과 아이소부탄은 퍼퓨랄(furfural)[11] 용제로 추출증류하여 정밀하게 분리할 수 있다. 최근 아이소뷰텐의 황산추출법은 50~55% 황산을 사용하는 개량된 프로세스(CFR법)가 개발되어 종래방법에 비해 추출액의 희석이나 농축재생의 공정이 불필요하고 황산소비량이 적으며

---

9) *n*-methylpyrrolidone(NMP) [구조식: N-CH_3]

10) dimethyl formamide [구조식: H–C(=O)–N(CH_3)$_2$]

11) furfural [구조식: 퓨란 고리–C(=O)–H]

아이소뷰텐의 순도(99.4%)도 높다. 증류탑저유분은 퍼퓨랄에 의한 추출증류에 의해 부탄과 2-뷰텐으로 분리한다. 그림 4-5에 C_4 유분 혼합물을 각 성분으로 분리하는 개략적인 공정도를 보여주고 있다.

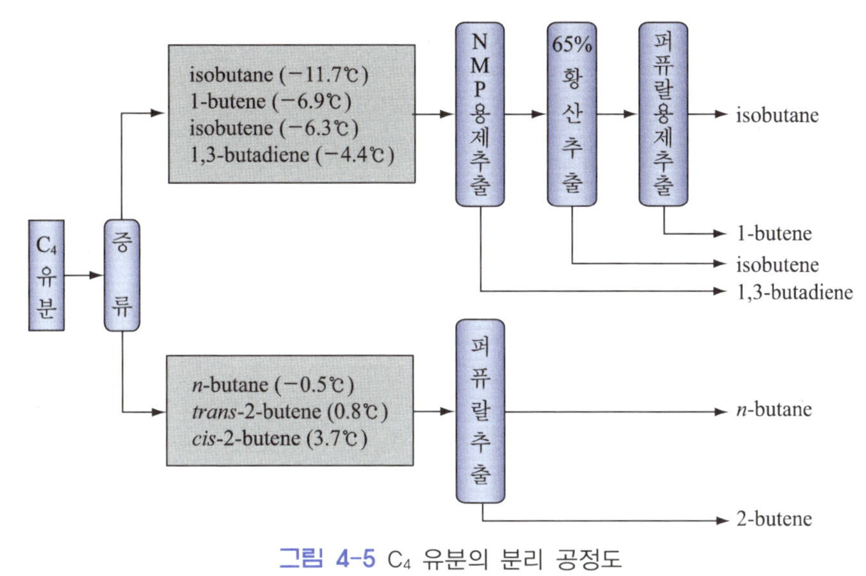

그림 4-5 C_4 유분의 분리 공정도

① 뷰타다이엔(1,3-Butadiene)

뷰타다이엔의 제조는 C_4 탄화수소의 탈수소화법, 나프타분해의 C_4 유분으로부터 분리하는 방법의 2가지로 대별된다. 미국과 같이 천연가스가 풍부한 나라는 전자의 방법을 사용하고, 한국, 일본 및 유럽 등에서는 후자의 방법을 주로 사용한다.

i) 나프타 분해물 중의 C_4 유분으로부터의 분리

- Exxon CAA[cuprous ammonium acetate, 아세트산 암모늄구리(I)] 액-액 추출법
  : 오래된 화학적 분리방법
- 추출증류법 : NMP(*n*-methylpyrrolidone) 추출용제로 1,3-butadiene 추출
  : 현재 대부분 이 방법을 이용

ii) *n*-부탄 또는 뷰텐의 접촉탈수소화

탈수소반응은 흡열반응으로 비교적 고온 600~680℃의 반응온도가 필요하다. 촉

매는 n-부탄의 탈수소화에는 Al_2O_3-Cr_2O_3가 사용되고, 1-뷰텐(1-butene), 2-뷰텐(2-buene)에서는 Fe_2O_3, Cr_2O_3, CuO, MgO, K_2O 등을 사용한다.

$$CH_3CH_2CH_2CH_3 \xrightarrow[Al_2O_3\text{-}Cr_2O_3]{650℃} CH_2=CH\text{-}CH=CH_2 + 2H_2$$

$$\begin{matrix} CH_2=CHCH_2CH_3 \\ CH_3CH=CHCH_3 \end{matrix} \xrightarrow[Fe_2O_3\text{-}Cr_2O_3\text{-}K_2O]{650℃} CH_2=CH\text{-}CH=CH_2 + H_2$$

• **특 성**

- 1,3-뷰타다이엔('뷰타다이엔'이라고도 부름)의 구조: $CH_2=CH-CH=CH_2$
- 지방족 불포화 탄화수소로써 상온에서 독특한 냄새가 나며 비점 −3℃인 가연성 기체이며, 20℃ 부근에서는 2~3기압에서 쉽게 기화된다.

• **용 도**

- 뷰타다이엔의 최대의 용도는 합성고무 원료로서 탄성체, 플라스틱, 라텍스(latex) 등 고무제조의 단량체(monomer)나 공중합체(copolymer)로서 중요한 원료이다.
- 중합체 중 가장 중요한 것은 SBR(styrene-butadiene rubber)과 BR(butadiene rubber, 4-*cis*-polybudadiene), SB-Latex(styrene-butadiene latex)이며 이들은 탄성을 가지고 있어 합성고무 원료로 사용
- 천연고무에 blend, 충격보강재, 타이어, 신발, 발포고무(foam rubber), 종이 코팅, 전자제품 케이스, 자동차 내장재 등에 사용
- 삼원공중합체인 아크릴로나이트릴 - 뷰타다이엔 - 스타이렌(ABS)은 열가소성 플라스틱(thermoplastics) 제조에 사용되며, 저온에서도 높은 충격강도를 가진다.
- 내약품성 고무인 네오프렌(neoprene)의 단량체인 클로로프렌(chloroprene) 제조에 사용된다.
- 나일론 제조의 원료인 헥사 메틸렌다이아민(hexamethylenediamine)의 중간체인 아디포나이트릴(adiponitrile), 폴리에스터인 PBT(poly(butylene terephthalate))의 단량체인 1,4-뷰탄다이올(1,4-butanediol)의 합성에 이용.

② 뷰틸렌(Butylene)

• 종류 및 구조

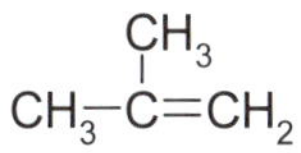

$CH_3-C(CH_3)=CH_2$	$CH_2=CH-CH_2-CH_3$	$CH_3-CH=CH-CH_3$
isobutylene (isobutene)	1-butylene (1-butene)	2-butylene (2-butene)

i) 아이소뷰텐(isobutene)

아이소뷰텐의 제조는 C_4 유분 중에서 황산용액으로 추출하여 얻는다.

• 용도

- 산촉매로 이량화시켜 다이아이소뷰텐(diisobutene)이 되고, 수소화시켜 아이소옥탄(isooctane), 즉 옥탄가가 높은 가솔린 제조에 이용(제 2.9절 알킬화 참조)
- 아이소뷰텐과 메탄올을 반응시켜서 옥탄가 증진제인 MTBE(methyl *t*-butyl ether) 제조, 혹은 ETBE(ethyl *t*-butyl ether) 제조

$$CH_3-C(CH_3)=CH_2 + CH_3OH \xrightarrow[50°C]{\text{solid acid cat}} CH_3-O-C(CH_3)_2-CH_3$$

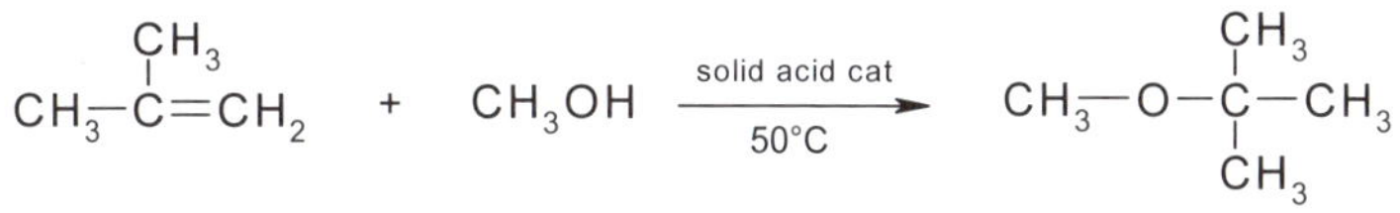

- 아이소프렌(isoprene)과 공중합시킨 뷰틸고무(polyisobutene-isoprene rubber)는 중하중용 타이어 및 튜브용으로 사용
- 합성고무 원료인 아이소프렌 제조에 이용.

ii) 1-뷰텐, 2-뷰텐

뷰틸렌(butylenes)은 C_4 유분 중에서 퍼퓨랄(furfural) 용매로 추출증류하여 1-뷰텐과 2-뷰텐을 분리하여 얻는다.

• 용도

- 알킬화하여 가솔린 제조
- 공장연료 및 LPG 제조
- 탈수소하여 뷰타다이엔 제조

- 폴리뷰틸렌의 단량체로 사용된다. 1-butene는 LLDPE(선형저밀도폴리에틸렌), HDPE(고밀도폴리에틸렌)의 공단량체로도 사용된다.

(6) 아이소프렌(Isoprene)

- 제 법

- 나프타의 열분해공정의 탈펜탄탑에서 얻어지는 C_5 유분 중에서 NMP와 같은 추출증류에 의해 분리하여 얻는다.
- C_5 유분 중의 아이소펜탄, 아이소펜텐류를 600℃ 이상의 고온에서 감압 또는 수증기 첨가하에서 산화철(Fe_2O_3, Shell법) 또는 Al_2O_3-Cr_2O_3(Houdry법) 촉매하에서 탈수소화시킨다.

$$CH_3-\overset{\displaystyle CH_3}{\overset{|}{C}}H-CH_2CH_3 \xrightarrow[Fe_2O_3]{600^\circ C} CH_2=\overset{\displaystyle CH_3}{\overset{|}{C}}-CH=CH_2 + 2H_2$$

$$iso\text{-}C_5H_{10} \xrightarrow[Fe_2O_3]{600^\circ C} CH_2=\overset{\displaystyle CH_3}{\overset{|}{C}}-CH=CH_2 + 2H_2$$

- 프로필렌을 Ziegler계 유기금속화합물 촉매하에서 반응시킨 후 생성된 2-메틸-1-펜텐을 산성촉매로 이성화하여 2-메틸-2-펜텐을 만들고 탈메탄 반응으로 제조한다.

$$2CH_3CH=CH_2 \xrightarrow{Al(C_3H_7)_3} CH_2=\overset{\displaystyle CH_3}{\overset{|}{C}}-CH_2CH_2CH_3$$

$$\xrightarrow[\text{산촉매}]{\text{이성화}} CH_3-\overset{\displaystyle CH_3}{\overset{|}{C}}=CH\,CH_2CH_3 \xrightarrow[650^\circ C]{\text{열분해}} CH_2=\overset{\displaystyle CH_3}{\overset{|}{C}}-CH=CH_2 + CH_4$$

- Prins반응에 의한 아이소뷰텐과 폼알데하이드를 산촉매하에서 반응시켜 4,4-다이메틸-1,3-다이옥산을 만들고 2단계로 고체산 촉매하에서 가열분해하여 제조한다.

$$CH_3\underset{\displaystyle CH_3}{\underset{|}{C}}=CH_2 + 2HCHO \xrightarrow{H_2SO_4} \text{(}H_3C)_2C\text{—O—}CH_2\text{—O—}CH_2\text{—}CH_2\text{ (ring)}$$

$$\xrightarrow[200\,^\circ C]{H_3PO_4\ cat} CH_2=\overset{\displaystyle CH_3}{\overset{|}{C}}-CH=CH_2 + HCHO + H_2O$$

• 용 도

- 대부부의 아이소프렌은 천연고무 대체용인 시스-1,4-폴리아이소프렌(*cis*-1,4-polyisoprene) 제조에 주로 사용된다. 이 합성고무는 래디얼타이어 트레드(radial tire tread) 부분에 사용된다.
- 뷰틸고무(butyl rubber) 제조에서 공중합체로 사용되기도 한다.

(7) 방향족화합물

벤젠(benzene), 톨루엔(toluene), 자일렌(xylene)(BTX라 총칭함)의 방향족탄화수소는 합성원료로서 수지, 염료, 의약, 화약 등의 제조용으로 중요하다. 이들은 원래 석탄화학에서 제조되었으나 대량생산 및 고순도의 제품생산이 어렵기 때문에 현재는 그 원료를 석유에서 얻고 있다.

석유계 방향족 탄화수소인 BTX는 나프타를 접촉개질하여 용제추출, 정류공정을 거쳐 제조되는 방법과(주로 미국), 나프타를 열분해하여 에틸렌을 제조할 때 부생되는 부생유로부터 수소화정제, 용제추출, 정류의 공정을 거쳐 제조되는(우리나라, 유럽, 일본) 2가지 생산방식이 있다. 석유정제의 플랫포밍법(platforming catalytic process)과 같은 접촉개질공정에서 생성되는 개질가솔린 중에는 방향족화합물이 50% 이상 들어 있다. 또한 나프타의 수증기열분해는 방향족 화합물의 함량이 높아 BTX 생산의 중요한 공정이다.

미국의 경우, 대부분의 벤젠은 가솔린의 접촉개질로부터 얻어지는데 접촉개질시에는 벤젠, 톨루엔, 자일렌의 혼합물이 얻어진다. 접촉개질에 의해 얻어지는 전형적인 BTX 혼합물은 벤젠 10~20%, 톨루엔 45~50%, 자일렌 35~45%를 포함하고 있다. 톨루엔과 자일렌은 낮은 독성으로 인하여 무연 가솔린 제조에서 옥탄가를 높이는 목적으로 선호되고 있다.

우리나라, 유럽 및 일본은 벤젠과 톨루엔을 주로 나프타의 수증기열분해로 얻는다. 물론 자일렌도 나프타 열분해로부터 얻을 수 있으나 자일렌과 비점이 비슷한 에틸벤젠이 많이 포함되어 있어 별도의 분리공정으로 이들을 분리해야 한다. 우리나라의 나프타 및 경유의 열분해에 의해서 생산되는 BTX의 대략적인 비율(wt%)은 벤젠이 43%, 톨루엔 25%, 자일렌 32%이다.

그림 4-6은 BTX의 생산공정을 보여주고 있다. 개질가솔린이나 나프타 분해유에는 BTX 외에 C_6 이상의 올레핀 또는 다이올레핀이 혼합되어 있고, 이들을 증류조작으로 분리하는 것은 어려워, 공비증류법, 흡착분리법, 추출증류법, 추출법 등이 개발되었다. 현재 액 - 액추출법(liquid-liquid extraction)이 가장 널리 사용되고 있다.

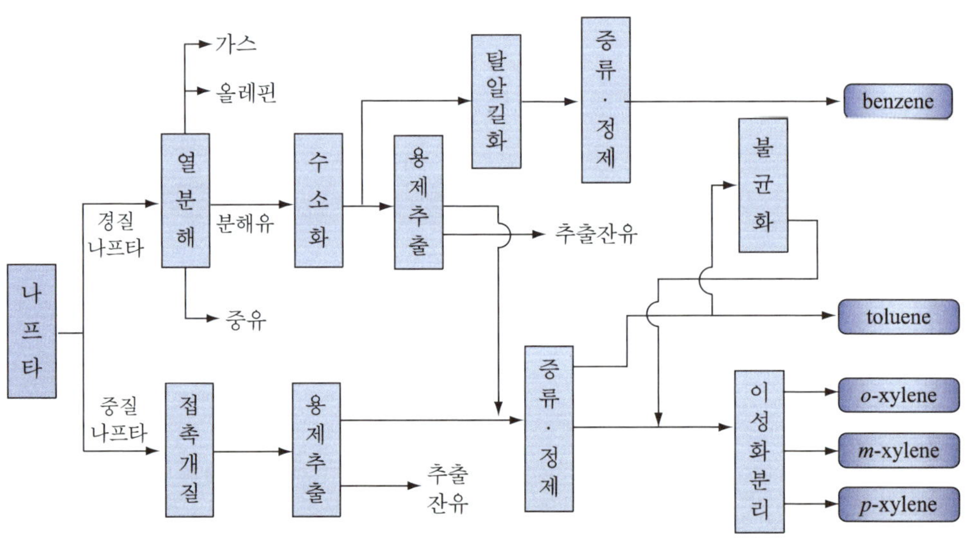

그림 4-6 BTX의 생산공정

용제추출법을 사용할 경우, 원료유에 함유된 올레핀을 우선 선택적인 수소화에 의해 파라핀으로 변화시킨다. 추출된 방향족은 정류에 의해 벤젠, 톨루엔, 자일렌 유분으로 분리한다. 벤젠과 톨루엔의 회수에 사용되는 가장 일반적인 방법은 액 - 액추출법으로 에틸렌글라이콜류를 추출용제로 사용하는 UOP-DOW사의 Udex공정이 널리 사용되었고, 그 후 Shell사에서 Sulforane법이 개발되어 Udex법을 대체하였다. 최근에는 UCC사의 Tetra공정이 낮은 에너지 사용 및 효율적인 추출에 의한 높은 생산성 때문에 선호되고 있고, IFP, FORMEX법 등 각사가 새로운 용제를 제안하고 있다. 표 4-4는 방향족화합물의 분리에 사용되는 주요 추출법과 그 용매를 나타내고 있다.

표 4-4 방향족화합물 추출법과 사용되는 용매

추출법	용 매
Udex법(UOP-DOW사)	Diethylene glycol~triethylene glycol 혼합용매
Tetra법(UCC사)	Tetraethyl glycol/H_2O 혼합액
Sulforane법(Shell-UOP사)	Tetramethylene sulforane
Arosolvan법(Lugri사)	*N*-Methylpyrrolidone
IFP법	Dimethylsufoxide-H_2O-Paraffin
FORMEX법(Snamprogetti)	*N*-Formylmorpholine

① 벤젠(Benzene)

• **제 법**

- 접촉개질 가솔린으로부터 액 - 액추출법으로부터의 제조 ~ 주로 미국
- 열분해 가솔린으로부터 추출증류법으로의 제조 ~ 우리나라, 유럽, 일본
- 톨루엔의 수소첨가 탈알킬화에 의한 제조

  수소가압하 30~100 atm, 600~800℃에서 가열하거나 또는 촉매 $MgO\text{-}Al_2O_3$로 550~650℃로 가열하면 탈알킬화반응(dealkylation)이 일어나 벤젠이 생성된다.

$$C_6H_5\text{-}CH_3 + H_2 \longrightarrow C_6H_6 + CH_4$$

- 톨루엔의 접촉불균화반응

  알킬벤젠을 $SiO_2\text{-}Al_2O_3$와 같은 고체산 촉매하에서 약 500℃에서 반응시키면 **접촉불균화반응**(catalytic disproportionation)에 의하여 벤젠과 자일렌이 생성된다.

$$2\,C_6H_5\text{-}CH_3 \rightleftharpoons C_6H_6 + C_6H_4(CH_3)_2$$

위의 역반응은 **트랜스알킬화반응**(transalkylation)이라고 한다. 다음과 같이 톨루엔과 트라이메틸벤젠으로부터 자일렌류가 합성된다. 이들의 반응은 톨루엔

에서 벤젠과 자일렌을 합성하여 방향족화합물의 수요·공급 조절에 사용된다.

$$C_6H_5CH_3 + C_6H_3(CH_3)_3 \rightleftharpoons 2\,C_6H_4(CH_3)_2$$

- **특 징**

벤젠은 방향족 탄화수소의 대표적인 화합물로 방향족 특유의 냄새를 가지는 무색, 휘발성의 액체로 인체에는 유독하다. 벤젠 증기는 발암성이다.

- **벤젠의 용도**

- 중합체의 단량체로서 스타이렌과 그 출발물질인 에틸벤젠 제조
- 페놀 제조 원료(큐멘 제조)
- 나일론6, 나일론66 제조를 위한 사이클로헥산 제조
- 염료중간체와 아닐린 제조를 위한 나이트로벤젠 제조
- 알킬레이트 세제로서 선형 알킬벤젠설폰산염 제조에 이용.

② 톨루엔(Toluene)

톨루엔은 벤젠과 같이 접촉개질이나 열분해 가솔린으로부터 액-액추출 공정을 거쳐 분리하여 얻는다. 미국에서는 톨루엔을 주로 접촉개질로부터 얻고 있으나, 우리나라와 서유럽에서는 주로 나프타의 열분해로부터 얻는다.

- **톨루엔의 용도**

- 탈알킬화반응에 의한 벤젠 제조에 주로 사용
- 용매로 사용
- 나이트로화, 환원, 포스젠화에 의하여 폴리우레탄 원료인 톨루엔다이이아이소사이아네이트(toluene diisocyanate, TDI) 제조
- 나이트로화에 의하여 폭약 원료인 2,4,6-트라이나이트로톨루엔(TNT) 제조
- 가솔린 옥탄가 증진제인 MTBE(메틸제3뷰틸 에테르)의 거부에 따라 가솔린 혼합용으로 톨루엔의 수요가 증가하고 있는 추세이다. MTBE 사용 시 구토, 복통 등의 증세가 있고 따라서 미국에서는 휘발유첨가제로의 사용을 금하고 있다.

③ 자일렌(Xylene)

자일렌에는 *o*-, *m*-, 및 *p*-의 3 이성질체가 있고, 수요는 테레프탈산(terephthalic acid)의 원료인 *p*-자일렌이 가장 많고, 프탈산 무수물(phthalic anhydride)의 원료가 되는 *o*-자일렌이 유용하다. 자일렌은 주로 접촉개질에 의해 생산된다.

• **제 법**

접촉개질물의 C_8 유분은 액-액추출법 및 증류에 의해 얻는다. C_8 이성체는 서로 비점이 비슷하여 증류만으로는 분리하기 어렵다. 이것을 비점이 가장 낮은 에틸벤젠(b.p. 136.2℃)과 가장 높은 *o*-자일렌(b.p. 144.4℃)을 정밀증류로 분리하고, *m*-자일렌(b.p. 139.1℃) 및 *p*-자일렌(b.p. 138.4℃)은 다음 방법으로 분리한다.

- 심냉분리 : 융점이 높은 *p*-자일렌은 −80~−60℃로 급냉, 결정화시켜 분리한다. (XIS법, Esso법 등)
- 흡착분리 : 제올라이트계 흡착제로 흡착성이 좋은 *p*-자일렌을 흡착분리한다. (Isolane-Aromax법 등)
- 착화합물 형성 분리 : *m*-자일렌을 HF-BF_3와 착화합물을 형성시켜 분리한다(MGC법).

그림 4-7은 심냉분리법에 의한 자일렌류 제조공정을 나타내었다. 다른 두 가지 방법도 심냉분리와 거의 유사하다.

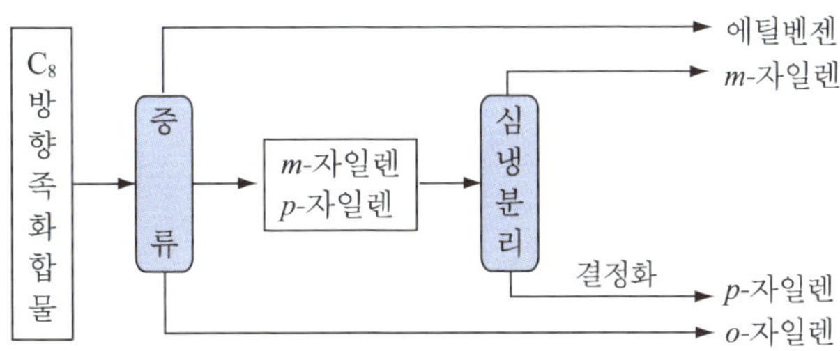

그림 4-7 심냉분리법에 의한 자일렌류의 제조공정

• **자일렌의 용도**

- *p*-xylene은 폴리에스터 원료인 테레프탈레이트(terephthalate) 제조에 주로 사용
- *o*-xylene는 가소제 원료인 무수프탈산(phthalic anhydride) 제조에 사용
- 혼합 자일렌은 가솔린, 용매 등으로 사용

4.3 에틸렌 유도체 합성

에틸렌은 프로필렌과 함께 가장 중요한 기초 유기화합물이다. 에틸렌을 원료로 하는 합성화합물의 수는 수없이 많으며 그 합성과정은 몇 단계의 중간과정을 거쳐 제품에 이르는 경우가 많다. 주된 에틸렌 유도체의 생산계통을 그림 4-8에 보여주고 있다.

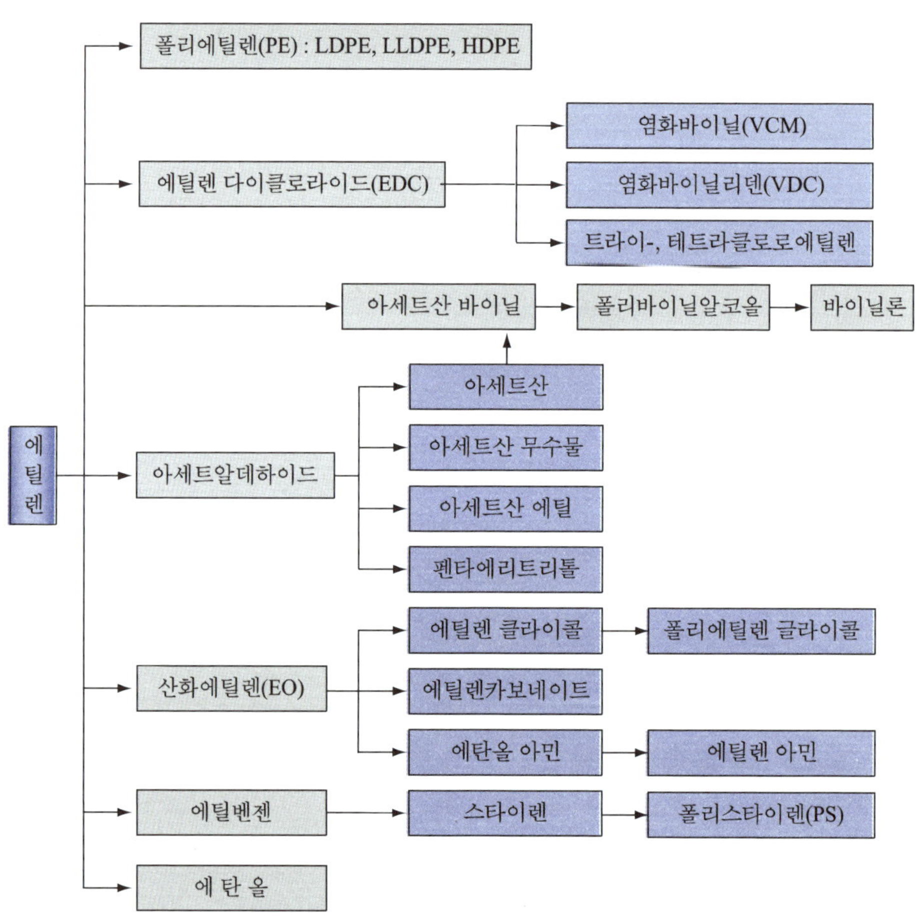

그림 4-8 에틸렌 유도체의 합성 계통도

(1) 염화바이닐(Vinyl chloride)

염화바이닐(혹은 염화비닐)(VCM)은 알코올에 녹는 반응성 기체이며 물에 소량 녹고 고분자공업에서 가장 중요한 바이닐 단위체이다. 범용수지로 널리 사용되고 있는 염화바이닐 수지[poly(vinyl chloride), PVC]의 원료로 초기에는 아세틸렌을 원료로 사용하여 합성하였으나, 현재 주로 다음과 같은 이염화에탄(1,2-dichloroethane)의 중간체를 통한 염소화법 및 옥시염화법으로 제조한다.

① 직접염소화법(EDC법)

직접염소화법에 의한 이염화에틸렌(EDC, ethylene dichloride, 1,2-dichloroethane) 합성반응은 올레핀의 할로젠 부가의 전형적인 예이다. 촉매로 $FeCl_3$(혹은 $CuCl_2$, $SbCl_3$) 하에서 에틸렌의 직접염소화에 의한 이염화에틸렌을 만들고, 이것을 약 500 ℃에서 열분해시켜 탈염화수소 시킨 후 급랭시켜 염화바이닐을 제조한다. 현재 염화바이닐(VCM)은 주로 이 방법으로 제조한다.

$$CH_2{=}CH_2 + Cl_2 \xrightarrow[50°C]{FeCl_3} \underset{\text{ethylene dichloride(EDC)}}{Cl{-}CH_2{-}CH_2{-}Cl} \xrightarrow{500°C} CH_2{=}CHCl + HCl$$

② 옥시염소화법(oxychlorination)

부생되는 염화수소를 이용하기 위하여 옥시염소화법을 병용하여 사용한다. 염화구리($CuCl_2$)의 산화·환원을 이용한 공정이며, 큰 발열반응이기 때문에 열을 제거할 필요가 있다. 직접염소화법과 함께 염화바이닐 제조에 많이 쓰인다.

$$CH_2 = CH_2 + 2HCl + 1/2\ O_2 \xrightarrow[CuCl_2,\ -H_2O]{225°C,\ 2\sim4\ atm} Cl - CH_2 - CH_2 - Cl$$
$$\xrightarrow{-HCl} CH_2 = CH - Cl$$

③ 아세틸렌의 염화수소 첨가법

$$CH \equiv CH + HCl \xrightarrow[HgCl_2\ cat.]{180°C} CH_2 = CH - Cl$$

현재는 서유럽과 소련 등의 몇 개의 공장만이 이 방법을 이용하는 실정이다. 염화바이닐 합성공정도를 그림 4-9에 표시하였다.

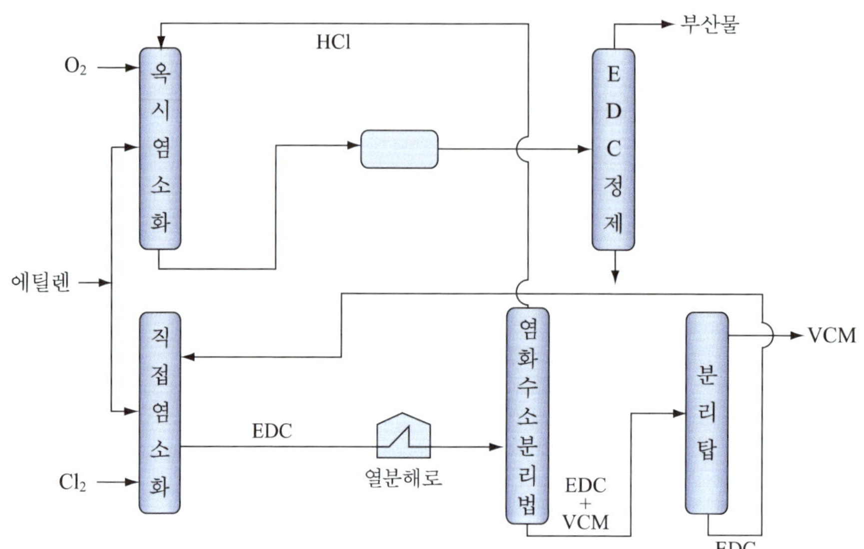

그림 4-9 염화바이닐(VCM) 제조공정

- 용 도

- 염화바이닐은 PVC와 염화바이닐 - 초산바이닐 공중합체 제조에 대부분 사용 (PVC는 주로 건축자재나 전기공업, 자동차 제조 등에 사용)
- 염화바이닐리덴($CH_2=CCl_2$), 플루오르화바이닐($CH_2=CHF$) 제조에 사용
- 중간체인 EDC(ethylene dichloride)의 용도
  VCM 제조에 주로 사용되며 일부는 tetrachloroethylene(perchloroethylene)과 trichloroethylene(드라이클리닝 용매, 금속 그리스 제거제), 메틸클로로폼(금속 그리스 제거제, CFC제조 원료) 제조의 원료물질로 사용.

- 특 징

- 단량체인 염화바이닐(VCM)은 발암물질로 알려져 있으나 PVC는 무해하다.

(2) 염화바이닐리덴(Vinylidene Dichloride, Vinylidene chloride)

염화바이닐 또는 이염화에틸렌(EDC)을 염소화하여 1,1,2-트라이클로로에탄(1,1,2-trichloroethane)을 합성하고 난 다음 60~95℃에서 $Ca(OH)_2$나 NaOH 알칼리 수용액으로 탈염화수소화 반응으로 합성한다.

$$Cl-CH_2-CH_2-Cl + Cl_2 \xrightarrow{-HCl} ClCH_2-CHCl_2 \xrightarrow[-HCl]{+NaOH} H_2C=CCl_2$$

• 용 도

- 필름이나 난연성(難燃性) 섬유의 합성을 위한 공중합용 단량체(monomer)로 이용
- 염화바이닐리덴(VDC) + VCM의 공중합체는 가스차단성이 높아 Saran이라는 식품포장용 랩필름(wrap film)으로 사용
- 공기나 물의 투과성을 감소시키기 위하여 셀룰로오스 가수물 필름이나 폴리프로필렌을 코팅하는데 사용
- VDC + 아크릴로나이트릴(AN) 공중합체는 난연성 아크릴섬유로 사용.

(3) 트라이클로로에틸렌 및 테트라클로로에틸렌(tri–, tetrachloroethylene)

① EDC의 염소화-탈염화수소화

1,2-dichloroethane(EDC)와 염소가스를 400℃에서 $CuCl_2$, $FeCl_3$, $AlCl_3$ 촉매상에서 반응시켜 염소화와 탈염화수소화 반응에 의하여 제조한다.

$$Cl-CH_2-CH_2-Cl + Cl_2 \xrightarrow[CuCl_2\ cat.]{400°C} Cl_2C{=}CHCl + Cl_2C{=}CCl_2 + HCl$$

② EDC의 옥시염소화-탈염화수소화

부생되는 염화수소를 억제시키는 새로운 방법으로 EDC를 염소가스 및 산소와 $CuCl_2$ 촉매상에서 420~430℃에서 반응시켜 제조한다.

$$Cl-CH_2-CH_2-Cl + Cl_2 + O_2 \xrightarrow[CuCl_2\ cat.]{420°C} Cl_2C{=}CHCl + Cl_2C{=}CCl_2 + H_2O$$

• 용 도

- trichloroethylene : 금속기계 부품의 탈유지 세정, 유지, 왁스, 수지의 추출용매 및 용제로 사용
- tetrachlorethylene(perchloroethylene) : 드라이클리닝, 섬유제조시 용제, 금속그리스 제거 용제, 동식물유의 추출용제로 사용
- 이 물질들은 수질오염, 대기오염, 오존층파괴의 원인물질로 알려져 있어 사용

을 억제하고 있으며 점차 플루오르화합물로 대체되고 있다.

(4) 아세트알데하이드(Acetaldehyde)

아세트알데하이드는 자극성 냄새를 가진 무색액체로 중요한 중간원료이다. 예를 들면, 아세트알데하이드는 산화되어 아세트산과 무수아세트산이 되고, 가소제 합성의 2-에틸헥산올, 알키드수지에 사용되는 다가알코올인 펜타에리트리톨, 아세트산에틸 제조 등에 사용된다. 최근에는 Monsanto사의 메탄올카보닐화에 의한 아세트산 제조법이 개발되어 초산용 아세트알데하이드 수요가 많이 줄어 생산량이 감소되고 있다.

아세트알데하이드 제조는 에탄올의 산화 혹은 아세틸렌의 수은염 촉매에 의한 수화반응이 사용되었으나, 현재는 에틸렌의 액상 산화법인 Höchst-Wacker법(1959년, 독일의 Wacker Chemie사 개발)이 아세트알데하이드의 주된 제조공정이다. Wacker 촉매는 염화팔라듐 - 염화구리(palladium chloride-copper chloride) 촉매계의 수용액이 사용되며, Ziegler촉매와 함께 오늘날 유기금속화학 발전의 기초가 되었다.

대부분의 아세트알데하이드는 **획스트-워커법**(Höchst-Wacker process)에 의하여 만들어 지고 있다. 이 방법은 에틸렌을 염화팔라듐 촉매로 물을 용매로 하여 직접 산화시키는 방법으로 에틸렌이 산화되어 아세트알데하이드가 된다.

$$CH_2{=}CH_2 + PdCl_2 + H_2O \longrightarrow CH_3CHO + Pd + 2\,HCl$$

생겨난 Pd은 염화구리(II)와 반응하여 다시 염화팔라듐으로 되고, 이때 생성된 염화구리(I)은 산소와 HCl과의 반응에 의해 염화구리(II)로 산화된다. 반응조건은 130℃, 3 atm이다.

$$Pd + 2\,CuCl_2 \longrightarrow PdCl_2 + 2\,CuCl$$

$$2\,CuCl + 1/2\,O_2 + 2\,HCl \longrightarrow 2\,CuCl_2 + H_2O$$

• **용 도**

- 아세트산(CH_3COOH) 제조 ~ 주용도

- 무수아세트산[$(CH_3CO)_2O$], 아세트산에틸($CH_3COOC_2H_5$), *n*-뷰탄올($CH_3CH_2CH_2OH$), 펜타에리트리톨[$C(CH_2OH)_4$] 제조에 사용
- 기타 피리딘, 퍼아세트산 등의 제조에 사용.

(5) 아세트산(Acetic acid)

메탄올과 일산화탄소의 카보닐화반응(carbonylation)에 의한 합성법(Monsanto process; 1960년경 BASF사 발명)이다. 촉매로 RhI_2를 사용하고 20기압, 150~200 ℃에서 반응시킨다.

$$CH_3OH + CO \xrightarrow{Rh\text{-}I_2} CH_3COOH$$

위 반응의 메커니즘(mechanism)은 로듐(Rh, rhodium)이 요오드 및 CO와 착물을 형성하고 HI와 메탄올로부터 형성된 요오드화메틸과 반응한 후 Rh-C결합에 의하여 CO의 삽입이 진행되고, 다음 가수분해하면 생성물인 아세트산과 착물이 재생되고 HI가 재생된다. Rh촉매는 연간 생산량이 적고 고가이다.

$$CH_3OH + HI \longrightarrow CH_3I + H_2O$$

$$CH_3I + RhL_n \longrightarrow CH_3RhL_n \xrightarrow{CO} CH_3\underset{\underset{O}{\|}}{C}\underset{\underset{I}{|}}{Rh}L_n$$

$$CH_3\underset{\underset{O}{\|}}{C}\underset{\underset{I}{|}}{Rh}L_n + H_2O \longrightarrow CH_3\underset{\underset{O}{\|}}{C}\text{-}OH + HI + RhL_n \qquad L = \text{배위자 (I, CO)}$$

미국에서 부탄과 뷰텐의 산화는 아세트산의 중요한 제조법이다. *n*-부탄의 산화반응은 촉매로 아세트산코발트(가장 좋음), 망간, 크롬 등을 사용한다.

$$C_4H_{10} + O_2 \xrightarrow{Co(OAc)_2} \underset{76\%}{CH_3COOH} + \underset{6\%}{CH_3CH_2OH} + \underset{6\%}{HCOOH} + \underset{4\%}{CH_3OH} + \underset{8\%}{etc.}$$

• **성 질**

100% 순수한 아세트산은 낮은 온도에서 빙하와 유사한 결정이 되어 '빙초산(氷醋酸, glacial acid)'이라고도 한다.

• 용 도

- 주용도는 에스터(ester) 합성에 사용
- 아세트산바이닐(vinyl acetate) : 고분자인 폴리아세트산바이닐(PVA)의 단량체
- 아세트산셀룰로오스(cellulose acetate) ~ 인조견 제조와 담배필터에 사용
- 아세트산메틸, 에틸, 프로필, 아이소뷰틸 에스터 ~ 페인트, 수지의 용매
- 폴리에스터인 PET(poly(ethylene terephthalate))합성의 단량체인 테레프탈산이나 테레프탈산메틸 에스터 제조의 용매로 사용
- 모노클로로아세트산 ~ 분산제인 카복시메틸셀룰로오스(CMC) 제조의 출발물질이고 농약, 염료, 의약의 중간체
- Al, Na, NH_4 등의 아세트산 금속염 ~ 섬유, 염료, 피혁공업의 보조제로 사용.

(6) 펜타에리트리톨(Pentaerythritol)

아세트알데하이드와 과잉의 폼알데하이드를 수산화칼슘 등의 알칼리 조건하에서 축합(condensation)하여 하이드록시 메틸화시킨 후 남은 알데하이드기를 Cannizzaro반응으로 환원시켜 합성한다.

$$CH_3CHO + 3HCHO \xrightarrow{Ca(OH)_2} HOH_2C-\overset{\displaystyle CH_2OH}{\underset{\displaystyle CH_2OH}{C}}-CHO \xrightarrow[\text{-HCOOH}]{HCHO,\ H_2O} HOH_2C-\overset{\displaystyle CH_2OH}{\underset{\displaystyle CH_2OH}{C}}-CH_2OH$$

• 용 도

- 알키드수지(alkyd resin), 화약, 가소제 원료
- 펜타에리트리톨의 에스터는 고내열성 윤활유로서 제트엔진, 자동차 변속기, 자동차 엔진오일로 사용
- 펜타에리트리톨의 나이트로화물인 pentaerythritol tetranitrate(PETN)는 플라스틱 폭탄으로 사용

(7) 아세트산무수물(Acetic anhydride)

아세트알데하이드의 산화에 의한 아세트산, 아세트산무수물 제조의 기본반응은 다음과 같다. 촉매로 아세트산코발트(혹은 아세트산망간)를 사용한다.

$$CH_3CHO + O_2 \longrightarrow CH_3\overset{O}{\overset{\|}{C}}OOH \qquad (1)$$

아세트알데하이드 과아세트산

$$CH_3\overset{O}{\overset{\|}{C}}OOH + CH_3CHO \xrightarrow{cat.} H_3C-\overset{O}{\overset{\|}{C}}-O-\overset{O}{\overset{\|}{C}}-CH_3 + H_2O \qquad (2)$$

아세트산무수물

$$CH_3\overset{O}{\overset{\|}{C}}OOH + CH_3CHO \longrightarrow 2\ CH_3-\overset{O}{\overset{\|}{C}}-OH \qquad (3)$$

과아세트산 아세트산

아세트산을 얻기 위하여는 온도 55~65℃, 1.2~1.3 atm의 조건에서 산소로 산화시켜 반응(3)을 선택적으로 진행시킨다. 아세트산무수물은 고농도의 아세트산구리 - 아세트산코발트계 촉매를 사용하여 반응온도 40~60℃에서 반응(3)을 억제하여 반응(2)를 선택적으로 진행시킨다. 이 경우에 약 20%의 아세트산이 부생된다. 촉매는 중간체인 과아세트산(peracetic acid)의 분해를 촉진시킨다. 이 방법에 의한 아세트산 합성법은 앞에서 언급한 Monsanto법으로 대체되었다.

• 용 도

- 아세트산무수물의 주용도는 아세트산셀룰로오스(cellulose acetate)의 합성원료
- 살리실산아세틸(아스피린 제조), 아세트아닐라이드 등의 의약 제조
- 메톨라클로르(metolachlor) 등의 제초제 제조에 사용
- 염료공업에서 질산과 혼합하여 나이트로화제, 용매, 탈수제로 사용
- 과아세트산은 올레핀의 에폭시화제, Baeyer-Villiger반응의 시약으로 유용
  (B-V 반응 : RCOR' → RCOOR')

(8) 아세트산에틸(Ethyl acetate)

① 아세트산에 의한 에탄올의 에스터화반응

에탄올이 값이 비싸 실험실적으로 많이 활용된다.

$$CH_3COOH + C_2H_5OH \rightleftharpoons CH_3COOC_2H_5 + H_2O$$

② 아세트알데하이드의 Tishchenko반응

아세트알데하이드를 알루미늄 에톡사이드[aluminum ethoxide, $Al(OC_2H_5)_3$] 촉매하에서 반응시키면 아세트산에틸이 생성된다.

$$2\,CH_3CHO \xrightarrow[20\,°C]{Al(OC_2H_5)_3} CH_3COOC_2H_5$$

아세트산에틸은 아세트알데하이드 수요의 약 절반을 차지하는 최대의 유도체이다.

• **용 도**

- 페인트공업의 중요한 용제로 사용
- 도료, 접착제 제조에 사용

(9) 아세트산바이닐(Vinyl acetate)

① 에틸렌의 아세틸화

팔라듐촉매하에서 아세트산과 에틸렌을 산소로 접촉산화시키면 아세트산바이닐이 합성된다. 이 반응은 에틸렌의 접촉액상산화에 의한 아세트알데하이드 제조법과 유사하다. 여러 단계의 반응으로 진행되며 다음의 알짜반응식으로 요약할 수 있다. 현재 이 방법으로 아세트산바이닐을 주로 제조한다.

$$H_2C{=}CH_2 + CH_3COOH + 1/2\,O_2 \xrightarrow[5\,atm]{Pd,\ 150\sim200°C} CH_3\text{-}\overset{\overset{\displaystyle O}{\|}}{C}\text{-}O\text{-}CH{=}CH_2 + H_2O$$

② 아세틸렌의 아세틸화

공업적 제법으로 아세틸렌을 아세트산과 170~250℃, $Zn(OAc)_2$/활성탄 촉매상에서 기상반응으로 합성한다.

$$HC{\equiv}CH \; + \; CH_3COOH \xrightarrow[\text{activated carbon}]{Zn(OAc)_2} CH_3-\overset{O}{\overset{\|}{C}}-O-CH{=}CH_2$$

• 용 도

- 대부분 폴리아세트산바이닐(polyvinyl acetate, PVA) 제조에 사용
  PVA ~ 페인트의 분산제 및 페인트, 접착제, 도료의 원료
  PVA는 가수분해나 에스터교환반응으로 폴리바이닐알코올(polyvinyl alcohol) 제조에 사용
- 염화바이닐, 에틸렌, 아크릴에스터와 공중합체를 제조.

(10) 산화에틸렌(Ethylene oxide)

산화에틸렌(EO, ethylene oxide)은 가장 간단한 고리형 에테르(에터, ether)로서 옥시레인(oxirane)이라고도 한다. 끓는점이 10.7℃의 반응성이 매우 큰 무색기체로서 에틸렌글라이콜(ethylene glycol), 에탄올아민(ethanol amine) 등의 화학제품의 전구물질이며 방부제나 훈증제로서 직접 사용되기도 한다.

산화에틸렌은 에틸렌의 직접산화법 즉, 에틸렌을 은(Ag) 촉매로 산소 또는 공기 산화시켜 제조한다. 폭발범위를 피하기 위하여 과잉의 산소(공기)를 사용하여 다관식 반응기에서 산화시켜 제조한다. 반응은 발열이며 열조절이 필요하다.

$$H_2C{=}CH_2 \; + \; 1/2\,O_2 \xrightarrow[\text{10~30 atm}]{\text{Ag, 250~300°C}} H_2C\underset{O}{\diagdown\!\diagup}CH_2$$

산화제로는 공기 대신 산소를 사용하는 것이 더 경제적이다. 에틸렌의 부분산화 부반응으로 인해 CO_2와 H_2O가 발생하며 발열반응($\Delta H = -1{,}421$ kJ/mole)이다. 부반응을 억제하기 위하여 질소가스에 의한 희석 등의 방법이 알려져 있고, 은 촉매에 소량의 칼륨, 루비듐, 세슘을 가하면 수득률이 증가한다고 알려졌다.

• 용 도

- 주용도는 에틸렌글라이콜(ethylene glycol) 제조원료이다. 에틸렌글라이콜은 PET(polyethylene terephthalate)와 같은 폴리에스터 제조원료이다.
- 부동액으로 사용

- 방부제나 곡물창고의 훈증제로 사용
- 발효억제제로서 직접 사용
- 병원소독용(발암물질로 사용이 억제됨)
- 비이온성 계면활성제, 에탄올아민 등의 EO유도체 제조에 사용

(11) 에틸렌글라이콜(Ethylene glycol)

에틸렌글라이콜은 산화에틸렌에 과잉의 물을 첨가(수화)하여 제조한다.

$$H_2C\overset{O}{—}CH_2 + H_2O \longrightarrow HO-CH_2-CH_2-OH$$

반응은 1% 황산촉매로 반응온도 50~100℃에서 행하거나, 촉매없이 150~200℃, 20~40 atm에서 이루어진다. 과량(20배)의 물을 사용하더라도 모노에틸렌글라이콜의 선택도는 90%정도이고, 다이글라이콜 9%, 트라이글라이콜과 폴리글라이콜 1%가 생성된다. 물의 비율을 감소시키면 점차적으로 di-, tri-, tetra- … polyethylene glycol이 얻어진다. 다이글라이콜과 트라이글라이콜은 상업적 이용가치가 있는 물질이다.

$$H_2C\overset{O}{—}CH_2 + HO-CH_2-CH_2-OH \longrightarrow \underset{\text{diethylene glycol}}{HO-CH_2-CH_2-O-CH_2-CH_2-OH} \xrightarrow{H_2C\overset{O}{—}CH_2}$$

$$\underset{\text{triethylene glycol}}{HO-CH_2-CH_2-O-CH_2-CH_2-O-CH-CH_2-OH} \cdots \longrightarrow \underset{\text{polyethylene glycol}}{HO\left(CH_2CH_2O\right)_nH}$$

탄산에틸렌(ethylene carbonate)과 메탄올을 반응시켜 에틸렌글라이콜을 제조하는 새로운 방법이 최근 Texaco에 의해 개발되었다. 촉매는 삼차아민과 사차암모늄 작용기를 가진 수지를 사용하고 반응온도는 약 80~130℃이다. 이 방법은 에틸렌글라이콜을 높은 수율로 얻을 수 있다.

$$\begin{matrix} H_2C-O \\ | \quad\quad C=O \\ H_2C-O \end{matrix} + 2\,CH_3OH \longrightarrow HO-CH_2-CH_2-OH + (CH_3)_2CO_3$$

• 용 도

에틸렌글라이콜	- 주용도는 폴리에스터(PET, polyethylene terephthalate) 수지 제조에 사용 PET는 섬유, 필름, 병 제조에 사용 - 자동차의 부동액(antifreezer) 혼합액으로 사용 - 글리옥살 등 기타 제품 제조
다이에틸렌글라이콜	- 폴리우레탄과 불포화 폴리에스터 수지 제조 - 부동액, 트라이에틸렌글라이콜, 1,4-다이옥산(용제) 등 제조
폴리에틸렌글라이콜	- 계면활성제, 의약품에 사용 - 브레이크 오일, 가소제, 윤활유 등으로 사용

(12) 에톡시레이트(Ethoxylates)

산화에틸렌과 장쇄지방족알코올(long-chain fatty alcohols) 또는 지방산(fatty acid)과의 반응을 에톡시화(ethoxylation)라 한다. 알코올과 산화에틸렌 반응은 다음과 같이 폴리에톡시레이트(polyethoxylates)가 생겨난다.

$$ROH + n\,\underset{\diagdown O \diagup}{CH_2-CH_2} \longrightarrow RO{+}CH_2CH_2O{+}_nH$$

C_{10}~C_{14} 선형 알코올 및 선형 알킬페놀의 에톡시화는 비이온성 계면활성제로서 세제의 원료, 습윤제, 유화제, 분산제로 널리 사용된다. 마찬가지로 장쇄지방산인 올레산(oleic acid), 팔미트산(palmitic acid), 스테아르산(stearic acid)과 같은 C_{12}~C_{18} 지방산은 산화에틸렌과 에톡시화하여 비이온성 세제와 유화제를 제조하게 된다.

• 용 도

- 비이온성 계면활성제 제조 원료
- 폴리우레탄 발포제품 제조에 아이소사이아네이트와의 반응물로 사용

(13) 에탄올아민(Ethanolamine)

산화에틸렌을 암모니아와 30~40℃, 1 atm에서 반응시키면 mono-, di-, triethanolamine의 세 가지 에탄올아민 혼합물이 생성된다.

$$\text{H}_2\text{C}\overset{\text{O}}{—}\text{CH}_2 + 3\text{NH}_3 \longrightarrow \text{H}_2\text{N-CH}_2\text{-CH}_2\text{-OH} \quad \text{monoethanolamine}$$
$$+ \text{HN-(CH}_2\text{CH}_2\text{OH)}_2 \quad \text{diethanolamine}$$
$$+ \text{N-(CH}_2\text{CH}_2\text{OH)}_3 \quad \text{triethanolamine}$$

이들 세 가지 생성물의 비율은 반응조건에 따라 결정된다. 낮은 EO/NH_3 몰비는 모노에탄올아민의 수율을 증가시킨다. 표 4-5에 에탄올아민의 생성비를 나타내었다.

표 4-5 EO/NH_3 몰비에 따른 에탄올아민의 생성비(wt%)

EO/NH_3 몰비	0.1	0.5	1.0
monoethanolamine	75~61	25~31	12~15
diethanolamine	21~27	28~32	23~26
triethanolamine	4~12	37	65~59

• 용 도

에탄올아민

- 천연가스나 공업용 가스정제시 산성가스(H_2S, CO_2) 흡수용 용제
- 계면활성제 제조 원료 ~ 지방산에탄올 아마이드($RCONHCH_2CH_2OH$), 지방산아미노 에틸에스터($RCOOCH_2CH_2NH_2$), 지방산에탄올 아마이드에스터 ($RCOOCH_2CH_2NHCOR$) 형태로 세제 및 유화제로 사용
- 비누나 크림 등의 화장품 원료
- 부식방지제나 페인트 유화제
- 에틸렌아민, 다이에틸렌아민 제조 원료

트라이에탄올아민

- 시멘트 생산 시 분쇄첨가제로 사용

(14) 에틸렌카보네이트(Ethylene carbonate)

에틸렌카보네이트(탄산에틸렌) 제조는 산화에틸렌을 CO_2와 190℃, 13 atm에서 브롬화 테트라에틸암모늄과 요오드화칼륨이나 NaOH를 첨가한 활성탄을 촉매로 하여 반응시킨다.

$$H_2C\!-\!CH_2\,(\text{-O-}) + CO_2 \longrightarrow \begin{matrix} H_2C-O \\ | \quad\;\; \rangle C{=}O \\ H_2C-O \end{matrix}$$

• **용 도**

- 플라스틱이나 수지의 우수한 용제로 사용
- 유기합성 중간체로 사용

(15) 에탄올(Ethanol)

에탄올은 원래 발효법에 의해서 만들어져 주로 음료용으로 사용되어 에탄올을 **주정**(酒精, alcohol spirit)이라고도 한다. 전 세계적으로 매년 1,300여만 톤의 에탄올이 당밀, 사탕수수액, 옥수수 전분 등의 발효에 의해서 생산된다. 곡류나 당으로부터 생산되는 에탄올은 주로 음료용으로 사용된다. 설탕과 곡식이 풍부한 나라에서는 탄수화물의 발효가 아직도 에탄올의 주요 제조법이다. 음료용 알코올 100%를 200 proof라고 한다.

공업용 알코올은 발효알코올과 구분하기 위하여 메탄올, 폼알데하이드와 같은 물질을 소량 첨가하여 **변성알코올**(denatured alcohol)로 판매되고, 현재 주로 에틸렌의 수화반응으로 합성된다. 합성알코올과 발효알코올의 생산량 비율은 약 7 : 3이다.

에탄올 제조는 에틸렌과 물의 직접수화반응이 현재 주로 사용되는 공정이다. 촉매는 규조토에 담지된 고체 인산을 사용하여 반응온도 약 300℃, 70 atm에서 반응시킨다.

$$H_2C{=}CH_2 + H_2O \xrightarrow[\text{고체 인산촉매}]{300°C\ \ 70\ atm} CH_3\text{-}CH_2\text{-}OH$$

• **용 도**

- 유지, 탄화수소와 같은 유기화합물을 녹이는 용매로 사용

- 아세트알데하이드, 아세트산의 제조
- 에틸아민, 아세트산에틸 등 많은 에틸에스터의 합성 원료
- 휘발유에 첨가하여 가스올(gasohol, 예: E10=90% gasoline+10% ethanol) 제조

(16) 에틸벤젠(Ethyl benzene)

접촉개질공정에서 얻어지는 C_8 방향족 혼합물에서 에틸벤젠을 얻을 수 있으나 분리하는 것이 복잡하며 이 방법으로 얻은 에틸벤젠의 양은 합성법에서 얻는 양보다 적다. 에틸벤젠의 주요 제조공정은 에틸렌과 벤젠의 접촉알킬화반응인 Friedel-Crafts 알킬화반응이다.

촉매는 고체 인산, 염화알루미늄, 제올라이트, BF_3-Al_2O_3 등이 사용되며 일반적으로 액상 $AlCl_3$-HCl이 주로 사용된다. 반응조건은 40~100℃, 2~8 atm이다.

$$C_6H_6 + H_2C{=}CH_2 \xrightarrow{AlCl_3} C_6H_5CH_2CH_3$$

• 용 도

- 주용도는 스타이렌(styrene) 제조에 사용

(17) 아크릴산(Acrylic acid)

Pd^{2+}/Cu^{2+} 촉매하에서 에틸렌을 일산화탄소, 산소의 액상반응에 의해 아크릴산이 제조된다. 반응조건은 약 140℃, 75 atm이다. 현재 아크릴산 제조의 주요 방법은 다음에 설명할 4.4절 프로필렌의 접촉산화에 의해 주로 제조된다.

$$H_2C{=}CH_2 + CO + 1/2\,O_2 \longrightarrow CH_2{=}CHCOH \;(\text{C}{=}\text{O})$$

• 용 도

- 아크릴수지 제조에 사용
- 접착제, 도료, 플라스틱 제조

4.4 프로필렌 유도체 합성

프로필렌(propylene)은 석유화학제품 제조에서 에틸렌 다음으로 가장 많이 사용되는 탄화수소이다. 2007년 우리나라 프로필렌 생산량은 약 390만톤이다. 프로필렌은 열분해로부터 에틸렌의 부산물로서(서유럽, 일본, 우리나라) 얻어지나 미국과 같은 산유국은 접촉분해로부터 가솔린의 부산물로서 얻고 있다.

화학적 적용에서 프로필렌의 총소비량은 에틸렌 소비량의 약 절반 정도이다. 프로필렌의 약 70%는 폴리프로필렌(polypropylene, PP)과 공중합체 제조에 사용되며, 합성섬유용으로 아크릴로나이트릴(acrylonitrile), 산화프로필렌(propylene oxide), 아이소프로판올(isopropanol), 큐멘(cumene), 뷰틸알데하이드(butyl aldehyde) 등의 합성에 사용된다. 프로필렌은 가솔린 제조로써 정유공정에서 사용되기도 한다. 그림 4-10에 프로필렌을 원료로 하는 합성계통도를 보여주고 있다.

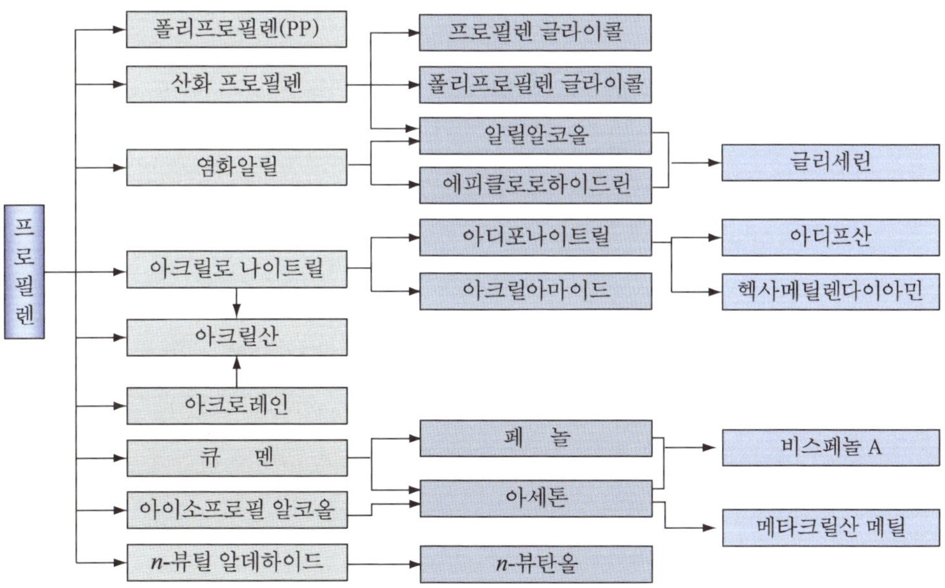

그림 4-10 프로필렌 유도체의 합성 계통도

(1) 아크릴로나이트릴(Acrylonitrile)

아크릴로나이트릴은 1930년대 독일에서 나이트릴고무 제조에 상업적으로 처음 사용되었다. 2차 대전 후에 Du Pont사에서 아크릴섬유를 개발함으로써 아크릴로나이트릴의 생산이 크게 증가하였다.

아크릴로나이트릴 합성법은 아세틸렌과 사이안화수소(HCN)를 사용하는 전통적인 방법이 사용되었으나 1960년 미국의 SOHIO사가 프로필렌의 가암모니아산화법을 개발하여 현재 이 방법이 거의 전적으로 사용되고 있다.

가암모니아산화법(ammoxidation)은 혼합된 산화물촉매하에서 암모니아와 산소를 사용하여 메틸기를 나이트릴기(nitrile group, $-C\equiv N$)로 치환시키는 반응이다. 이 반응의 가장 성공적인 예는 프로필렌을 암모니아 존재에서 공기산화하여 아크릴로나이트릴을 합성하는 것이다. 프로필렌의 가암모니아산화법 중에서 가장 널리 사용되는 공정이 SOHIO법이다. 촉매는 MoO_3-Bi_2O_3-Fe_2O_3 또는 Sb_2O_3-Fe_2O_3-TeO_3 등이 사용되고 있다.

$$CH_2 = CHCH_3 + NH_3 + 1.5\,O_2 \xrightarrow[400\sim450^\circ C,\ 1\sim3\ atm]{catalyst} CH_2 = CHCN + 3\,H_2O$$

주요 부산물로는 사이안화수소(HCN), 아세토나이트릴(acetonitrile, CH_3CN)이다. 아크릴로나이트릴은 생성가스로부터 물로 흡수되고, 증류에 의해 아크릴로나이트릴이 부산물과 분리된다. 아세토나이트릴은 DNA 합성장치와 고성능액체크로마토그래피(HPLC), 전기화학에서 사용되는 높은 극성의 비양성자성 용매(aprotic solvent)이다.

SOHIO법은 값싼 석유화학원료를 출발물질로 하고 있고 정제가 비교적 용이하기 때문에 아크릴로나이트릴의 가격이 저렴하게 되고 대량공급이 가능하게 되어 아크릴로나이트릴로 만든 아크릴 섬유(acrylic fiber)는 나일론(nylon), 폴리에스터(polyester)와 함께 3대 합성섬유가 되었다.

• **용 도**

- 주용도는 Acrilan, Courtelle, Orlon 등의 아크릴섬유 제조
- 아크릴로나이트릴 - 뷰타다이엔 - 스타이렌 공중합체(ABS), 아크릴로나이트릴 - 스타이렌 공중합체(AS), 스타이렌 - 아크릴로나이트릴 공중합체(SAN) 제조

- 나이트릴고무 등의 탄성제 제조
- 아크릴아마이드(폴리아크릴아마이드의 원료)의 제조 원료
- 나일론66 제조의 중간체의 하나인 아디포나이트릴의 제조 원료.

(2) 아디포나이트릴(Adiponitrile)

아디포나이트릴은 무색액체로 물에 소량 녹으며 알코올에 잘 녹는다. 아디포나이트릴의 주용도는 나일론66 제조이다. 나일론66의 원료인 헥사메틸렌다이아민(hexamethylene diamine)의 합성은 현재 출발물질인 아크릴로나이트릴로부터의 합성법이 가장 주목되고 있으며, 이것은 원료인 아크릴로나이트릴이 SOHIO법에 의해 대량생산이 용이하기 때문이다. 1963년 Monsanto사에서 개발된 이 방법은 아크릴로나이트릴의 전해이량화(electrodimerization)에 의해 우선 아디포나이트릴(adiponitrile)이 합성된다.

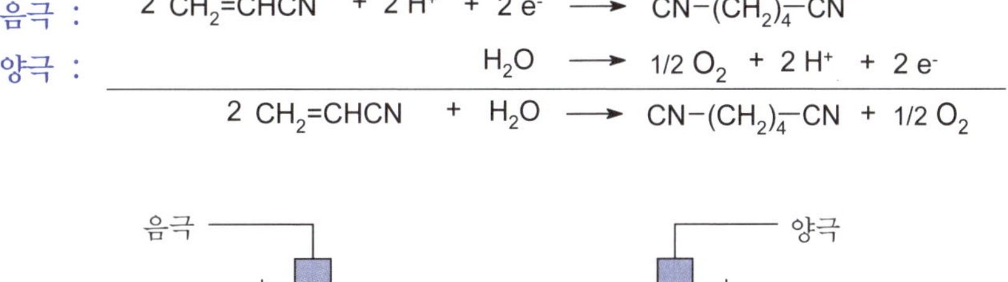

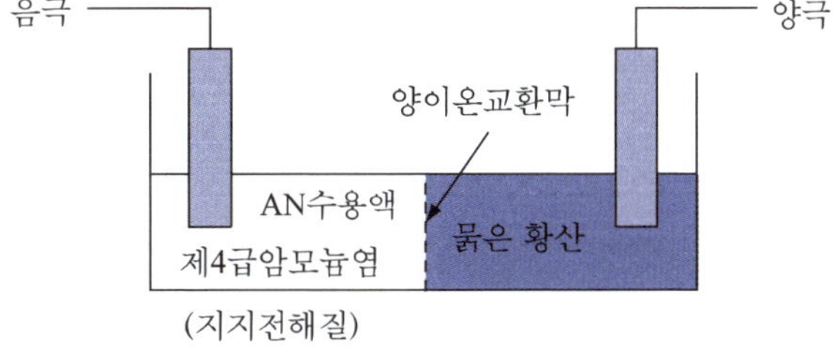

그림 4-11 전해이량화에 의한 아디포나이트릴 제조방법

• 용 도

- 헥사메틸렌다이아민 및 아디프산의 제조

[헥사메틸렌다이아민 합성]

아디포나이트릴은 니켈(혹은 백금) 촉매하에서 수소화 환원에 의하여 헥사메틸렌다이아민(hexamethylene diamine)이 합성되고, 이것은 나일론66의 원료로 사

용된다.

$$CN-(CH_2)_4-CN \xrightarrow[\text{Ni cat.}]{H_2} H_2N-(CH_2)_6-NH_2$$

(3) 아크릴아마이드(Acrylamide)

아크릴로나이트릴을 원료로 하는 중요한 제품으로 구리계 촉매로 가수분해하여 아크릴아마이드를 제조한다.

$$CH_2{=}CHCN + H_2O \xrightarrow[80\sim120°C]{CuO} CH_2{=}CH-\underset{\underset{O}{\|}}{C}-NH_2$$

• 용 도

- 아크릴아마이드계 중합체로서 이용되고 기능성 고분자로 주로 고분자응집제로서 상수도 처리제나 폐수처리 등에 시용
- 기타 섬유처리제, 접착제, 페인트 등에 사용

(4) 산화프로필렌(Propylene oxide)

산화프로필렌은 합성중간체로서 중요한 기초화합물이다. 산화프로필렌은 산화에틸렌과 구조가 유사하며 메틸기가 붙어 있기 때문에 물리적, 화학적 성질이 다르다. 산화에틸렌보다는 작지만 역시 반응성이 좋은 물질로 폴리우레탄, 폴리에스터의 고분자물질, 프로필렌글라이콜에테르의 산소화용매, 공업용 유체(폴리글라이콜) 등의 넓은 범위의 화학제품의 출발물질이다.

에틸렌을 산소로 직접 산화시켜 합성하는 산화에틸렌의 경우처럼 프로필렌을 직접산화시켜 산화프로필렌을 합성하지 못한다. 이 경우에는 산화프로필렌 대신에 불포화알데하이드인 아크로레인(acrolein)이 얻어진다. 이것은 프로필렌에서 알릴수소(allyl hydrogen)가 쉽게 산화되기 때문이다.

① 클로로하이드린(chlorohydrin)법

프로필렌을 차아염소산(HClO)으로 클로로하이드린화(chlorohycrination)한 다음 에폭시화(epoxydation)하여 제조한다. 이 방법은 1960년대 경쟁력을 상실한 클로

로하이드린법의 산화에틸렌 제조공정을 전용함으로써 많은 기업들이 현재에도 사용하고 있다. 반응은 약 35℃, 촉매를 사용하지 않고 상압에서 실시한다.

$$CH_3CH{=}CH_2 + HClO\ (Cl_2 + H_2O) \longrightarrow \underset{\substack{(90\%)\\ \text{propylene}\\ \alpha\text{-chlorohydrin}}}{H_3C-\underset{OH}{CH}-\underset{Cl}{CH_2}} + \underset{\substack{(10\%)\\ \text{propylene}\\ \beta\text{-chlorohydrin}}}{H_3C-\underset{Cl}{CH}-\underset{OH}{CH_2}}$$

$$\xrightarrow{Ca(OH)_2} \underset{\text{propylene oxide}}{H_3C-CH-CH_2\ (\text{epoxide, }-O-)} + CaCl_2 + H_2O$$

② 과산화물에 의한 에폭시화(Halcon법)

클로로하이드린법의 대체공정으로 개발된 것으로 에틸벤젠이나 아이소부탄 등의 탄화수소를 공기나 산소에 의해 자동산화시키면 벤질 위치의 수소나 제3수소가 하이드로퍼옥사이드(－OOH)로 변하고, 이것이 프로필렌을 산화시킨다. 이 공정을 Halcon법이라고 한다. Methylbenzyl hydroperoxide를 사용하는 프로필렌의 에폭시화는 촉매로 Mo나 W를 사용하고, 반응온도는 130℃, 35 atm이다.

$$CH_3CH{=}CH_2 + ROOH \xrightarrow{W} H_3C-CH-CH_2\ (\text{epoxide, }-O-) + ROH$$

$$R = \underset{\text{methyl benzyl}}{C_6H_5-\overset{CH_3}{CH}-} \qquad \underset{t\text{-butyl}}{H_3C-\overset{CH_3}{\underset{CH_3}{C}}-}$$

• 용 도

- 산화프로필렌을 수화반응시키면 프로필렌글라이콜(propylene glycol)이 생성되고, 이것은 불포화폴리에스터 수지 제조에 사용
- 산화프로필렌을 알코올과 반응시키면 프로필렌글라이콜에터(propylene glycol ether)가 생성되고, 이것은 폴리우레탄폼(polyurethane foam)과 세제(detergent)의 제조에 사용

- 산화프로필렌을 이성화시키면 글리세롤(glycerol)의 전구물질인 알릴알코올(allyl alcohol)이 생성
- 향료, 의약품의 중간체
- 살충제 원료
- 부동액, 브레이크오일에 사용

(5) 프로필렌글라이콜(Propylene glycol)

프로필렌글라이콜은 산화에틸렌과 마찬가지 방법으로 산화프로필렌의 수화반응에 의하여 합성한다.

$$CH_3-\underset{\diagdown O \diagup}{CH-CH_2} + H_2O \xrightarrow[20\ atm]{200\ ^\circ C} CH_3-\underset{OH}{CH}-\underset{OH}{CH_2}$$

반응조건은 150~300℃, 10~30기압에서 시행한다. 황산을 촉매로 사용하면 70℃, 상압에서도 반응된다. 무촉매법은 고압장치가 필요하며 황산촉매법은 장치의 부식과 제품으로부터의 황산을 제거하는 문제가 따르게 된다.

• 용 도

- 유니트배스(unit bath) 등에 사용되는 불포화 폴리에스터 수지 원료
- 가소제, 계면활성제, 부동액, 냉매, 브레이크유 등에 사용
- 식품가공(습윤제, 보존제, 세척제), 치약, 화장품, 의약품, 담배조습제 등에 사용

[폴리프로필렌글라이콜]

폴리프로필렌글라이콜(polypropylene glycol, PPG)은 글리세린(glycerine)과 같은 기제(base)로 알칼리 촉매하에서 산화프로필렌의 고리열림중합(open-ring polymerization)에 의하여 얻어진다.

$$\begin{matrix} CH_2OH \\ | \\ CHOH \\ | \\ CH_2OH \end{matrix} + k\ CH_3-\underset{\diagdown O \diagup}{CH-CH_2} \longrightarrow \begin{matrix} CH_2O-[CH_2CH(CH_3)\text{-}O]_l\,H \\ | \\ CHO-[CH_2CH(CH_3)\text{-}O]_m\,H \\ | \\ CH_2O-[CH_2CH(CH_3)\text{-}O]_n\,H \end{matrix}$$

$(k=l+m+n)$

기제로는 다가알코올(글라이콜, 글리세린, 펜타에리트리톨 등), 에틸렌다이아민 등이 사용된다. PPG는 폴리우레탄(polyurethane) 원료(TDI, MDI 참조), 계면활성제, 브레이크유, 부동액, 인쇄잉크 등에 사용된다.

(6) 아크로레인(Acrolein)

아크로레인의 제조법은 프로필렌을 촉매를 사용하여 공기 또는 산소로 접촉산화시켜 얻는다. 촉매는 전이금속산화물 또는 전이금속산화물과 낮은 5A족 원소의 금속산화물이 사용된다. 촉매로는 CuO(Shell 공정), Bi_2O_3/MoO_3(SOHIO 공정)가 있다. 반응조건은 300~350℃, 1~2 atm에서 행한다.

$$CH_2{=}CHCH_3 + O_2 \longrightarrow CH_2{=}CHCHO + H_2O$$

아크로레인은 불쾌한 냄새를 가진 불포화 알데하이드이다. 무색액체로 반응성이 매우 크고 중합억제제를 가하지 않으면 쉽게 중합된다.

• 용 도

- 아크로레인의 대부분은 D,L-메티오닌(methionine) 제조에 사용된다. 합성메티오닌은 필수아미노산으로서 사료에 단백질의 보조제로서 사용된다.
- 산화에 의해 아크릴산 제조에 사용

(7) 아크릴산(Acrylic acid)

아크릴산의 에스터는 여러 가지 공중합체에 광범위하게 사용된다. 아크릴산과 그 에스터는 불포화 유기산과 에스터 중에서 가장 성장이 빠른 화학제품이다.

아크릴산의 제조법은 몇 가지 방법이 있다. 처음에는 아세틸렌, 일산화탄소, 물을 Ni촉매로 반응시키는 방법(Reppe법)과 아크릴로나이트릴의 가수분해법이 사용되었으나, 현재는 Mo-V 촉매계에서 아크로레인의 직접산화법이 아크릴산 제조의 주요 공정이다. 즉, 프로필렌을 MoO_3-Bi_2O_3, CuO-SeO_2 혹은 MoO_3-Te 촉매로 공기산화시켜 아크로레인을 만들고, 이것을 MoO_3-V_2O_5촉매로 더욱 산화시켜 아크릴산을 제조한다.

$$CH_3CH{=}CH_2 + O_2 \xrightarrow[300\sim350\,^\circ C]{MoO_3\text{-}Bi_2O_3} CH_2{=}CH\text{-}CHO + H_2O$$

$$CH_2{=}CH\text{-}CHO \xrightarrow[MoO_3\text{-}V_2O_5]{O_2,\ 250\,^\circ C} CH_2{=}CH\text{-}COOH$$

• 용 도

- 아크릴산과 그 에스터는 아크릴수지 제조에 사용
  아크릴산 에스터는 주로 아크릴산 에틸, -*n*-뷰틸 및 -아이소뷰틸, -메틸, -2-에틸헥실 등이다(이들 고분자는 도료, 접착제, 수지 등으로 사용).

(8) 염화알릴(Allyl chloride)

염화알릴은 높은 온도(300℃ 이상, 1 atm)에서 프로필렌을 직접염소화(chlorination)하여 제조한다. 반응은 알릴자리수소가 염소로 치환된다.

$$CH_2{=}CHCH_3 + Cl_2 \longrightarrow CH_2{=}CHCH_2Cl + HCl$$

주요 부산물은 시스-, 트랜스-1,3-다이클로로프로펜(1,3-dichloropropene)이며 이것은 토양 훈증약으로 사용된다.

• 성 질

염화알릴은 무색 액체이며 물에 녹지 않고 많은 유기용매에 녹는다. 염화알릴은 강한 자극성 냄새가 나며 피부를 자극한다. 소량의 염화알릴을 들여 마시면 숨쉴 때 독특한 마늘냄새가 난다.

• 용 도

- 주용도는 에피클로로하이드린 제조에 사용
  (에피클로로하이드린은 에폭시수지와 글리세롤 제조에 사용)
- 가성소다와 반응시켜 알릴알코올 제조(알릴알코올은 방부제로 이용)
- 암모니아와 반응하여 알릴아민($CH_2{=}CHCH_2NH_2$)을 제조
  (알릴아민은 항곰팡이제 의약으로 사용)

(9) 에피클로로하이드린(Epichlorohydrin)

염화알릴과 HClO($H_2O + Cl_2$, hypochlorous acid)을 25~30℃, 수용액상에서 반응시키면 다이클로로하이드록시프로판(dichlorohydroxypropane)의 두 가지 이성질체의 혼합물이 생성되고, 이것을 50~90℃에서 $Ca(OH)_2$로 반응시키면 에피클로로하이드린이 생성된다.

$$CH_2{=}CHCH_2Cl + HOCl\ (Cl_2 + H_2O) \longrightarrow \underset{Cl}{CH_2}-\underset{OH}{CH}-CH_2Cl + \underset{OH}{CH_2}-\underset{Cl}{CH}-CH_2Cl$$

$$\xrightarrow{Ca(OH)_2} H_2C\overset{O}{—}CH-CH_2Cl + 1/2\ CaCl_2 + H_2O$$

epichlorohydrin

- **용 도**

- 에피클로로하이드린은 글리시딜에테르(glycidyl ether) 제조에 주로 사용되며, 이것은 비스페놀 A와 반응하여 에폭시수지 제조에 사용된다.
- 글리세롤 제조 원료

(10) 알릴알코올(Allyl alcohol)

알릴알코올은 염화알릴의 가수분해, 산화프로필렌의 이성화, 아세트산알릴의 가수분해에 의하여 제조된다.

① 염화알릴의 알칼리가수분해

염화알릴을 5~10%의 가성소다용액으로 가수분해하여 제조한다. 반응은 150℃, 13~14 atm에서 이루어진다.

$$CH_2{=}CHCH_2Cl + NaOH \longrightarrow CH_2{=}CHCH_2-OH + NaCl$$

② 산화프로필렌의 접촉이성질화

산화프로필렌을 약 280℃에서 접촉이성질화(catalytic isomerization) 시켜 제조한다. 촉매는 Li_3PO_4(lithium phosphate)가 사용된다.

$$CH_3-\underset{\underset{O}{\diagdown\,\diagup}}{CH-CH_2} \xrightarrow{Li_3PO_4} CH_2{=}CHCH_2OH$$

• **용 도**

- 글리세롤 제조에 사용
- 알릴알코올의 프탈산에스터는 고분자 가소제로 사용
- 폴리에스터(PBT)의 단량체인 1,4-뷰탄다이올 제조 원료

(11) 글리세롤(Glycerol)

글리세롤(glycerol, 1,2,3-propanetriol)은 글리세린(glycerin)이라고도 하며, 1866년 Nobel이 나이트로글리세린(nitroglycerin)을 만들고 이것을 규조토(kieselguhr)에 흡수시켜 다이나마이트(dynamite)를 만들면서 공업적으로 이용되었다. 글리세롤은 지방의 비누화의 부산물이었으나 합성세제의 출현으로 지방산으로부터 비누제조가 감소되고 또한 글리세롤 생산이 감소되자 그 합성법이 개발되었다. 글리세린은 생리적으로 무해하고 그의 독특한 화학적, 물리적 성질 때문에 화장품, 의약, 수지(알키드수지) 제조 등에 주로 사용된다.

• **제 법**

① 에피클로로하이드린(epichlorohydrin)의 가수분해

에피클로로하이드린을 묽은 가성소다 수용액(10%)으로 가수분해한다. 가수분해는 고압하 100~200℃에서 행한다. 글리세롤의 약 80%가 이 방법으로 합성된다.

$$H_2C\underset{O}{-}CH-CH_2Cl \xrightarrow[NaOH]{+H_2O} \underset{OH}{CH_2}-\underset{OH}{CH}-\underset{Cl}{CH_2}$$

$$\xrightarrow{-HCl} \underset{OH}{CH_2}-CH\underset{O}{-}CH_2 \xrightarrow{+H_2O} \underset{OH}{CH_2}-\underset{OH}{CH}-\underset{OH}{CH_2}$$

glycidol glycerin

② 알릴알코올의 하이드록시화

$NaHWO_4$ 촉매하 60~70℃에서 알릴알코올을 H_2O_2나 과아세트산으로 하이드록시화 하여 제조한다.

$$CH_2{=}CHCH_2{-}OH + H_2O_2 \xrightarrow{NaHWO_4} \underset{\displaystyle OH}{CH_2}{-}CH\overset{\quad}{-}CH_2 \ (\text{epoxide, } -O-) \xrightarrow{+H_2O} \underset{\displaystyle OH}{CH_2}{-}\underset{\displaystyle OH}{CH}{-}\underset{\displaystyle OH}{CH_2}$$

③ 유지의 가수분해

지방과 기름을 **유지**(fats and oils)라고 하는데, 유지는 글리세롤의 지방산에스터인 **트라이글리세라이드**(triglyceride)이다. 유지를 물이나 메탄올과 염기존재하에서 가수분해반응시키면 글리세롤과 카복실산이 생성된다. 반응조건은 250℃에서 50~60 atm에서 행한다. 유지의 비누화(saponification)라 한다.

$$\begin{matrix} CH_2COCOR \\ | \\ CHCOCOR \\ | \\ CH_2COCOR \end{matrix} + 3H_2O \xrightarrow{H^+} \underset{\displaystyle OH}{CH_2}{-}\underset{\displaystyle OH}{CH}{-}\underset{\displaystyle OH}{CH_2} + 3RCOOH$$

triglyceride glycerol carboxylic acid

• **용 도**

- 글리세린은 생리적으로 무해하여 화장품과 의약의 습윤제, 부동액 등에 사용
- 프탈산과 같은 다염기산과 축합중합에 의하여 알키드수지, 또는 폴리에스터 제조에 사용
- 생리적으로 독성이 없어 식품산업, 유압작동액, 담배제조 시, 기타 화학제품 제조용으로 사용

(12) 뷰틸알데하이드와 아이소뷰틸알데하이드

올레핀을 CO와 H_2에 의한 하이드로포밀화반응(hydroformylation)을 옥소공정(Oxo process)이라고 하며, 이때 올레핀보다 탄소수가 1개 많은 알데하이드가 합성된다. 이것은 뷰틸알데하이드(butylaldehyde)의 제조에 가장 널리 사용되는 합성법이다. 촉매로는 코발트카보닐[$Co_2(CO)_8$]이 사용된다. 프로필렌의 하이드로포밀화반응에 의해 *n*-butylaldehyde가 주생성물이며 isobutylaldehyce가 부산물로 생성된다.

$$CH_3CH{=}CH_2 + CO + H_2 \xrightarrow[150\,^\circ C,\ 200\ atm]{Co_2(CO)_8} \begin{cases} CH_3CH_2CH_2CHO \ (67\%) & (n\text{-butylaldehyde}) \\ CH_3-CH(CHO)-CH_3 \ (15\%) & (\text{isobutylaldehyde}) \end{cases}$$

• 용 도

- 뷰틸알데하이드를 수소화시켜 각각 *n*-뷰탄올, iso-뷰탄올을 제조하며 이들은 화학제품의 중간체로도 사용된다.

Tip

하이드로포밀화반응(hydroformylation)이란?

알켄에 일산화탄소와 수소를 반응시켜 알데하이드를 만드는 반응(옥소공정)이다. 이 공정은 알데하이드를 생산하지만 알코올 제조를 목적으로 조업된다. 많은 알켄이 원료로 사용되며, 이 중에 가장 중요한 원료가 프로필렌이다.

(13) *n*-뷰틸알코올(*n*-Butyl alcohol, 1-butanol)

n-뷰틸알코올은 *n*-butylaldehyde의 접촉수소화반응에 의해 제조한다. 반응은 50 atm, 100~200℃에서 니켈계 촉매로 수소화한다.

$$CH_3CH_2CH_2CHO + H_2 \xrightarrow{Ni} CH_3CH_2CH_2CH_2OH$$

• 용 도

- 주로 용매와 에스터화제(esterifying agent)로 사용
  예를 들면, 아크릴산 에스터는 도료, 접착제, 플라스틱 공업에 사용된다.

(14) 2-에틸헥산올(2-Ethylhexanol)

2-에틸헥산올은 *n*-뷰틸알데하이드의 알돌축합(aldol condensation)에 의해 생성된다. 반응은 수용성 가성소다 존재하에서 일어나 2-ethylhexnal이 생성되고, 다시 산으로 탈수시킨 다음 니켈(혹은 백금)촉매로 수소화하면 2-에틸헥산올이 만들어진다.

$$2\ CH_3CH_2CH_2\overset{O}{\overset{\|}{C}}H \xrightarrow{OH^-} CH_3CH_2CH_2\overset{OH}{\overset{|}{C}}H\underset{C_2H_5}{\underset{|}{C}}H\overset{O}{\overset{\|}{C}}H$$

$$CH_3CH_2CH_2\overset{OH}{\overset{|}{C}}H\underset{C_2H_5}{\underset{|}{C}}H\overset{O}{\overset{\|}{C}}H \xrightarrow[-\ H_2O]{H^+} CH_3CH_2CH_2CH{=}\underset{C_2H_5}{\underset{|}{C}}H\overset{O}{\overset{\|}{C}}H$$

$$CH_3CH_2CH_2CH{=}\underset{C_2H_5}{\underset{|}{C}}H\overset{O}{\overset{\|}{C}}H + H_2 \xrightarrow{Ni} CH_3CH_2CH_2CH_2\underset{C_2H_5}{\underset{|}{C}}HCH_2OH$$

• 용 도

- 2-에틸헥산올의 절반가량이 플라스틱 가소제 제조에 사용되고 이중 약 35% 정도가 프탈산에스터(예: dioctylphthalate(DOP) 등) 제조에 사용된다.
  DOP는 플라스틱의 표준가소제로 사용되고, PCB(polychlorinated biphenyl)의 대체품으로서 콘덴서의 절연액으로도 사용된다.

(15) 페놀(Phenol)과 아세톤(Acetone)

프로필렌을 벤젠과 반응시키면 큐멘(cumene)이 얻어지고, 큐멘(아이소프로필벤젠)을 산화하여 생성되는 큐멘하이드로퍼옥사이드를 산으로 분해하면 페놀이 생성되고 부산물로 아세톤이 얻어진다(Hock공정).

$$CH_3CH{=}CH_2 + C_6H_6 \xrightarrow[\text{or } AlCl_3]{H_2SO_4\ (cat)} C_6H_5{-}CH(CH_3)_2 \quad \text{(cumene)}$$

$$\xrightarrow[\substack{90\sim130\ ^{o}C \\ 5\sim10\ atm}]{+\ O_2,\ Na_2O_3} C_6H_5{-}C(CH_3)_2{-}COOH \quad \text{(cumene hydroperoxide)}$$

$$\xrightarrow[60\ ^{o}C]{1\%\ H_2SO_4} C_6H_5{-}OH\ \text{(phenol)} + CH_3COCH_3\ \text{(acetone)}$$

- **용 도**

- 페놀 ~ 페놀수지, 비스페놀 A, 염료, 농약, 의약, 항산화제의 합성원료
- 아세톤 ~ 도료, 래커, 아세트산셀룰로오스 용매로 많이 사용. 메타크릴산메틸, 메틸아이소뷰틸케톤(MIBK), 비스페놀 A 등의 합성원료

> **Tip**
>
> **비스페놀 A(bisphenol-A)는 HCl 존재하에서 아세톤과 페놀의 축합중합에 의해 제조**
>
> $$C_6H_5{-}OH + CH_3COCH_3 \xrightarrow{HCl} HO{-}C_6H_4{-}C(CH_3)_2{-}C_6H_4{-}OH$$
>
> 비스페놀 A는 에폭시수지(epoxy resin), 폴리카보네이트(polycarbonate), 폴리설폰(polysulfone) 제조에 사용

(16) 아이소프로필알코올(Isopropyl alcohol, 2-propanol)

• **제 법**

① 황산법

프로필렌을 80~87% 황산과 반응시키면 아이소프로필알코올이 합성된다.

$$CH_3CH{=}CH_2 + HO\text{-}SO_3H \longrightarrow CH_3\text{-}\underset{\displaystyle OSO_3H}{\underset{|}{CH}}\text{-}CH_3 \xrightarrow[-\,H_2SO_4]{+\,H_2O} CH_3\text{-}\underset{\displaystyle OH}{\underset{|}{CH}}\text{-}CH_3$$

② 프로필렌의 직접수화법

텅스텐계 촉매하 250℃, 150~200기압에서 프로필렌을 직접 수화하여 제조한다.

$$CH_3CH{=}CH_2 + H_2O \xrightarrow[250\ ^\circ C,\ 150\sim200\ atm]{H_2WO_4\ cat.} CH_3\text{-}\overset{\displaystyle OH}{\overset{|}{CH}}\text{-}CH_3$$

• **용 도**

- 약 50%가 아세톤 합성에 사용
- 아세트산, 질산셀룰로오스, 미리스트산(miristic acid), 올레산(oleic acid)(립스틱과 윤활제에 사용) 등 제조에 사용
- 용해 오일이나 향료를 첨가하여 소독용 알코올로 사용
- 아이소프로필팔미테이트(isopropylpalmitate)는 화장품 유화제로 사용

(17) 아세톤(Acetone)

아세톤은 주로 고분자의 용매로 많이 사용되고 메타크릴산메틸, 비스페놀 A 등에 사용된다. 주제조 공정은 Wacker-Hoechst 프로필렌 직접산화법, 아이소프로판올의 탈수소화반응, Hock공정이다. 이들 공정에서 가장 중요한 공정은 Hock공정으로 미국, 서유럽, 일본에서 아세톤 생산의 약 90~75%를 차지한다.

Hock공정은 앞에서 이미 언급하였듯이 프로필렌과 벤젠을 반응시켜 얻어진 큐멘(cumene)을 산화하시킨 후 산으로 분해하면 페놀이 얻어지고 아세톤이 부산물로 얻어진다.

$$C_6H_5\text{-}CH(CH_3)_2 \xrightarrow[H^+]{O_2} C_6H_5\text{-}OH + H_3C\text{-}C(=O)\text{-}CH_3$$

혹은 아이소프로필 알코올을 300~400℃, ZnO 촉매하, 또는 500℃ Cu-Zn 촉매하에서 탈수소화하여 아세톤을 합성한다.

$$CH_3\text{-}CH(OH)\text{-}CH_3 \xrightarrow[300\sim400\ ^\circ C]{ZnO\ cat.} CH_3\text{-}C(=O)\text{-}CH_3 + H_2$$

아세톤 제조의 가장 기술적인 방법은 Wacker-Hoechst법으로 프로필렌을 110~120 ℃, 10~15 atm, $PdCl_2$를 함유한 촉매존재하에서 공기에 의해 산화시키면 아세톤이 합성되고 부산물로 프로피온알데하이드가 생성된다.

$$CH_3CH{=}CH_2 + 0.5\ O_2 \xrightarrow[110\sim120\ ^\circ C]{catalyst} CH_3\text{-}CH(OH)\text{-}CH_3 + CH_3CH_2CHO$$

아이소프로판올을 공기산화시켜 과산화수소와 아세톤을 병산하는 방법도 미국에서 행해지고 있다.

$$CH_3\text{-}CH(OH)\text{-}CH_3 \xrightarrow{O_2} \left[CH_3\text{-}C(OH)(OOH)\text{-}CH_3 \right] \longrightarrow CH_3\text{-}C(=O)\text{-}CH_3 + H_2O_2$$

• 용 도

- 도료, 래커, 아세트산셀룰로오스 용매로 많이 사용
- 메타크릴산메틸, 메틸아이소뷰틸케톤(MIBK), 비스페놀 A 등의 합성원료

4.5 C_4 화합물의 유도체 합성

C_4 탄화수소 중에서 가장 중요한 것은 1,3-뷰타다이엔, 뷰틸렌 이성질체와 클로로프렌, 아이소프렌 등이다. C_4 유분은 주로 합성고무 또는 수지 원료로 사용되고 있다. 그림 4-12에 주요 C_4 유도체의 생산계통을 나타내었다.

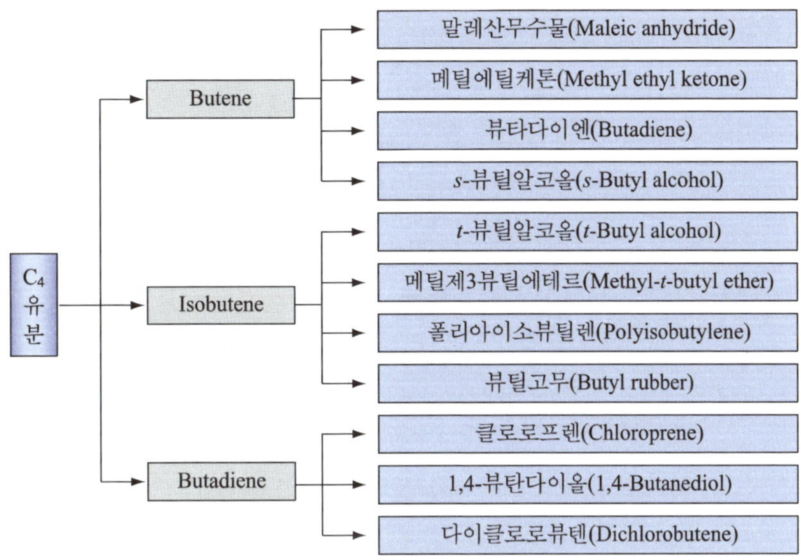

그림 4-12 C_4 유도체의 합성 계통도

(1) 말레산무수물(Maleic anhydride)

말레산무수물은 고체화합물(m.p. 53℃)로 물, 알코올, 아세톤에 잘 녹지만 탄화수소 용매에는 녹지 않는다. 말레산무수물은 주로 벤젠으로부터 생산되었으나, 이 반응은 발열이 크며 대량으로 이산화탄소를 발생하는 결점을 가지고 있기 때문에, 최근 C_4 유분 중의 *n*-부탄 혹은 뷰텐을 V-Fe-P 복합산화물촉매를 사용하여 공기산화하는 방법이 개발되었다.

① *n*-부탄의 산화

말레산무수물의 수요 증가로 *n*-부탄의 산화공정이 개발되어 현재 가장 널리 사용되는 말레산무수물 제조공정이다. *n*-부탄을 바나듐 산화물 촉매로 산화반응시켜 제조한다.

$$CH_3CH_2CH_2CH_3 + 3.5\ O_2 \xrightarrow{V_2O_3} \text{(말레산무수물)} + 4\ H_2O$$

② 뷰틸렌, 뷰타다이엔의 산화

말레산무수물은 뷰텐을 접촉산화켜 제조한다. 반응조건은 400~450℃, 2~4 atm에 실시한다. 촉매는 몰리브덴, 바나듐-인 산화물의 혼합물로 구성된 특수한 촉매가 사용된다. 이 방법으로 말레산무수물이 약 45%의 수율로 얻어진다.

$$\begin{matrix} CH_2{=}CHCH_2CH_3 \\ CH_3CH{=}CHCH_3 \end{matrix} + 3O_2 \longrightarrow \text{(말레산무수물)} + 3\ H_2O$$

③ 벤젠의 산화

벤젠을 공기로 접촉산화 시켜 제조한다. 반응조건은 2~5기압, 400~450℃, V_2O_5-MoO_3나 V_2O_5-H_3PO_4 촉매 존재하에서 진행한다. 벤젠의 전화율은 85~95%이고 선택도는 60~75%이다.

$$\text{(벤젠)} + 9/2\ O_2 \xrightarrow[\substack{300\sim450\ ^\circ C \\ 2\sim5\ atm}]{V_2O_5\ cat.} \text{(말레산무수물)} + 2\ CO_2 + 2\ H_2O$$

이 반응은 발열량이 크기 때문에 부반응의 가능성이 크고 이산화탄소가 다량 발생하며 다관식 열교환기형 고정상에서 반응시킨다.

• 용 도

- 말레산무수물은 다른 단위체와 중합하여 불포화 폴리에스터수지 제조에 사용한다. 이들 수지는 말레산무수물의 가장 큰 용도이며, 건축, 해양, 수송공업에서 유리섬유강화 열경화플라스틱(fiber-reinforced plastics, FRP)에 사용

- 말레산의 트랜스 이성질체인 퓨말산(fumaric acid), 2차 생성물인 말산(malic acid, $HOOCCH_2$-CH(OH)COOH)으로 전환된다. 말산은 주로 폴리에스터 제조, 식품첨가물 또는 입욕제의 합성원료로 사용
- 말라티온(malathion)과 같은 살충제, 말레산 하이드라자이드(maleic hydrazide)와 같은 제초제나 담배생장의 생장조절제 제조에 사용
- 말레산뷰틸과 같은 가소제와 윤활유첨가제 제조에 사용

(2) 메틸에틸케톤(Methyl ethyl ketone, MEK)

1-뷰텐을 Wacker형 촉매($PdCl_2/CuCl_2$)를 사용하여 에틸렌으로부터 아세트알데하이드 제조에 사용된 것과 유사한 산화공정으로 합성된다.

$$H_2C{=}CHCH_2CH_3 + 1/2\,O_2 \longrightarrow CH_3\overset{O}{\overset{\|}{C}}\,CH_2CH_3$$

• 용 도

- 주로 바이닐과 아크릴 코팅, 나이트로셀룰로오스 래커, 접착제의 용매로 사용
- 윤활유 제조의 탈왁스 공정의 기름을 용해시켜 왁스를 제거시키는 선택적인 용매로 사용
- 아크릴, 폴리에스터 고분자 형성의 중합촉매로 사용

(3) *sec* – 뷰틸알코올(*sec* – Butyl alcohol, 2–Butanol)

1-뷰텐 혹은 2-뷰텐을 황산과 반응시키고 가수분해하여 제조한다. 황산화반응은 약 35℃에서 액상에서 일어나며 여기서 생겨난 *sec*-butyl hydrogen sulfate가 가수분해되어 2-butanol과 황산이 된다.

$$\begin{matrix} H_2C{=}CHCH_2CH_3 \\ CH_3CH{=}CHCH_3 \end{matrix} + H_2SO_4 \longrightarrow CH_3\overset{OSO_3H}{\overset{|}{C}H}\,CH_2CH_3$$

$$\xrightarrow{H_2O} CH_3\overset{OH}{\overset{|}{C}H}CH_2CH_3 + H_2SO_4$$

• 용 도

- 용매, 페인트제거제, 유기합성 중간체로 사용
- *sec*-뷰탄올을 탈수소화반응시켜 MEK 제조

$$CH_3CH(OH)CH_2CH_3 \xrightarrow[400°C]{ZnO} CH_3C(=O)CH_2CH_3 + H_2$$

(4) 메틸-3-뷰틸에테르(Methyl *tert*-butyl ether, MTBE)

아이소뷰텐에 메탄올을 부가시키면 메틸-3-뷰틸에테르(MTBE)가 생성된다. 반응은 고체 산촉매(불균일 설폰화폴리스타이렌수지) 존재의 낮은 온도(50℃)에서 액상으로 일어난다.

$$CH_3-C(CH_3)=CH_2 + CH_3OH \longrightarrow CH_3-O-C(CH_3)_2-CH_3$$

MTBE는 고옥탄가(115) 연료로서 가솔린 첨가용으로 주로 이용되고 있다. MTBE와 함께 ETBE(ethyl *t*-butyl ether)도 옥탄가 향상제로 사용되고 있다. ETBE도 불균일 이온교환수지 촉매(MTBE와 유사)를 사용하여 비슷한 조건에서 아이소뷰틸렌과 에탄올의 반응에 의하여 제조된다.

$$CH_3-C(CH_3)=CH_2 + CH_3CH_2OH \longrightarrow CH_3CH_2-O-C(CH_3)_2-CH_3$$

(5) *tert*-뷰틸알코올(*tert*-Butyl alcohol)

제3뷰틸알코올은 아이소뷰텐을 산촉매 수화반응시켜서 제조한다. 반응은 온화한 온도(10~30℃)에서 50~60% 황산 존재의 액상에서 일어난다.

$$CH_3-C(CH_3)=CH_2 + H_2O \xrightarrow{H^+} CH_3-C(CH_3)_2-OH$$

• 용 도

- 유기화합물 중간체로 사용
- 약품 제조 용매, 페인트 제거제, 고옥탄가 가솔린 첨가제 등으로 사용

(6) 뷰타다이엔(1,3-Butadiene)으로부터 유도되는 화학제품

뷰타다이엔의 제법은 4.2절에서 자세히 다루었다. 뷰타다이엔으로 유도되는 주요 제품은 그림 4-13에 표시하였다. 중합체 이외의 원료로 사용되는 것 중에서 대표적인 것에 아디포나이트릴의 제조가 있다. 아디포나이트릴은 나일론66의 원료제조용으로 사용되고 있다.

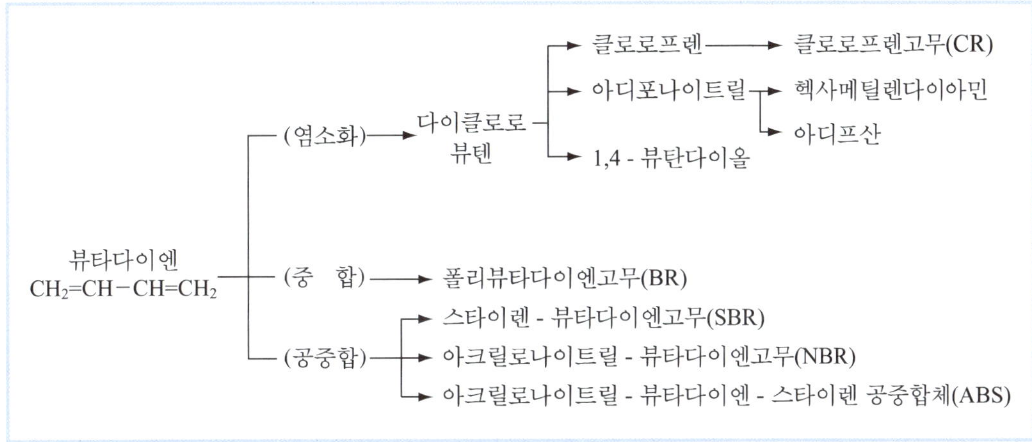

그림 4-13 뷰타다이엔계 주요 화학제품

(7) 아디포나이트릴(Adiponitrile)

아디포나이트릴은 무색 액체로 물에 소량 녹으며 알코올에 잘 녹는다. 아디포나이트릴의 주용도는 나일론66의 제조이다. 에틸렌의 유도체인 아크릴로나이트릴의 전해이량화에 의한 아디포나이트릴의 합성법은 3.3절에서 다루었다.

뷰타다이엔으로부터 아디포나이트릴의 제조는 자유라디칼 염소화반응(free radical chlorination)으로 시작하여 1,4-dichloro-2-butene과 3,4-dichloro-1-butene이 생성된다. 기상염소화반응은 약 200~300℃에서 일어난다.

$$2\,CH_2{=}CHCH{=}CH_2 + 2\,Cl_2 \longrightarrow ClCH_2CH{=}CHCH_2Cl + CH_2{=}CH\underset{\displaystyle Cl}{\underset{|}{C}}HCH_2Cl$$

생성된 dichlorobutene 혼합물을 사이안화구리(copper cyanide) 존재하에서 NaCN 또는 HCN으로 반응시키면 1,4-dicyano-2-butene이 생성되고, 이것을 백금촉매로 수소화반응하면 아디포나이트릴이 합성된다.

$$\begin{matrix} ClCH_2CH{=}CHCH_2Cl \\ CH_2{=}CH\underset{\displaystyle Cl}{\underset{|}{C}}HCH_2Cl \end{matrix} + 4\,NaCN \longrightarrow 2\,NC\text{-}CH_2CH{=}CHCH_2\text{-}CN + 4\,NaCl$$

$$NC\text{-}CH_2CH{=}CHCH_2\text{-}CN + H_2 \longrightarrow NC-(CH_2)_4-CN$$

• **용 도**

- 주로 헥사메틸렌다이이이민(나일론66 원료) 제조에 사용

(8) 헥사메틸렌다이아민(Hexamethylene diamine)

헥사메틸렌다이아민은(1,6-hexanediamine)은 무색의 고체로 물과 알코올에 잘 녹는다. 제조는 아디포나이트릴을 니켈 촉매하에서 액상접촉 수소화 반응으로 합성된다. 촉매는 니켈이나 코발트계 촉매를 사용하며 약 200℃, 30 atm에서 반응시킨다.

$$CN-(CH_2)_4-CN + 4\,H_2 \xrightarrow{\text{Ni cat.}} H_2N-(CH_2)_6-NH_2$$

헥사메틸렌다이아민은 아디프산(adipic acid)을 탈수 촉매(boron phosphate나 silica 등)를 사용하여 340℃에서 암모니아와 반응시킨 다음 생성된 아디포나이트릴을 수소화하여 제조할 수도 있다.

$$HOOC-(CH_2)_4-COOH + 2\,NH_3 \xrightarrow[340\,°C]{SiO_2} CN-(CH_2)_4-CN \xrightarrow[\text{Ni cat.}]{H_2} H_2N-(CH_2)_6-NH_2$$

• **용 도**

- 대부분 나일론66 제조에 사용

(9) 아디프산(Adipic acid)

아디프산(hexanedioic acid)은 뷰타다이엔의 액상접촉 카보닐화반응(liquid phase catalytic carbonylation)에 의해 제조된다. 촉매는 $RhCl_2$와 CH_3I가 사용되고 약 220 ℃, 75 atm에서 반응이 이루어진다.

$$CH_3=CHCH=CH_2 + 2\,CO + 2\,H_2O \longrightarrow HOOC-(CH_2)_4-COOH$$

나일론 중간체인 아디프산은 사이클로헥산의 산화반응 및 질산화반응에 의해서도 합성되며 미국에서는 약 80%가 이 공정으로 아디프산을 생산하고 있다. 이 반응은 다음 절의 방향족탄화수소의 유도체에서 다루어진다.

• 용 도

- 아디프산은 헥사메틸렌다이아민과 함께 나일론66 제조에 사용
  (나일론-66은 합성섬유로 주로 사용되며, 일부는 플라스틱으로도 사용)
- 다이에스터(diester)로서 가소제, 합성윤활제로 사용
- 가소제로서 식품포장용 필름제조에 사용

(10) 클로로프렌(Chloroprene)

클로로프렌(2-chloro-1,3-butadiene)은 내약품성 등에 우수한 합성고무인 폴리클로로프렌(polychlorprene)의 원료로서 중요하다. 현재 주로 뷰타다이엔으로부터 클로로프렌을 합성한다.

클로로프렌 제조공정은 3단계로 이루어진다. 첫째 단계에서는 뷰타다이엔을 250~300℃에서 염소화시키면 1,4-dichloro-2-butene과 3,4-dichloro-1-butene이 만들어진다. 2단계에서는 1,4-이성질체는 CuCl촉매와 함께 100℃로 가열하면 3,4-다이클로로-2-뷰텐으로 이성화한다. 마지막 3단계반응은 85~100℃에서 묽은 알칼리용액으로(15% NaOH 수용액) 탈염화수소하면 클로로프렌이 생성된다.

$$CH_2{=}CH{-}CH{=}CH_2 + Cl_2 \xrightarrow{300°C} \begin{cases} CH_2(Cl){-}CH{=}CH{-}CH_2(Cl) \\ CH_2(Cl){-}CH(Cl){-}CH{=}CH_2 \end{cases}$$

$$CH_2(Cl){-}CH{=}CH{-}CH_2(Cl) \xrightarrow[\text{50°C}]{\text{isomerization (CuCl cat.)}} CH_2(Cl){-}CH(Cl){-}CH{=}CH_2$$

$$CH_2(Cl){-}CH(Cl){-}CH{=}CH_2 \xrightarrow[-\text{HCl}]{\text{NaOH}} CH_2{=}C(Cl){-}CH{=}CH_2$$

• 용 도

- 대부분의 클로로프렌은 네오프렌(Neoprene)고무 제조에 사용
  (네오프렌 고무는 햇빛이나 오일에 안정하여 화학실험실에서 많이 사용)
- 클로로프렌의 전구체 1,4-다이클로로-2-뷰텐은 아디포나이트릴, 1,4-뷰탄다이올, THF 제조에 사용.

(11) 1,4-뷰탄다이올(1,4-Butanediol)

뷰탄다이올의 제조는 뷰타다이엔을 아세트산으로 아세톡시화(acetoxylation)하여 생긴 1,4-diacetoxy-2-butene을 수소화하면 1,4-diacetoxybutane이 생성되고, 이를 가수분해하면 1,4-뷰탄다이올과 아세트산이 제조된다.

$$CH_2{=}CH{-}CH{=}CH_2 + 2CH_3COOH \xrightarrow[\text{80°C, 27 atm}]{\text{Pt-Te cat.}} CH_3\overset{O}{\overset{\|}{C}}OCH_2CH{=}CHCH_2O\overset{O}{\overset{\|}{C}}CH_3$$

$$CH_3\overset{O}{\overset{\|}{C}}OCH_2CH{=}CHCH_2O\overset{O}{\overset{\|}{C}}CH_3 + H_2 \xrightarrow[\text{80°C, 60 atm}]{\text{Ni-Zn cat.}} CH_3\overset{O}{\overset{\|}{C}}O(CH_2)_4O\overset{O}{\overset{\|}{C}}CH_3$$

$$CH_3\overset{O}{\overset{\|}{C}}O(CH_2)_4O\overset{O}{\overset{\|}{C}}CH_3 + 2H_2O \rightarrow HO(CH_2)_4OH + 2CH_3COOH$$

• 용 도

- 엔지니어링 플라스틱(PBT 등) 및 폴리우레탄 수지의 원료로 사용

4.6 방향족화합물의 유도체 합성

방향족탄화수소의 중요한 원료물질은 벤젠(benzene), 톨루엔(toluene), 에틸벤젠(ethyl benzene), *o*-, *m*-, *p*-자일렌(xylene) 등이다. 방향족탄화수소의 원래의 근원은 석탄건류(石炭乾溜)이다. 석탄은 2가지 목적으로 건류한다. 철을 생산하기 위한 코크스(cokes)의 생산과 석탄가스 생산이며 석탄가스는 현재 중요성이 거의 없다.

현재 방향족탄화수소의 대부분은 석유로부터 얻어지고 있다. 석유의 접촉개질, 나프타와 경유분해 부산물로 얻어지는 열분해가솔린에 의해서 제조된다.

방향족화합물은 가장 널리 사용되고 있는 중요한 원료물질 중의 하나이다. 예를 들면 서유럽에서 모든 플라스틱 생산물의 약 30%, 모든 합성고무 생산물의 약 65%, 모든 합성섬유의 약 75%가 방향족 화합물로부터 유래된다. 주요 공업국에서는 벤젠의 약 50% 이상이 에틸벤젠을 제조하여 스타이렌(styrene)을 제조하는데 사용된다. 그리고 약 20% 정도가 큐멘을 합성하여 페놀을 합성하는데 사용된다. 그리고 벤젠을 수소화하여 사이클로헥산(cyclohexane)을 제조하여 폴리에스터의 원료인 아디프산(adpic acid)이나 나일론6의 원료인 카프로락탐(caprolactam)을 제조하는데 사용된다. 또한 벤젠을 나이트로화하여 나이트로벤젠(nitrobenzene)을 합성하고 이것을 환원하여 아닐린(aniline)을 만들어 폴리우레탄(polyurethane)의 원료인 MDI(methylene diphenyl isocyanate)나 염료중간체로서 주로 사용되고 있다.

톨루엔과 자일렌의 사용범위는 벤젠에 비해 제한적이다. 톨루엔의 대부분은 탈알킬화(dealkylation)와 불균등화(disproportionation)반응을 통하여 벤젠으로 전환된다. 톨루엔의 경우 벤젠 이외에 톨루엔다이아이소사이아네이트(TDI, toluene diisocyanate)가 주로 생산되는 유일한 유도체이다. 벤조산(benzoic acid)은 매우 한정된 소수의 지역에서만 대량 생산된다. *o*-자일렌과 *p*-자일렌은 무수프탈산(phthalic anhydride)과 테레프탈산(terephthalic acid) 제조에 주로 사용된다.

방향족화합물의 반응성은 일반적으로 친전자성 치환반응(electrophilic substitution)이다. 벤젠은 알킬화, 나이트로화, 염소화되어 많은 중요한 화학제품을 만드는 원료물질이다. 그림 4-14에 벤젠, 톨루엔, 자일렌의 유도체를 나타내었다.

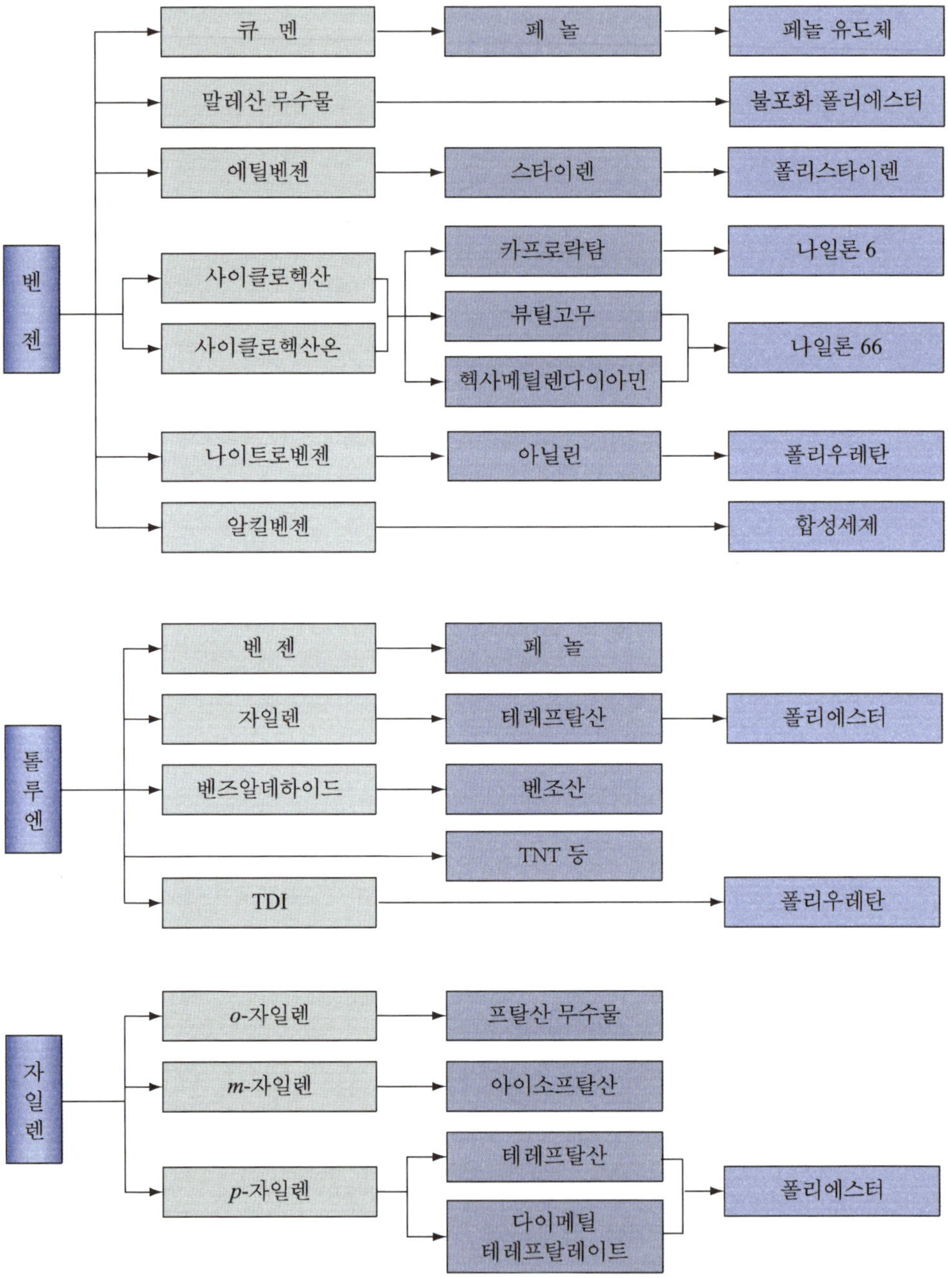

벤젠
- 큐멘 → 페놀 → 페놀 유도체
- 말레산 무수물 → 불포화 폴리에스터
- 에틸벤젠 → 스타이렌 → 폴리스타이렌
- 사이클로헥산, 사이클로헥산온 → 카프로락탐 → 나일론 6
- 사이클로헥산, 사이클로헥산온 → 뷰틸고무
- 사이클로헥산, 사이클로헥산온 → 헥사메틸렌다이아민
- 뷰틸고무, 헥사메틸렌다이아민 → 나일론 66
- 나이트로벤젠 → 아닐린 → 폴리우레탄
- 알킬벤젠 → 합성세제

톨루엔
- 벤 젠 → 페 놀
- 자일렌 → 테레프탈산 → 폴리에스터
- 벤즈알데하이드 → 벤조산
- TNT 등
- TDI → 폴리우레탄

자일렌
- *o*-자일렌 → 프탈산 무수물
- *m*-자일렌 → 아이소프탈산
- *p*-자일렌 → 테레프탈산, 다이메틸 테레프탈레이트 → 폴리에스터

그림 4-14 BTX 유도체의 합성 계통도

(1) 에틸벤젠(Ethyl benzene)

에틸벤젠은 끓는점이 136.2℃인 무색 방향족 액체로 거의 대부분이 스타이렌(styrene) 제조에 사용된다. 에틸벤젠은 C_8의 유분으로부터 분리하여 얻을 수 있으나, 이 방법으로 얻은 에틸벤젠의 양은 합성방법에서 얻는 것보다 훨씬 적다.

세계 벤젠 생산량의 절반 이상이 에틸벤젠 제조에 사용된다. 대부분의 에틸벤젠은 벤젠을 에틸렌으로 접촉알킬화하여 얻고 있다(Friedel-Crafts반응). 촉매는 고체 인산, 염화알루미늄($AlCl_3$), 제올라이트, BF_3-Al_2O_3 등의 고체산이 사용되며 $AlCl_3$-HCl이 일반적이다. 액상 $AlCl_3$가 사용될 경우 전형적인 반응조건은 40~100℃, 2~8 atm이다.

$$C_6H_6 + H_2C{=}CH_2 \xrightarrow{AlCl_3} C_6H_5CH_2CH_3$$

유동상식 접촉분해공정(fluidized-bed catalytic cracking)의 배기가스로부터 생성되는 묽은 에틸렌을 사용하는 Badger공정은 고정상식 타입의 제올라이트 불균일촉매가 사용된다. 반응조건은 420℃, 200~300 atm이다.

• 용 도

- 거의 대부분이 스타이렌 제조에 사용
- 그 외 페인트 용매, 다이에틸벤젠(diethylbenzene), 아세토페논(acetophenone) 제조에 사용

(2) 스타이렌(Styrene)

스타이렌은 액체(b.p. 145.2℃)이며 자유라디칼에 의해 개시되거나 또는 빛에 노출되면 쉽게 중합된다. 스타이렌의 제조법은 에틸벤젠의 탈수소화법, 에틸벤젠을 산화·에폭시화하여 탈수하는 방법 등이 공업화되어 있다.

① 에틸벤젠의 탈수소화법

에틸벤젠을 금속산화물 촉매로 탈수소화하여 제조한다. 촉매는 철, 크롬, 규소,

코발트, 아연의 산화물 또는 그들의 혼합물이 사용된다. 기상공정의 전형적인 반응온도는 600~660℃, 압력은 대기압 또는 대기압 이하이고 수증기와 함께 촉매위에 통과시켜서 탈수소화시킨다.

$$C_6H_5CH_2CH_3 \xrightarrow[600\sim660^{\circ}C]{Fe_2O_3 - CrO_3} C_6H_5CH{=}CH_2 + H_2$$

② 에틸벤젠의 산화 · 에폭시화 · 탈수화(Halcon법)

미국 Scientific Design사에서 개발한 방법으로, 에틸벤젠의 공기산화로 얻어지는 1-페닐에틸하이드로퍼옥사이드를 프로필렌으로 에폭시화하고, 이때 얻어지는 1-페닐에틸알코올을 산화타이타늄 촉매로 탈수하여 합성한다(Halcon법). 반응조건과 촉매를 다음 반응에 나타내었다.

$$C_6H_5CH_2CH_3 \xrightarrow[150\ ^{\circ}C,\ 5\ atm]{O_2} C_6H_5CH(OOH){-}CH_3$$

1-phenylethylhydroperoxide

$$\xrightarrow[H_2MoO_4]{CH_3CH{=}CH_2} C_6H_5CH(OH){-}CH_3 + H_3C{-}CH{-}CH_2 \text{ (epoxide, O)}$$

1-phenylethyl alcohol　　propylene oxide

$$C_6H_5CH(OH){-}CH_3 \xrightarrow[250\ ^{\circ}C]{TiO_2\text{-}Al_2O_3} C_6H_5CH{=}CH_2 + H_2O$$

이 산화법은 공산화법으로도 불리며 세계 스타이렌 공급의 약 15~20% 정도가 이 공정으로 생산된다. 전통적인 스타이렌 제조공정보다는 시설비가 많이 들지만 프로필렌옥사이드를 동시에 제조할 수 있으므로 유용한 공정이다.

• 용 도

- 주용도는 폴리스타이렌(polystyrene) 제조
- 뷰타다이엔과의 공중합체인 SBR, 아크릴로나이트릴과의 공중합체인 ABS 삼원중합체(terpolymer), SAN(styrene acrylonitrile) 공중합체 등의 제조에 사용

(3) 큐멘(Cumene)

큐멘(cumene, isopropyl benzene)의 주요 제조공정은 벤젠을 프로필렌으로 알킬화시켜 제조한다. 알킬화반응은 액상 또는 기상공정이 사용되며 액상공성에서 온도는 50℃, 5 atm에서 실시하며 촉매는 황산 또는 염화알루미늄을 사용한다.

$$C_6H_6 + CH_3CH{=}CH_2 \xrightarrow[\text{or } AlCl_3]{H_2SO_4\text{ (cat)}} C_6H_5-CH(CH_3)_2$$

기상공정에서 반응온도는 약 250℃, 40 atm이다. 촉매는 규조토를 담체로 하는 인산이 사용된다.

(4) 페놀(Phenol)

페놀은 가장 오래된 상업적인 유기화합물 중의 하나이다. 페놀은 석탄타르(coal tar)를 추출하여 19세기 중반 처음 만들어졌으며 지금까지도 적은 양이 이 방법으로 만들어지고 있다. 따라서 페놀을 석탄산(carbolic acid)이라고도 하며 벤젠 유도체 중에서 에틸벤젠 다음으로 많은 양(벤젠 생산량의 약 15~20%)이 주요 선진국들에서 사용되고 있다.

페놀의 제법은 소량이 코올타르나 코크스로수(coke-oven water), 열분해공장의 폐수로부터 추출하여 얻어지고, 황산화공정, 클로로벤젠공정, Scientific Design공정 등에 의하여 합성될 수 있으나 현재 페놀·아세톤 제조공정인 cumene공정이 주로 이용되고 있다.

① Cumene공정(Hock공정)

페놀은 큐멘의 2단계 공정에 의해 제조된다. 큐멘은 공기에 의해 산화되어 하이드로과산화큐멘(cumene hydroperoxide)이 만들어진다. 반응조건은 금속염 촉매하에서 약 100~130℃, 3~10 atm이다. 2번째 단계에서 하이드로과산화물은 산 존재하에서 분해되어 페놀과 아세톤이 생성된다. 반응조건은 약 80℃, 대기압보다 약간 낮은 압력에서 이루어진다.

$$C_6H_5-CH(CH_3)_2 \xrightarrow[\substack{100\sim130\ ^\circ C \\ 5\sim10\ atm}]{+O_2,\ Na_2O_3} C_6H_5-C(CH_3)_2OOH \text{ (cumene hydroperoxide)}$$

$$\xrightarrow[80\ ^\circ C]{1\%\ H_2SO_4} C_6H_5-OH \text{ (phenol)} + H_3C-\overset{O}{\overset{\|}{C}}-CH_3 \text{ (acetone)}$$

② 톨루엔의 산화공정

근년에는 원료가 비교적 저렴한 톨루엔의 산화에 의한 페놀합성이 이루어지고 있다. 이 공정은 나프타의 분해공정에서 얻어지는 과잉의 톨루엔을 활용하는 방법인 Snia Viscosa법으로 Co-아세트산염 존재하에서 9기압, 165℃에서 산화시킨다. 처음 산화에 의해서 벤조산이 생성되고, 더 산화되어 *p*-hydroxybenzoic acid가 생성되며, 이것이 분해되어 페놀이 합성된다. 이 공정은 고가의 벤조산 부산물이 얻어지므로 경제성이 있다.

$$C_6H_5-CH_3 + \frac{3}{2}O_2 \xrightarrow[165\ ^\circ C,\ 9\ atm]{cat.} C_6H_5-COOH + H_2O$$

$$C_6H_5-COOH \xrightarrow{1/2\ O_2} HO-C_6H_4-COOH \xrightarrow{-CO_2} C_6H_5-OH$$

• **용 도**

- 페놀수지(페놀 - 폼알데하이드의 축중합체) 제조에 가장 많이(약 50%) 사용
  (페놀수지는 페인트, 접착제, 성형재료, 발포플라스틱 등의 제조 원료)
- 페놀과 아세톤의 축합에 의하여 비스페놀 A[2,2-bis(4-hydroxyphenyl) propane] 제조에도 상당량 사용
  (비스페놀 A의 주용도는 에폭시수지, 폴리카보네이트수지의 제조 원료)

$$C_6H_5\text{-}OH + H_3C\text{-}C(=O)\text{-}CH_3 \xrightarrow{H^+} HO\text{-}C_6H_4\text{-}C(CH_3)_2\text{-}C_6H_4\text{-}OH + H_2O$$

- 살리실산(salicylic acid), 아스피린(aspirin, acetylsalicylic acid), 사이클로헥산온(cyclohexanone), 알킬페놀, 아닐린, 클로로페놀, 아디프산 등의 제조 원료
- 가소제, 산화방지제

(5) 말레산무수물(Maleic anhydride)

현재 말레산무수물의 주요 제조방법은 부탄의 산화이다(제4.5절 참조). 벤젠의 산화법은 무수말레산을 제조하는 가장 오래된 방법이다. 반응은 벤젠을 공기로 접촉산화한다. 반응조건은 2~5기압, 400~450℃, V_2O_5-MoO_3나 V_2O_5-H_3PO_4 촉매 존재하에서 진행한다. 벤젠의 전화율은 85~95%이고 선택률은 60~75%이다.

$$C_6H_6 + 9/2\ O_2 \xrightarrow[\text{300~450 °C, 2~5 atm}]{V_2O_5\ \text{cat.}} C_4H_2O_3 + 2\ CO_2 + 2\ H_2O$$

이 반응은 발열량이 크기 때문에 부반응의 가능성이 크고 이산화탄소가 다량 발생하며 다관식 열교환기형 고정상에서 반응시킨다.

Tip

참고

전화율(conversion) : 반응에 의해 소비되는 원료의 비율
선택률(selectivity) : 소비원료에 대한 어떤 생성물의 수량의 비율
수율(yield) = 전화율 (%) × 선택률(%) / 100

• **용 도**

- 말레산무수물은 다른 단위체와 중합하여 불포화 폴리에스터수지 제조에 사용한다. 이들 수지는 말레산무수물의 가장 큰 용도이며, 건축, 해양, 수송공업에서 유리섬유강화 열경화플라스틱(fiber-reinforced plastics)에 사용된다.

- 말레산의 트랜스 이성질체인 퓨말산(fumaric acid), 2차 생성물인 말산(malic acid, $HOOCCH_2$-CH(OH)COOH)으로 전환된다. 말산은 주로 폴리에스터 제조, 식품첨가물 또는 입욕제의 합성원료로 사용된다.
- 말라티온(malathion)과 같은 살충제, 말레산 하이드라자이드(maleic hydrazide)와 같은 제초제나 담배생장의 생장조절제 제조에 사용
- 말레산뷰틸과 같은 가소제와 윤활유첨가제 제조에 사용

(6) 나이트로벤젠(Nitrobenzene)

나이트로벤젠은 오래전에 상업화된 유기화합물이다. 벤젠의 약 5% 정도가 나이트로벤젠을 만드는데 사용된다. 나이트로벤젠은 1834년 개발된 벤젠의 나이트로화(nitration)에 의한 제조법이 아직도 사용되고 있다. 다만 현재는 회분식공정(batch process) 대신 연속식공정(continuous process)이 주로 사용된다. 벤젠이 질산과 황산의 혼산(mixed acid)에 의해서 약 50℃에서 나이트로화가 일어난다.

$$C_6H_6 + HONO_2 \xrightarrow{H_2SO_4} C_6H_5NO_2 + H_2O$$

이 반응은 친전자성 치환반응으로 나이트로늄이온(nitronium ion, NO_2^+)이 관여된다.

$$HNO_3 + 2H_2SO_4 \rightarrow NO_2^+ + H_3O^+ + 2HSO_4^-$$

나이트로늄이온의 농도는 두 산의 비와 혼합물속의 물의 함량에 따라 결정된다. 벤젠의 연속 나이트로화에서 반응온도는 50~100℃에서 혼산의 전형적인 농도는 56~65 % 황산, 20~28% 질산과 15~18%의 물이 사용된다. 나이트로벤젠의 수율은 약 96~99%로 높은 편이다.

- **용 도**
- 나이트로벤젠의 98%가 아닐린 제조에 사용
- 아조염료와 사진 화학약품으로 사용되는 아세트아미노펜 제조에 사용

- 그 외 다이나이트로벤젠, 트라이나이트로벤젠, 클로로벤젠, 나이트로벤젠설폰산 등의 염료중간체로 사용
- 기타 산화제나 용매로 사용

(7) 아닐린(Aniline)

아닐린의 전통적인 제조방법은 묽은 염산과 철 분말을 사용하여 나이트로벤젠을 환원시키는 방법이었으나, 현재는 촉매 수소화로 대부분 대체되었다. 촉매수소화공정은 270~290℃, 1 atm보다 약간 높은 압력, Ni, Pt, Pd 촉매를 사용하여 실시한다. 수율은 95% 이상이다.

$$C_6H_5NO_2 + 3\ H_2 \longrightarrow C_6H_5NH_2 + 2\ H_2O$$

기타 아닐린 제조방법은 페놀의 가암모니아분해반응(ammonolysis)으로 현재 세계 아닐린 생산의 약 15~20% 정도가 이 방법으로 생산되고 있다. 반응조건은 200기압, 425℃, Al_2O_3, SiO_2(제올라이트)와 Mg, Al, Ti 산화물 혼합물 촉매하에서 반응이 일어난다. 이 방법으로 제조된 아닐린은 순도가 아주 좋다.

$$C_6H_5OH + NH_3 \xrightarrow{Al_2O_3\ /\ SiO_2} C_6H_5NH_2 + H_2O$$

- **용 도**
- 주로 MDI(methylenediisocyanate, 4,4'-diphenylmethane diisocyanate) 제조에 사용(MDI는 건축재, 냉동, 포장재 등의 폴리우레탄폼(polyurethane foam) 제조에 사용)
- 고무화학제품, 염료, 농약, 의약 등의 중간체 제조.

(8) 알킬벤젠(Alkylbenzene)

선형 알킬벤젠(linear alkylbenzene)은 벤젠의 알킬화제품으로 생분해성 음이온계 면활성제 제조에 사용된다. 선형 알킬벤젠은 벤젠을 알킬화하여 제조하며 알킬화제는 선형 C_{12}~C_{14} 모노올레핀(monoolefin) 또는 모노클로로알케인(monochloroalkane)이 사용된다. 선형 올레핀(α-olefin)을 사용하는 벤젠의 일반적인 알킬화반응은 다음과 같다. 온도 40~70℃에서 HF 촉매를 사용한다.

$$C_6H_6 + RCH{=}CH_2 \xrightarrow{H^+} C_6H_5\text{-}CH(CH_3)R$$

선형 알킬벤젠을 SO_3로 설폰화(syulfonation)한 다음, NaOH로 중화하여 세제의 활성성분인 선형 알킬벤젠설폰산염(linear alkylbenzene sulfonate, LABS)을 제조한다.

$$R\text{-}C_6H_5 + SO_3 \rightarrow R\text{-}C_6H_4\text{-}SO_3 \xrightarrow{NaOH} R\text{-}C_6H_4\text{-}SO_3Na$$

(9) 사이클로헥산(Cyclohexane)

사이클로헥산은 나일론6의 단위체(monomer)인 카프로락탐(caprolactam)과 나일론66의 단위체인 헥사메틸렌다이아민(hexamethylene diamine)과 아디프산(adipic acid) 제조의 원료로서 중요하다. 사이클로헥산은 원유의 나프타 분해유분 중에서(함량 0.5~5%) 분별증류하여 얻어졌으나 순도와 경제성이 낮아서 지금은 거의 벤젠의 수소첨가반응으로 얻어진다. 현재 벤젠의 약 15~20% 정도가 사이클로헥산 제조에 쓰인다.

사이클로헥산은 벤젠을 수소화시켜 제조한다. 촉매는 Ni/Al_2O_3, Ni/Pd, Pt와 같은 많은 촉매계가 사용된다. 반응조건은 160~220℃, 25~30 atm이다.

$$C_6H_6 + 3\,H_2 \xrightarrow{Pt\ (or\ Ni)} C_6H_{12} \qquad \Delta H = -266\ kJ/mole$$

액상반응은 더 오래된 방법이나 새로운 기상반응은 새로운 촉매계를 사용하여 더 높은 온도에서 조업되고 따라서 조업속도도 빠르다. 수소화반응은 높은 발열반응이며 상당한 부피감소(4에서 1로)가 일어나는 특성이 있다. 따라서 평형조건은 온도와 압력에 의해 많은 영향을 받는다.

• **특 징**

- 무색 액체이고 물에 녹지 않으며 탄화수소 용매, 알코올, 아세톤에 녹는다.
- 쉽게 탈수소화되어 벤젠이 만들어진다.

• **용 도**

- 사이클로헥산은 산화되어 사이클로헥산온과 사이클로헥산올이 되며 이들은 나일론의 원료인 ε-카프로락탐과 아디프산[$HOOC-(CH_2)_4-COOH$] 제조에 사용된다.

(10) ε- 카프로락탐(ε- Caprolactam)

ε-카프로락탐은 흡습성의 백색결정상의 고체이다. 락탐(lactam)은 분자 내에 아마이드기(amide group, −CONH−)를 함유하는 헤테로 고리모양 화합물의 총칭으로 아미노산의 아미노기($-NH_2$)와 카복실기(−COOH) 사이의 탈수(脫水)에 의해서 생긴다. 고리의 크기에 따라 4원자고리(β-락탐), 5원자고리(γ-락탐), 6원자고리(δ-락탐) 등으로 분류된다. β-락탐은 페니실린 약리작용의 중심골격으로 알려져 있다. 공업적으로 가장 중요한 것이 ε-카프로락탐으로 나일론6의 원료로 다량 생산되고 있다. 카프로락탐은 보통 ε-카프로락탐을 가리킨다.

ε-카프로락탐의 출발원료는 사이클로헥산, 페놀, 톨루엔 등이며 이중에서 사이클로헥산이 가장 많이 사용된다. 우리나라와 일본은 사이클로헥산을 주원료로 하고, 유럽은 사이클로헥산 대 페놀 원료의 비가 6 : 4이며 미국은 약 5 : 5의 원료 비율로 카프로락탐을 제조하고 있다.

• **제 법**

① Inventa법

사이클로헥산을 공기산화하면 사이클로헥산올(cyclohexanol)과 사이클로헥산온

(cyclohexanone)의 혼합물이 얻어진다. 산화반응은 Mn- 또는 Co-염(아세트산염 또는 나프텐산염) 촉매로 130~160℃, 8~10 atm에서 이루어진다. 이 혼합물을 375~425℃ 온도범위에서 ZnO_2 촉매위를 통과시키면 대부분의 사이클로헥산올은 탈수소화되어 사이클로헥산온으로 전환된다. 사이클로헥산온은 하이드록실아민(hydroxylamine, NH_2OH)에 의하여 사이클로헥산온옥심(cyclohexanone oxime)으로 전환되고, 이 옥심은 황산촉매하에서 Beckmann자리옮김반응(Beckmann rearrangement)에 의하여 카프로락탐이 제조된다.

② 광(光)나이트로소화법(PNC법)

일본의 Toray에 의해 개발된 공정으로 빛과 염화나이트로실(NOCl, nitrosyl chloride)을 이용하는 방법으로 사이클로헥산과 염화나이트로실의 광화학반응에 의하여 사이클로헥산온옥심이 생성되는 제조법으로 사이클로헥산온옥심까지의 공정이 짧다는 것이 특징이다. 광화학반응은 상온, 상압에서 이루어진다.

③ Snia-Viscosa법(톨루엔법)

황산을 줄이려는 공정이 많이 연구되어 왔으며 그 중에서 이탈리아의 Snia

BPD-SPA가 상업화 한 것으로 현재 이탈리아와 소련에서 이 공정을 이용하고 있다.

첫째 단계는 톨루엔을 코발트촉매로 산화시켜 벤조산(benzoic acid)을 만든다. 반응조건은 150~170℃, 10 atm에서 공기산화시킨다. 생성된 벤조산을 170℃, 10 atm, Pd 촉매로 수소화하여 사이클로헥산카복실산(cyclohexanecarboxylic acid)으로 전화하고, 다음에 나이트로실황산과 반응시켜 제조한다.

CH_3 (벤젠) $\xrightarrow[Co]{O_2}$ COOH (벤젠) $\xrightarrow[Pd]{3H_2}$ COOH (사이클로헥산) $\xrightarrow{NOHSO_3}$ C=O / N−H (7원 고리)

• **용 도**

- 카프로락탐은 주로 나일론6 제조(약 80%)에 사용
  (나일론 섬유는 타이어코드, 어망, 카펫 등의 제조에 쓰임)
- 기계부품 및 엔지니어링 플라스틱 제조에 쓰이는 나일론 수지의 원료로 사용

Tip

참고

나일론(nylon)은 Du Pont사의 Wallace Carothers가 처음 합성한 화합물로 나일론6은 ε-카프로락탐의 고리열림중합(open-ring polymerization)으로 만들어지고, 나일론66은 헥사메틸렌다이아민과 아디프산의 축합중합(condensation)에 의하여 만들어진다.

(11) 아디프산(Adipic acid)

아디프산은 사이클로헥산의 산화반응으로 생겨난 사이클로헥산올과 사이클로헥산온 혼합물을 질산으로 산화시켜 만든다. 이 산화반응은 125~165℃에서 Mn- 또는 Co염 즉 아세트산염이나 나프텐산염 등의 촉매와 공기와 함께 액상에서 일어난다. 산화된 생성물은 분리하지 않고 Cu질산염 촉매하에서 1~4기압, 60~80 ℃에서 질산으로 산화시킨다.

$$\text{cyclohexane} \xrightarrow[140\sim160°C,\ 8\sim10\ atm]{+O_2,\ Co^{3+}} \text{cyclohexanol (OH)} + \text{cyclohexanone (O)} \xrightarrow[60\sim80°C,\ 1\sim4\ atm]{HNO_3,\ Cu\ salt} HOOC-(CH_2)_4-COOH$$

대부분의 아디프산은 이 공정으로 제조되고 있다. C_4 유분으로부터 아디프산 제법은 앞절에서 이미 다루었다.

- **용 도**

- 아디프산은 헥사메틸렌다이아민과 함께 나일론66 제조에 사용
  (나일론66은 합성섬유로 주로 사용되며, 어느 정도 플라스틱으로도 사용)
- 다이에스터(diester)로서 가소제, 합성윤활제로 사용
- 가소제로서 식품포장용 필름 제조에 사용

(12) 톨루엔으로부터 벤젠 및 자일렌의 합성

톨루엔은 니켈과 같은 수소화 - 탈수소화 촉매를 사용하여 탈알킬화(dealkylation)되어 벤젠으로 전환된다. 수소탈알킬화반응은 높은 온도와 압력에서 잘 일어나는 **수소화분해반응**(hydrocracking reaction)이다. 공정은 600~800℃, 수소가압하 30~100 atm에서 가열한다. 수율은 약 96% 이상이다.

$$C_6H_5-CH_3 + H_2 \longrightarrow C_6H_6 + CH_4$$

탈알킬화반응은 수증기에 의해 영향을 받는다. 이 반응은 Ce, Pr, Nd, Sm 촉매를 사용할 경우 600~800℃, 촉매로 $MgO\text{-}Al_2O_3$를 사용할 경우 550~650℃에서, $Ni\text{-}Cr_2O_3$ 촉매, $Ni\text{-}Al_2O_3$ 촉매를 사용할 경우 320~630℃에서 일어난다. 이 공정은 수소를 사용하는 것보다 생산이 유리한 공정이다.

수소 존재하 톨루엔의 **접촉불균화반응**(catalyitic disproportionation)은 벤젠과 자일렌을 생성한다. 역반응은 자일렌과 벤젠의 **트랜스알킬화반응**(transalkylation)이다. 불균화반응의 전형적인 조건은 450~530℃, 20 atm이고, 촉매는 알루미나에 담

지된 SiO_2-Al_2O_3가 사용된다. 현재 제올라이트 특히 ZSM-5형이 높은 반응성과 선택성을 가지기 때문에 많이 사용되는 촉매이다.

$$2\ C_6H_5\text{-}CH_3 \rightleftharpoons C_6H_6 + C_6H_4(CH_3)_2$$

(13) 벤조산(Benzoic acid)

벤조산은 흰색 결정의 특유한 냄새를 낸다. 물에 미량 녹으며 대부분 유기용매에 녹는다. 아세트산코발트(cobalt acetate) 촉매를 사용하여 액상에서 톨루엔을 산화시키면 벤조산이 합성된다. 반응조건은 약 165℃, 10 atm에서 일어난다. 수율은 90% 이상이다.

$$C_6H_5\text{-}CH_3 + 3/2\ O_2 \longrightarrow C_6H_5\text{-}COOH + H_2O$$

• 용 도

- 대부분 옥양목 날염(calico printing)에서 매염제(mordant)로서 사용
- 담배의 순화, 식품보존, 치약제조, 곰팡이 제거 등에 사용
- 카프로락탐, 페놀, 테레프탈산의 전구물질

(14) 톨루엔다이아이소사이아네이트(TDI)

톨루엔다이아이소사이아네이트(TDI, toluene diisocyanate, 혹은 tolylene diisocyanate)는 2,4-, 2,6-이성질체의 형태로 가장 중요한 다이아이소사이아네이트로 폴리우레탄, 특히 연질폴리우레탄폼(polyurethane foams)의 제조에 전량 사용되며, 폴리우레탄은 차의 내부장식, 가구, 침구, 카펫, 섬유, 기타 제품에 광범위하게 사용되는 물질이다.

TDI는 톨루엔을 다음과 같은 3단계 반응에 의하여 제조한다.

우선 톨루엔을 나이트로화(nitration)시킨다. 톨루엔의 나이트로화는 지방족 메틸기보다 방향족고리에서 일어나는 중요한 반응이다. 나이트화제(nitration agent)로는

진한 질산과 황산의 혼산이 사용되고, 나이트로늄이온(nitronium ion, NO_2^+)에 의한 친전자치환반응(electrophilic substitution)으로 일어난다. 메틸치환기에 의해 벤젠 고리가 활성화되기 때문에 우선 일치환 나이트로톨루엔은 o-, *p*-나이트로톨루엔이 생성된다. 이 혼합물을 약 80℃에서 진한 질산과 황산의 혼산으로 더욱 나이트로화시키면 2,4-와 2,6-다이나이트로톨루엔이 8 : 2의 비율로 생겨난다.

CH_3-벤젠 $\xrightarrow{HNO_3\ /\ H_2SO_4}$ 2,4-다이나이트로톨루엔 (80%) + 2,6-다이나이트로톨루엔 (20%)

(80%) (20%)

나이트로톨루엔은 염료, 의약, 향료의 중간체와 폭약 TNT의 전구체이다.

다음, 다이나이트로톨루엔을 접촉수소화하여 다이아민(diamine)을 제조한다. 보통 HCl(혹은 메탄올) 중에서 Pt나 Raney-Ni 촉매로, 100℃, 50기압에서 수소로 환원시키면 톨루엔다이아민이 생성된다.

$\xrightarrow[Pt]{H_2}$ 2,4-톨루엔다이아민 + 2,6-톨루엔다이아민

톨루엔다이아민을 포스젠(phosgene, $COCl_2$)으로 처리하면 TDI가 생성된다.

$\xrightarrow[-\ HCl]{COCl_2}$ 2,4-TDI + 2,6-TDI

2,4-TDI 2,6-TDI

• 용 도

- 폴리우레탄 제조에 주로 사용
- 페인트 원료물질, 인조피혁 및 탄성체 제조에 사용

(15) 메틸렌다이아이소사이아네이트(MDI)

TDI와 마찬가지로 나이트로벤젠을 수소화한 다음 폼알데하이드와 부가축합시키고 다시 포스젠으로 처리하면 4,4'-diphenylmethylene diisocyanate(MDI, methylenediphenyl diisocyanate)가 합성된다.

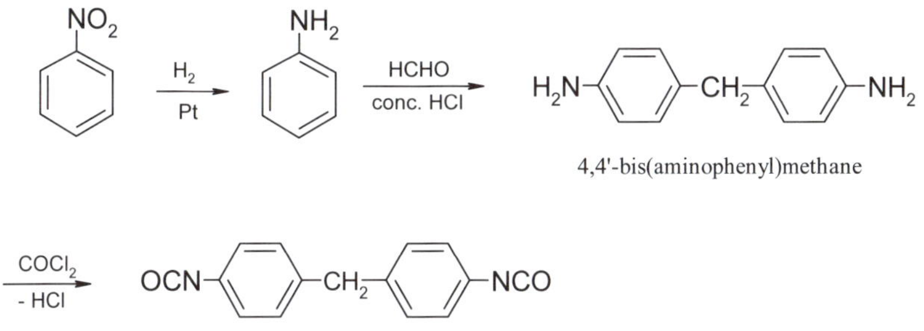

4,4'-bis(aminophenyl)methane

MDI (mehylenediphenyl diisocyanate)

최근에는 TDI보다 MDI(methylene diisocyanate)의 생산량이 많아지는 추세이다. TDI, MDI는 폴리우레탄폼(polyurethane foam) 제조의 주원료이다. 우레탄폼은 MDI 혹은 TDI와 폴리올(polypropylene glycol 등)로부터 합성된다.

(16) 프탈산무수물(Phthalic anhydride)

현재 프탈산무수물은 주로 *o*-자일렌을 접촉산화하여 제조한다. 여러 가지 금속산화물이 촉매로 사용된다. 전형적인 촉매는 $V_2O_5 + TiO_2/Sb_2O_3$이다. 반응조건은 약 380~410℃, 1~1.8 atm이다. 반응은 발열반응으로 과잉의 공기를 사용하여 반응열의 제거를 꾀한다.

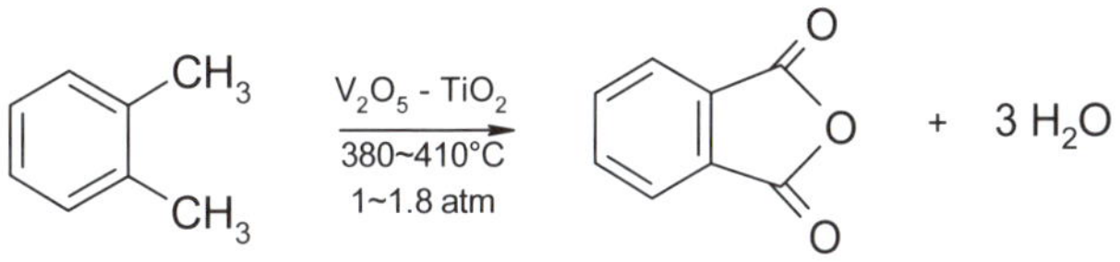

나프탈렌을 원료로 하는 유동상 방식도 실용화되어 일부 프탈산무수물 생산에 사용된다. 석탄 화학에서 얻어지는 나프탈렌을 산화하여 V_2O_5 촉매로 반응시킨다.

$$\text{(naphthalene)} + 4.5\ O_2 \xrightarrow{V_2O_5} \text{(phthalic anhydride)} + 2\ H_2O + 2\ CO_2$$

무수프탈산은 생산의 95% 이상을 다이알킬프탈레이트(폴리염화바이닐 제조, 프탈레이트 가소제), 불포화폴리에스터, 그리고 알키드 수지 제조에 쓰인다. 그리고 기타 염료를 포함하는 다양한 제품 생산의 원료로 이용된다. 무수프탈산의 약 50%는 에스터화한 다음 폴리염화바이닐 수지 등의 가소제로 사용된다. 이외에 불포화 폴리에스터 원료와 염료, 안료의 원료로도 사용된다.

• 용 도

- 무수프탈산의 주용도는 C_4~C_{10} 알코올과 반응에 의해 플라스틱 가소제 제조에 사용된다. 가장 중요한 범용수지의 하나인 폴리염화바이닐(PVC)의 가소세인 DOP(혹은 DEHP)는 2-에틸헥산올(2-ethylhexanol)과 프탈산무수물의 반응에 의해 생성되는 다이알킬프탈레이트[di-(2-ethylhexyl)phthalate, DEHP, 혹은 프탈산다이옥틸(dioctylphthalate, DOP)]이다.

$$\text{(phthalic anhydride)} + CH_3(CH_2)_3\text{-}CH(CH_2CH_3)CH_2OH \longrightarrow C_6H_4[C(=O)\text{-}O\text{-}CH_2\text{-}CH(C_2H_5)\text{-}C_4H_9]_2$$

(DOP, DEHP)

- 불포화 폴리에스터수지 및 알키드수지(alkyd resin) 제조에 사용
- 기타 프탈로사이아닌 염료 및 기타 여러 가지 정밀화학 제품 중간체로 사용

(17) 테레프탈산(Terephthalic acid)

Mid Century사(미)에서 개발한 공정으로 아세트산용액에 Co, Mn의 아세트산염을 촉매로 하고 브롬화나트륨(NaBr)을 조촉매로 하여 아세트산 용매중 *p*-자일렌을 접촉산화시켜 테레프탈산을 합성한다. 이 공기산화법(MC법)이 전세계적으로 널리 이용되고 있다. 반응은 180~210℃, 10~20 atm에서 산화시킨다.

$$H_3C\text{-}C_6H_4\text{-}CH_3 + 3\,O_2 \xrightarrow[\text{180~220°C, 10~20 atm}]{Co^{3+},\ Mn^{3+}} HOOC\text{-}C_6H_4\text{-}COOH + 2\,H_2O$$

혹은 *p*-자일렌을 메탄올로 에스터화시켜 테레프탈산메틸(dimethyl terephthalate, DMT)을 합성하고, 이 DMT를 가수분해하면 테레프탈산이 된다.

$$CH_3\text{-}C_6H_4\text{-}CH_3 + 3\,O_2 + 2\,CH_3OH \rightarrow CH_3OOC\text{-}C_6H_4\text{-}COOCH_3 + 4\,H_2O$$

• **용 도**

- 폴리에스터(polyester)의 원료
  에틸렌글라이콜(ethylene glycol) 등의 다이올(diol)과 중축합에 의하여 폴리에스터 제조. (예: PET(polyethylene terephthalate), PBT(polybutylene terephthalate) 등)
  (PET는 합성섬유 외에 청량음료수 용기와 자기 테이프의 원료로 이용)
- *p*-페닐렌다이아민과 중합하여 Kevlar로 알려진 아라미드 액정(aramid liquid crystal) 수지 제조에 사용.

(18) 아이소프탈산(Isophthalic acid)

m-자일렌을 아황산암모늄(ammonium sulfite)으로 산화시키면 아이소프탈산이 제조된다. 반응은 액상에서 일어난다.

$$m\text{-}C_6H_4(CH_3)_2 + 2\,(NH_4)_2SO_3 \rightarrow m\text{-}C_6H_4(COOH)_2 + 4\,H_2S + 4\,NH_3 + 2\,H_2O$$

• **용도**

- 주요 용도는 내마모성의 폴리에스터 제조
- 농약 원료로 사용

CHAPTER 05

고 분 자

5.1 고분자 서론

고분자(高分子, polymer)는 그리스어 'poly(많은)'와 'meros(단위)'의 합성어로서 반복되는 작은 단위들이 많이 모여 만들어진 분자량이 매우 큰 거대분자(巨大分子, macromolecules)를 말한다. 이때 반복되는 작은 단위를 만들어 주는 작은 분자를 **단량체**(單量體, monomer, 혹은 **단위체**라고도 함)라 하고 단량체로 고분자(중합체)를 만들어 내는 과정을 **중합**(polymerization)이라 한다. 중합과정에서 단량체가 반복되는 수를 **중합도**(degree of polymerization)라 한다. 단량체가 2개 중합된 것을 이량체(dimmer), 3개 중합된 것을 삼량체(trimer)라 하고 보통 중합도가 2~20인 저분자량의 중합체를 **올리고머**(oligomer)라 하며 이것은 주로 고분자의 중간체, 접착제 및 이형제(releasing agent) 등으로 이용된다.

고분자는 우리 생활과 밀접한 관계가 있다. 자연계에서 가장 풍부한 유기화힙물인 셀룰로오스(cellulose)와 녹말은 간단한 포도당(glucose) 분자의 중합체로 이루어진 천연고분자(natural polymer)이다. 단백질(protein)은 여러 가지 α-아미노산이 축합하여 생긴 폴리펩타이드(polypeptide)이다. 천연고무(natural rubber)는 아이소프렌(isoprene)이 중합된 라텍스(latex)로 *cis*-1,4-polyisoprene으로 구성되어 있다. 폴리에틸렌(PE), 폴리프로필렌(PP), 폴리스타이렌(PS), 폴리염화바이닐(PVC) 등과 같은 합성고분자(synthetic polymer)는 단량체를 인위적으로 중합시킨 고분자로 플라스틱, 섬유, 고무, 접착제, 도료의 다양한 용도로 실생활과 산업분야에서 널리 사용되고 있다.

5.2 중합반응

합성고분자의 중합반응은 여러 종류가 있으며 중합반응을 분류하면 부가중합, 공중합, 축합중합, 중부가, 부가축합, 개환중합, 특수중합 등으로 나눈다.

(1) 부가중합반응(Addition polymerization)

한 종류의 단량체가 2개 이상 화학적으로 결합하여 분자량이 큰 화합물을 만드는 화학반응을 부가중합(addition)이라고 한다. 이때 각 화합물의 기본구조(원자배열)는 변하지 않는다. 부가중합 단위체는 주로 낮은 분자량을 가진 올레핀 화합물(예, 에틸렌, 스타이렌 등) 또는 콘쥬게이션 다이올레핀[conjugated diolefin(예, 뷰타다이엔, 아이소프렌 등)]이다.

중합반응은 연쇄반응(chain reaction)을 통하여 일어난다. 연쇄반응은 단량체가 자유라디칼(free radical) 혹은 이온(ion)으로 활성화된 후 단량체와 결합하여 활성화중합체를 생성하여 반응이 연쇄적으로 일어나 순간적으로 진행된다. 부가중합을 대별하면 자유라디칼중합(free radical polymerization)과 이온중합(ion polymerization)으로 나눈다.

① 자유라디칼중합(free radical polymerization)

과산화물 등의 자유라디칼 개시제를 알켄에 가하면 개시제가 분해하여 자유라디칼(free radical)을 생성하고 이것이 알켄에 첨가되는 연쇄반응이 일어나 중합체를 생성하는 반응이다. 자유라디칼 개시제는 열에너지, 광에너지 혹은 촉매에 의하여 두 개의 자유라디칼로 분해되는 약한 공유결합을 가지고 있다. 과산화물, 하이드로과산화물, 아조화합물(azo compound)이 보통 개시제로 사용된다. 라디칼중합은 다음 4단계의 반응으로 진행된다.

- 개시반응(initiation) : 단량체가 활성화되는 과정
- 성장반응(propagation) : 활성화된 분자에 비활성인 단위체가 결합함으로써 거대분자로 성장해가는 과정
- 정지반응(termination) : 성장된 고분자 라디칼이 활성을 잃고 성장이 정지되는 반응
- 연쇄전달반응(chain transfer) : 중합반응 중에 성장연쇄의 활성이 다른 분자로 이동하는 반응

② 이온중합(ion polymerization)

이온이 생성되어 중합이 진행되는 것으로서 라디칼중합에서는 외짝전자(unpaired electron)가 주역이 되나, 이온중합에서는 활성연쇄의 한쪽이 이온화 된 것이다. 이온중합의 특징은 주로 낮은 온도에서 행하여지므로 단량체의 열운동도 심하지 않고 질서있는 결합을 하여 입체규칙성의 고분자를 생성할 가능성이 크다.

· 양이온중합(cationic polymerization)

H_2SO_4, HCl, $AlCl_3$와 같은 센 산을 알켄에 가하면 양성자 첨가가 일어나 탄소양이온(carbocation)이 생겨 이것이 반복하여 알켄에 첨가되어 중합이 일어나는 방법이다. 양이온중합의 개시제로는 H_2SO_4, HCl, $HClO_4$ 등과 같은 프로톤산(protonic acid)이나 BF_3, $AlCl_3$, $TiCl_4$, $SnCl_4$ 등의 Lewis산 등이 사용된다.

양이온중합의 일반적인 단계는 다음과 같다. 즉, 바이닐단량체에 개시제(A라고 표시)를 가하여 반응이 개시되어 단량체 양이온에 다른 단량체가 결합하여 성장 반응이 일어난다.

$$A^+ + {>}C{=}C{<} \longrightarrow A-C-C^+ \xrightarrow{>C=C<} A-C-C-C-C^+$$

$$\xrightarrow{n\ >C=C<} A-C-C-\left[C-C\right]_{n-1}-C-C^+ \xrightarrow{-H^+} A-C-C-\left[C-C\right]_{n-1}-C-C$$

· 음이온중합(anionic polymerization)

소량의 아마이드이온(amide ion, $-NH_2$)이나 유기알칼리 금속화합물(R^-)과 같은 반응성이 큰 음이온은 아이소프렌(isoprene)과 같은 알켄과 반응시키면 첨가가 일어나 카보음이온(carboanion)이 생긴다. 이것이 반응하지 않은 다른 알켄과 연속하여 첨가가 일어나게 하는 방법이다. 음이온중합의 개시제는 염기(B)이며 개시작용은 그 염기의 세기에 따라 지배된다. 개시제(촉매)로는 KOH, $NaNH_2$, 알칼리 금속, Grignard 시약, Ziegler-Natta 촉매[12] 등이다.

---

12) Ziegler−Natta 촉매 [$TiCl_4 + (C_2H_5)_3Al$] : 알케인의 저압 중합 등에 효과적인 촉매이다.

$$B^- + \rangle C{=}C\langle \longrightarrow B{-}C{-}C^- \xrightarrow{\rangle C=C\langle} B{-}C{-}C{-}C{-}C^-$$

$$\xrightarrow{n\ \rangle C=C\langle} B{-}C{-}C{-}\left[C{-}C\right]_{n\text{-}1}{-}C{-}C^- \xrightarrow{H^+} B{-}C{-}C{-}\left[C{-}C\right]_{n\text{-}1}{-}C{-}C{-}H$$

(2) 공중합(Copolymerization)

2개 또는 2개 이상의 다른 단량체를 혼합하여 중합하여 고분자를 생성하는 화학 반응으로 생성된 고분자를 공중합체(copolymer)라 한다. 일반적으로 단량체 A와 B로 이루어진 공중합체는 다음과 같이 구별된다.

① 불규칙 공중합체(random copolymer)

−A−B−B−A−B−A−A−B−A−B−B−A−B−A−B−B−

예) poly(vinyl chloride-*ran*-vinyl acetate)

② 교대 공중합체(alternating copolymer)

−A−B−A−B−A−B−A−B−A−B−A−B−A−B−A−B−

예) poly(styrene-*alt*-maleic anhydride)

③ 블록 공중합체(block copolymer)

−A−A−A−A−A−A−A−B−B−B−B−B−B−B−B−B−

예) poly(methylmethacrylate-*b*-styrene)

④ 그라프트 공중합체(graft copolymer)

```
−A−A−A−A−A−A−A−A−A−A−A−
     |           |
     B−B−B−B     B−B−B−
```

예) poly(styrene-*g*-butadiene) ~ SBR(styrene-butadiene rubber)

현재 공중합체로는 바이닐계의 것에 대하여 여러 가지 조성으로 된 것이 만들어지고 있고, 합성고무로서 뷰타다이엔과 바이닐계 단량체(styrene, acrylonitrile 등)와의 공중합체가 만들어지고 있다. 플라스틱으로서는 염화바이닐과 아크릴산에스터, 말레산, 아크릴로나이트릴, 초산바이닐, 염화바이닐리덴 등과의 공중합체, 스타이렌과 아크릴로나이트릴 등의 공중합체가 제조되고 있다.

(3) 축합중합(Condensation polymerization)

반응성이 큰 基(−OH, −COOH, $-NH_2$ 등)를 가진 두 분자 이상의 단량체가 결합하여 물과 같은 작고 간단한 분자를 제거시키고 고분자를 생성하는 화학반응이다. 축합중합은 부가중합보다는 덜 사용되지만 폴리에스터, 폴리아마이드(나일론), 폴리카보네이트, 폴리우레탄, 페놀폼알데하이드 수지와 같은 중요한 고분자를 제조한다. 축합고분자의 예는 다음과 같다.

① dicarboxylic acid와 diol과의 축합중합으로 폴리에스터 생성

$$n\ \mathrm{HO{-}\overset{O}{\overset{\|}{C}}{-}R{-}\overset{O}{\overset{\|}{C}}{-}OH} + n\ \mathrm{HO{-}R'{-}OH} \longrightarrow \left[\mathrm{O{-}\overset{O}{\overset{\|}{C}}{-}R{-}\overset{O}{\overset{\|}{C}}{-}O{-}R'}\right]_n + n\ \mathrm{H_2O}$$

② diamine과 dicarboxylic acid의 축합중합에 의한 폴리아마이드 제조

$$n\ \mathrm{H_2N{-}R{-}NH_2} + n\ \mathrm{HO{-}\overset{O}{\overset{\|}{C}}{-}R'{-}\overset{O}{\overset{\|}{C}}{-}OH} \longrightarrow \left[\mathrm{\overset{H}{\overset{|}{N}}{-}R{-}\overset{H}{\overset{|}{N}}{-}\overset{O}{\overset{\|}{C}}{-}R'{-}\overset{O}{\overset{\|}{C}}}\right]_n + n\ \mathrm{H_2O}$$

(4) 고리열림중합(Ring-opening polymerization)

Ethylene oxide나 ε-caprolactam과 같은 헤테로원자(hetero atom; O, N, S, P 등)를 적어도 1개 이상 가지고 있는 고리화합물이 적당한 조건에서 고리가 열림으로서 선형 고분자가 되는 반응이다. 개환중합(開環重合)이라고도 한다. 가장 중요한

고리열림중합은 나일론6 제조에 사용되는 ε-caprolactam의 고리열림중합반응이다.

$$n\ \varepsilon\text{-caprolactam} \rightarrow \left[\text{NH}-(\text{CH}_2)_5-\text{C(=O)} \right]_n$$

ε-caprolactam nylon 6

(5) 중부가(Polyaddition)

Isocyanate基(혹은 ketone, epoxy기 등)는 많은 활성수소(OH나 NH_2기 등)를 갖는 화합물과 용이하게 부가반응을 일으키는데, 이와 같은 화합물들이 부가반응을 반복하여 고분자를 형성하는 중합반응을 중부가라 한다.

$$\text{OCN}-(\text{CH}_2)_6-\text{NCO} + \text{HO}-(\text{CH}_2)_4-\text{OH} \rightarrow \left[\text{OCNH}-(\text{CH}_2)_6-\text{NHCOO}-(\text{CH}_2)_4-\text{O} \right]_n$$

hexamethylene diisocyanate butanediol polyurethane

그 외에 부가중합과 축합중합의 반복반응인 **부가축합반응**이 있고, 그 예로는 요소수지(urea resin)나 멜라민수지(melamine resin) 같은 아미노수지(amino resin)와 페놀수지(phenol resin) 등은 부가축합에 의하여 합성된다.

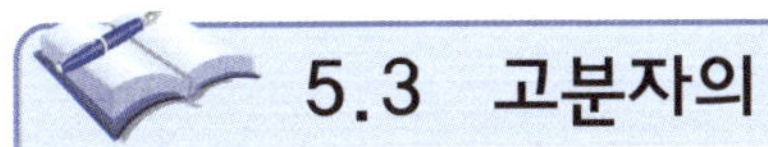

5.3 고분자의 분류

고분자는 그 용도와 구조 및 열적 성질 혹은 중합방법에 따라 여러 형태로 분류할 수 있다. 원천(source)에 따라 천연고분자와 합성고분자로 분류할 수도 있고, 용도에 따라 플라스틱, 섬유, 고무, 도료, 접착제로 분류하기도 한다. 고분자는 그 구조가 선형(linear)이냐 가교형(cross-linked or network)이냐에 따라 열적 성질이 달라지며 그 열적 성질에 따라 열가소성(thermoplastic)과 열경화성(thermosetting)으로 분류할 수 있다.

(1) 용도에 따른 분류

① **플라스틱** (plastics)	플라스틱은 열을 적용하거나 또는 적용하지 않고 성형할 수 있는 높은 분자량을 가진 용도가 제일 많은 물질이다. 일반적으로 열에 녹는 열가소성 수지와 열에 의해 녹지 않는 열경화성 수지로 분류한다.
② **합성섬유** (synthetic fibers)	합성섬유는 높은 결정성을 가지는 긴 사슬의 고분자이다. 합성섬유는 바이닐중합이나 중축합계에서 합성되는 열가소성 수지의 고분자로 폴리에스터(polyester), 나일론(nylon), 아크릴섬유(acryl fiber)의 3대 합성섬유로서 널리 사용되고 있다. 합성섬유는 플라스틱과 고무보다 낮은 탄성을 가지며 높은 장력, 낮은 중량, 낮은 흡습성을 가진다.
③ **합성고무** (synthetic rubber)	합성고무(탄성체)는 긴 유연한 사슬과 약한 분자간 힘을 가지는 고분자이다. 그들은 변형되지 않은 상태에서 높은 무정형을 가지며 높은 탄성을 가진다. 탄성체는 강성을 주기 위해 가교결합 한다. 합성고무로는 뷰타다이엔고무, 스타이렌 - 뷰타다이엔고무(SBR), 뷰틸고무, 에틸렌 - 프로필렌고무 등이 있다.
④ **합성수지 도료**	도료는 물체의 표면에 도포하여 표면을 보호하는 도장용으로 사용된다. 합성도료로 많이 사용되는 알키드수지(alkyd resin)는 다염기산과 다가알코올과의 폴리에스터 고분자이고, 요소(urea)수지나 멜라민(melamine)수지와 같은 아미노(amino)수지, 그리고 열가소성의 노볼락(novolack) 형태의 페놀수지 등이 도료로 주로 사용된다.
⑤ **접착제** (adhesives)	접착제는 천연 및 합성고분자 등의 접착기제를 베이스 폴리머(base polymer)로 하여 용제, 분산제, 가소제, 충진제 등의 여러 가지 물질을 배합한 것이다.

(2) 열적 성질에 따른 분류

① **열가소성 수지** (thermoplastic resin)	플라스틱에 열을 가하면 유연하게 되어 변형(성형)이 용이하고 열을 제거하면 변형된 형태를 유지하는 수지를 말한다. 열가소성 수지는 열을 가하면 다시 임의의 형태로 변형시킬 수 있다. 폴리에틸렌이나 폴리스타이렌 등의 바이닐중합으로 얻어진 선형 고분자는 열가소성 수지로 성형품, 필름 등에 널리 쓰이며 범용수지로 불린다. 특히 저밀도 폴리에틸렌(low density polyethylene, LDPE), 고밀도 PE (high density polyethylene, HDPE), 폴리프로필렌(polypropylene, PP), 폴리스타이렌(polystyrene, PS), 폴리염화바이닐(poly vinyl chloride, PVC)은 5대 범용수지라 한다.
② **열경화성 수지** (thermosetting resin)	한 번 열을 가해서 성형된 물질은 열을 다시 가해도 연화가 일어나지 않아 변형을 일으킬 수 없는 수지를 말한다. 페놀수지, 요소수지, 에폭시수지 등의 3차원 가교고분자는 열경화성 수지로 불용불융(不溶不融)이다.

(3) 구조형태에 따른 분류

고분자는 사슬의 구조 및 형태에 따라 선형 고분자, 판상 고분자, 가교 고분자로 나눌 수 있다.

① **선형 고분자** (linear polymers)	단량체들이 선형으로 연결된 고분자로 용매에 잘 녹으며 열을 가하면 연화가 일어나거나 녹아서 액체상태가 되나, 온도를 용융점 이하로 낮추면 고체상태로 유지된다. 선형 유기고분자로는 셀룰로오스, 생고무, 나일론, 폴리에스터섬유, PVC 등이 있고, 무기고분자로는 석면이 있다.
② **판상 고분자** (sheet polymers)	단량체들이 면으로 연결되어 2차원 구조를 형성한 고분자를 판상 고분자라 한다. 흑연, 운모 등의 무기고분자가 여기에 속하고 판상 유기고분자는 없다.

③ **가교 고분자** (cross-linked or network polymers) **또는 망상 고분자**	분자사슬 사이의 화학결합에 의해 3차원적 구조를 지니는 고분자로 가교 고분자는 용매에 녹지 않고 팽윤(膨潤, swelling)만 일어난다. 가황고무의 경우 가교결합이 적으면 탄성체가 되나 많은 가교결합을 가진 경우 구조가 치밀해지고 딱딱한 고체가 된다. 성형이 되면 열을 가해도 연화가 일어나지 않아 변형을 일으킬 수 없는 열경화성 고분자이다. 가교 고분자에 속하는 유기고분자로는 페놀수지, 에폭시수지, 요소수지, 멜라민수지, 이온교환수지 등이 있고, 무기고분자로는 석영, 다이아몬드가 있다.

5.4 고분자의 특징

고분자는 분자량이 상당히 크기 때문에 유기화합물과 같은 저분자와 비교하여 기계적, 열적 성질이 현저히 다르다.

(1) 저분자는 물질의 3상(기 - 액 - 고체)이 가능하나 고분자는 반드시 그렇지 않다. 따라서 고분자는 증류가 불가능하며 승화성도 없고 일정한 융점도 없다. 저분자는 명확한 비점과 융점을 경계로 하여 고상, 액상, 기상으로 상변화를 하나, **고분자는 가열하면** 어느 온도범위에서 **연화(연화온도)하여 용해하고 더욱 가열하면 기체로 되기 전에 분해한다.**

(2) **고분자는 용매에 용해할 때** 고분자가 저분자인 용매분자를 흡입하여 전체가 부풀어 오르고 난 후에 녹게 되는 팽윤(swelling)과정을 거쳐 서서히 용해한다. 일반적으로 결정성 고분자는 분자량이 클수록 용해가 어렵고 결정성이 양호할수록 용해가 어렵다. 또한 가지가 많은 구조는 용해가 쉽고 가교구조가 많으면 용해가 어렵다. 따라서 가교 고분자(망상 고분자)는 완전 불용이다. 예를 들면, 포도당(glucose)은 물에 쉽게 녹지만 포도당의 중합체인 셀룰로오스(cellulose)는 물에 잘 녹지 않는다.

(3) 고분자 물질은 분자량이 다른 동종분자의 집합체로 된 혼합물이다. 따라서

측정되는 고분자의 분자량은 평균분자량이 된다.

저분자 화합물은 같은 크기의 분자로 되어 있고 분자량이 일정하다. 그러나 동일한 중합소건에서 만들어진 같은 고분자일지라도 분자량은 단일한 것이 아니며 넓은 분자량 분포를 가지고 있다. 따라서 고분자의 분자량은 평균분자량으로 나타낸다. 고분자의 평균분자량은 수평균, 중량평균, Z평균, 점도평균 등이 사용되며, 측정법으로는 점도법, 삼투압법, 광산란법, 말단기 분석법 등이 이용되고 있다.

(4) 고분자 물질의 물성은 저분자 물질의 물성과 근본적으로 다르다. 강도, 신장도, 고무성질의 탄성, 성형 가능한 가소성, 전기절연성, 내약품성 등을 가지고 있으므로 공업재료로 사용된다.

(5) 가소성(plasticity) 가소성은 고분자 물질에 유동성을 주어 압출, 압출성형 등의 가공을 용이하게 하며 고분자 물질의 유연성을 가지는 성질로 가열에 의해 가소성을 나타내고, 힘을 가하면 유동변형하고 힘을 제거하여도 그 형상을 유지하므로 임의의 형태로 성형 가공할 수 있다. 고분자 물질에 가소성을 주는 방법에는 (i) 가소제를 첨가, (ii) 공중합체로 만드는 것 등이 있다.

(6) 점탄성(viscoelasticity) 고분자는 고체로서의 탄성(elasticity)과 액체로서의 점성(viscosity)를 동시에 가지는 성질인 점탄성을 가지고 있다. 탄성은 하중과 변형의 사이에 관계가 있는 성질이다. 대부분의 고체는 탄성체로, 대부분의 유체는 점성체로 분류한다. 고분자 물질(고체, 융액, 용액)이나 콜로이드 분산계는 탄성변형과 점성유동이 동시에 일어난다. 이와 같이 대다수의 고분자는 탄성체와 점성체의 중간적 성질 즉, 점탄성(viscoelasticity)을 나타내고 이러한 점탄성체의 성질을 연구하는 학문을 레올로지(rheology, 유변학)라 한다.

(7) 유리전이(glass transition) 결정성 고분자는 결정이 녹는 용융현상이 일어나나 비결정 고분자는 결정이 없으므로 용융현상은 없다. 고분자 물질은 낮은 온도에서 비결정성의 유리와 같은 상태로 있으며 온도가 올라가면 액체로 변한다. 이와 같이 유리상태에서 점성의 액체로 변하는 전이를 유리전이(glass transition)라 한다. 결정성 고분자는 결정을 이루기 때문에 결정격자가

깨어지는 용융이 일어날 뿐 온도가 올라가도 비결정성 고분자와 같이 유리전이 현상은 일어나지 않는다.

5.5 중합방법

중합체는 중합방법에 따라 그 형태가 괴상(塊狀), 입상(粒狀), 용액상, 분말상이 만들어 진다. 일반적으로 중합은 액체상태에서 행해지고 있으며 이것은 대부분의 단량체가 액체상태로 되어 있기 때문이다. 단량체가 기상으로 되어 있는 경우는 적으며 그 대표적인 것은 에틸렌 단량체를 기상중합하여 폴리에틸렌을 만드는 것이다. 대부분의 고분자는 중합방법으로 괴상(塊狀, bulk), 용액, 현탁, 유화중합법으로 제조된다.

① 괴상중합(Bulk polymerization)

단량체에 개시제를 가하여 적당한 온도로 가열하여 중합을 행하는 중합법으로 괴상중합(塊狀重合)이라고 한다. 이 중합법은 용매를 사용하지 않아 고분자의 순도는 좋으나 반응속도의 조절이 어려워 국부적으로 가열되는 단점으로 인하여 중합체의 분자량 분포의 폭과 분자량 조절이 어렵다. 덩어리 형태의 중합체가 얻어지므로 후처리의 곤란으로 인하여 공업적으로 많이 이용되지 않고 있다. PMMA [poly(methyl methacrylate)]의 주형물을 만드는 경우를 제외하고는 괴상중합법은 바이닐중합체를 합성하는 데는 거의 이용하지 않고 있다.

② 현탁중합(Suspension polymerization)

단량체를 물과 같은 비용매 중에 기름상으로 현탁시켜 입상(bead)의 중합체를 얻는 방법이다. 단량체가 분산되도록 기계적인 교반이 계속 이루어져야 하고 개시제는 단량체에서 녹여야 한다. 고분자는 진주 모양이나 구슬의 형태로 얻어진다.

중합방법은 단량체를 비용매(대부분 물을 사용)에 가하고 교반에 의해 중합을 시키는데, 단량체들이 비용매 속에서 과립상으로 흩어져 있는 상태에서 촉매에 의해 중합을 일으키게 되며, 생성 고분자는 순도가 높은 소립상 모양이다. 반응이 어느 정도 진행되면 입자들은 입도가 커져서 서로 맞붙어서 회합하게 되므로, 단량체를 유적상으로 분산시키는 동시에 이 유적표면에 유화안정제(탄산칼슘, 젤라틴, 전분 등)를 사용한다.

③ 유화중합(Emulsion polymerization)

단량체를 분산매에 유화분산(액체 중에서 이 액에 용해되지 않고 미립자 형태로 분산되어 있는 상태)시켜 중합시키는 방법이다. 도료와 바닥 광택제와 같은 유화형태의 고분자 제조에 널리 사용된다. 유화중합은 스타이렌, 염화바이닐과 같이 물에 녹지 않는 많은 바이닐단량체를 중합시키는데 적합하다. 유화고분자 제조는 스테아르산나트륨(sodium stearate) 유화제를 주로 물에 미셀 형태로 분산시킨다. 물에 난용성인 단량체는 비누와 같은 유화제로 물에 용해시켜 수용성의 개시제에 의해 중합시킨다. 이 반응은 미립자 형태의 고분자가 제조된다.

④ 용액중합(Solution polymerization)

단량체를 용매에 녹여 개시제를 가하여 행하는 중합법이다. 이 때 사용하는 용매는 단량체와 중합체를 모두 용해하는 것과 단량체만을 용해시키는 것을 사용한다. 전자의 경우를 균일계 용액중합, 후자의 경우를 불균일계 용액중합이라 하며, 불균일계 용액중합이 용이하고 균일하게 반응을 진행시킬 수 있다는 이점이 있으나 고중합도 중합체를 얻기가 힘들고 반응속도가 느린 단점이 있다.

용매의 분리는 매우 어렵기 때문에 고상의 중합체를 얻기에는 적합하지 않으나 공업적으로 도료, 접착제 등과 같이 처음부터 용해상태로 얻는 제품의 제조에는 편리하다.

⑤ 계면중합(Interfacial polymerization)

서로 용해하지 않는 2종의 용매에 각각 용해하여 두 용매의 계면에서 생기는 반응이다. 주로 폴리축합반응에 사용된다. 예를 들면, 이염기산 염화물의 사염화탄소(CCl_4) 용액과 다이아민(diamine)의 수용액이 접촉하면 두상의 계면에서 막이 형성되어 폴리아마이드(polyamide)가 생성된다. 이것을 적당한 속도로 끌어올리면 연속적으로 중합을 할 수 있는 외에 마이크로캡슐의 생성에도 사용된다. Nylon 66과 nylon 610이 계면중합으로 합성된다. 그 외 이 중합법은 폴리카보네이트, 폴리에스터, 폴리아마이드 제조에 사용된다.

5.6 고분자의 명명법

고분자의 명명법은 다음과 같이 유기화합물의 명명법보다 다소 복잡하다.

① 고분자의 명명은 관습에 따라 단량체로부터 유래되는 이름이나 상품명, IUPAC명 등이 혼용되고 있다.

② 가장 널리 쓰이는 관용명은 단량체의 이름 앞에 '폴리(poly)'를 붙여서 명명한다. 단량체가 한 단어 이상으로 되어 있거나 숫자나 문자가 있으면 접두어 poly 다음에 괄호를 사용하나 생략하는 경우도 있다.

> (예) polyethylene, poly(vinyl chloride)

③ 2종류의 단량체로부터 축합되어 생성되는 축합중합체의 명명법은 고분자의 화학구조를 고려하여 두 단량체의 이름을 적절히 변형한 다음 괄호와 함께 poly를 붙여서 명명한다.

> (예) ethylene glycol과 terephthalic acid에서 얻어진 축합고분자 :
> poly(ethylene terephthalate)

④ 두 종류의 단량체로 구성되는 공중합체(copolymer)는 각 단량체의 이름 사이에 '-co-'를 넣어 명명한다.

(예) styrene과 methyl methacrylate로 된 공중합체:
poly(styrene-co-methyl methacrylate);
상업명: MMA-styrene copolymer

공중합체의 종류에 따라:
불규칙 공중합체(random copolymer) : poly(styrene-ran-methacrylate)
교대 공중합체(alternating copolymer) : poly(styrene-*alt*-methacrylate)
블록 공중합체(block copolymer) : poly(styrene-*b*-methacrylate)
그라프트 공중합체(graft copolymer) : poly(styrene-*g*-methacrylate)

⑤ 상품명:

polyamide → nylon (지방족 폴리아마이드를 칭함)

※ nylon의 명명법

Du Pont사에서 처음 제조된 지방족 polyamide인 nylon은 축합중합에 사용된 단량체 중 diamine을 먼저 부르고 dicarboxylic acid를 나중에 부르며, 이때 각 단량체의 C-원자의 숫자를 붙여준다.

poly(hexamethylene adipamide) → nylon 66
poly(hexamethylene sebacamide) → nylon 610
polycaprolactam → nylon 6

polyester 섬유 → Dacron, Tetron
polytetrafluroethylene → teflon
phenol과 formaldehyde로 된 수지 → phenol 수지

그 외 스판덱스(spandex)는 폴리에터(polyether)와 메틸렌다이페닐아이소사이아네이트(methylene diphenylisocyanate)의 축합중합으로 생긴 폴리우레탄(polyurethane) 섬유의 탄성사로 만든 제품의 상품명이다.

5.7 합성고분자

고분자공업은 일반적으로 모든 유기공업의 거의 절반을 차지하고 합성고분자는 우리 생활과 산업에 많은 영향을 미치고 있다. 나무, 면, 양털, 철, 알루미늄 등과 같은 천연에서 생산되는 많은 제품들은 합성고분자가 대체하고 있다. 플라스틱은 철, 나무, 종이 등을 대체하고 있으며 폴리에스터, 나일론과 같은 합성섬유는 면이나 양모와 같은 천연섬유를 대신하고 있다.

고분자는 다양하고 빠른 속도로 성장하고 있으며 강철보다 강한 고분자물질과 특수 용도의 합성고분자들이 계속적으로 개발되고 있다. 고분자 합성에서 사용되는 기본적인 화학원리는 고분자 제조의 초기부터 크게 변하지 않고 있다. 과거 70년 동안 촉매분야와 공정개발분야에서 주요 변화가 일어났다. 이들 개발은 자동차와 기계부품, 전선과 케이블 절연, 섬유 등과 같은 관련분야의 발전에 큰 영향을 주었다. 여기서는 열가소성 수지, 열경화성 수지와 고무 및 섬유에 대하여 간략하게 다루겠다.

5.8 열가소성 수지

고체상태의 고분자를 일정온도 이상으로 가열하면 흐름성 즉, 가소성(可塑性, plasticity)을 갖는 고분자를 열가소성 고분자(thermoplastics polymer)라고 한다. 이 고분자는 열을 가하면 유연하게 되어 변형(성형)이 용이하고 열을 제거하면 변형된 형태를 유지하는 수지이다. 이 때 열을 가하면 다시 임의의 형태로 변형시킬 수 있다. 긴 사슬의 선형고분자들이 이에 속한다.

고분자 중에서 용도가 제일 많은 플라스틱은 가벼우며 내부식성, 강인성이 좋고 취급이 쉽고 값이 저렴하다. 플라스틱의 주요 용도는 포장분야이고, 기타 구조물, 전기전자제품, 단열재 등에 많이 활용된다. 대부분의 많은 열가소성 수지는 부가중합에 의해 제조되고 기타 축합에 의해 합성되기도 한다.

(1) 폴리에틸렌(Polyethylene, PE)

폴리에틸렌은 현재 세계적으로 가장 많이 보급되어 사용되는 플라스틱이다. 폴리에틸렌은 인체에 무해하고 화학약품에 대한 안정성이 우수하며 저가이면서도 가공이 용이하고 기계적 물성 또한 우수하기 때문에 우리들의 일상 생활용품은 물론 산업용으로도 널리 사용되고 있다.

① 종류

에틸렌을 중합한 열가소성 수지의 분지도(가지 달린 정도) 등에 따라서 밀도와 성질이 다르므로 일반적으로 저밀도(0.91~0.925), 중밀도(0.926~0.940) 및 고밀도 폴리에틸렌(0.941~0.965)의 세 종류로 분류한다. 저밀도 및 중밀도 폴리에틸렌은 연질이며 고밀도 폴리에틸렌은 경질이다. 밀도는 중합법으로서 대략 조절한다.

· 저밀도 폴리에틸렌(low density polyethylene, LDPE)

가지가 많아 결정화도가 낮고 연하며 투명하다. 밀도=0.91~0.925
저밀도 폴리에틸렌(LDPE)는 자유라디칼 존재하에서 고압에서 제조된다. 에틸렌의 중합은 관상(管狀)반응기 또는 교반고압반응기에서 일어난다. 교반반응기에서 반응열은 찬 에틸렌 공급원료에 의해 흡수된다. 관상반응기의 반응열은 관벽을 통하여 제거된다. 에틸렌 1몰의 반응열은 약 92 kJ/mole이다. 에틸렌의 자유라디칼중합 반응조건은 100~200℃, 100~135 atm 정도이다.

$$n\ CH_2{=}CH_2 \longrightarrow \left[CH_2{-}CH_2 \right]_n$$

저밀도 폴리에틸렌의 구조는 가지가 많지 않은 선형구조로 이루어져 있어 가지가 많은 구조에 비해 단위질량당 부피가 작으므로 밀도가 적게 된다.

· 고밀도 폴리에틸렌(high density polyethylene, HDPE)

가지가 적고 결정화도가 높아 기계적 강도는 크지만 투명도는 낮다. 내충격성, 내한성, 전기특성 및 가공성이 우수하다. 밀도=0.941~0.965
고밀도 폴리에틸렌(HDPE)은 유동상반응기(fluidized-bed reactor)에서 저압공

정에 의해 제조된다. HDPE공정에서 사용되는 촉매는 Ziegler형[13)] [$Al(C_2H_5)_3$와 α-$TiCl_4$ 착물] 촉매, 산화크롬(CrO_3) 또는 산화몰리브덴(MoO_3)이 주입된 실리카 - 알루미나(CrO_3/SiO_2-Al_2O_3, 또는 MoO_3/SiO_2-Al_2O_3)가 있다. 반응조건은 일반적으로 온화하지만 공정에 따라 다소 다르다. HDPE와 LLDPE제조에 사용되는 Union Carbide Unipol공정은 약 100℃, 20 atm에서 조업된다. 이것은 가스로 촉매를 분사, 부유시켜 드럼 같은 반응조에 에틸렌을 중합하고 저압에서 합성하는 방법이다. 이 기상법은 용매를 사용하지 않고 기상유동상에서 중합시켜 촉매의 분리뿐만 아니라 용매의 분리, 건조공정도 불필요하게 되어 간소한 프로세스이다. 생성되는 고분자도 과립상 모양이다.

HDPE 화학구조는 보통 폴리에틸렌과 동일하지만 분자사슬이 길기 때문에 내마모성, 내충격성이 뛰어나 엔지니어링 플라스틱으로 사용된다.

· 선형 저밀도 폴리에틸렌(linear low density polyethylene, LLDPE)

LDPE와 HDPE사이의 중간형태의 성질과 구조를 가진 폴리에틸렌으로 밀도는 0.90~0.935이다. 여기서 '선형(linear)'이란 말은 가지가 없다는 의미이다.

선형 저밀도 폴리에틸렌(LLDPE)은 저압기상에서 제조된다. 제조법은 HDPE 제조에 사용되는 Union Carbide 공정이 사용될 수 있다.

② 폴리에틸렌의 용도

- 필름(50%), 식품포장재 및 우유나 쥬스팩의 라미네이트(laminate), 화장실용품, 일용잡화품, 전선피복제로 널리 사용된다.
- LDPE는 유연하고 투명하여 주로 필름과 시트 제조에 사용된다. 필름은 주로 압출에 의해 제조되고, 시트는 주로 캘린더(calendar) 성형으로 제조된다.
- HDPE는 가지고 거의 없어서 결정성이 높고 약간 불투명하며 단단하고 강성도와 인장강도가 커서 플라스틱병, 자동차 오일통, 파이프 등의 제조에 사용된다. 플라스틱병의 약 60%가 HDPE로 제조된다. 병은 블로우성형법(blow molding)으로 제조하고 양동이, 그릇, 장난감 등의 제조는 사출성형(injection molding)

13) Ziegler촉매 : 유기금속화합물과 금속염화물과의 착물(complex compound)

이 주로 이용된다.

- LDPE는 가소제가 없이도 유연하다. LLDPE는 LDPE에 비해서 높은 강인성, 인장강도, 파괴점, 신장률 등과 가격이 더 싸서 LDPE를 대체하고 있다. LDPE와 LLDPE는 유연성이 좋고 수분은 거의 통과하지 않지만 산소를 투과하므로 농업용 필름으로 약 70% 이상 사용되며 그 외 수축성 병, 쓰레기 봉투, 쇼핑백 등의 제조에 사용된다.

(2) 폴리프로필렌(Polypropylene, PP)

프로필렌을 용액속에서 Ziegler-Natta[14)]($TiCl_4$.Et_2AlCl)촉매와 접촉시켜 25~80℃, 3~10 kg/cm^{2}에서 중합하면 입체 규칙성의 동일배열형태(아이소탁틱형, isotactic form) 폴리프로필렌을 얻을 수 있다. 반응압력은 일반적으로 50~80℃, 반응압력은 1~15 atm이다.

$$n\ CH_2{=}\underset{\displaystyle CH_3}{\underset{|}{CH}} \longrightarrow \left[CH_2{-}\underset{\displaystyle CH_3}{\underset{|}{CH}} \right]_n$$

폴리프로필렌의 중합은 액상 또는 기상공정에서 제조할 수 있다. 1980년대까지 BASF사의 수직형 교반층공정(vertically stirred bed process)이 유일한 대규모 상업적인 기상공정이었으나 Union Carbide/Shell사의 유동층기상공정에서 광범위한 폴리프로필렌이 제조되었다.

• 폴리프로필렌의 주요 성질 및 용도

- 폴리프로필렌은 하나 걸러 메틸기를 가진 입체 규칙성 구조(isotactic 구조; 상업용 PP의 99% 차지)로 사슬을 약간 경직되게 하고 분자대칭성을 방해하므로 LDPE와 비교하여 융점이 높다(176℃).
- 폴리프로필렌은 가장 낮은 밀도를 가지는(비중 0.90~0.91) 열가소성 수지로 내마모성, 높은 충격강도, 무독성, 낮은 흡수성 등을 나타낸다.

---

14) Ziegler−Natta촉매 : 알루미늄과 타이타늄의 비가 1 : 1 ~ 1 : 2 사이의 염화타이타늄($TiCl_4$)과 클로로다이에틸알루미늄(Et_2AlCl)의 혼합물로 이루어진 촉매

- 폴리프로필렌은 압출에 의해 시트(sheet) 제조에 사용되고 자동차, 가정용 전기 제품 등으로 주로 사용된다.
- 번쩍거리는 외관을 가지고 있으며 내약품성이며, 녹는점이 높아 저밀도 멸균용 병원용기, 여행용 가방, 의자, 배터리 케이스 등의 사출성형에 사용된다.
- 고분자 중에 밀도가 가장 낮아(0.90 g/cm^3) 쇼핑백에 사용되고 기타 필름 등에 사용된다.
- PP로 만든 섬유는 사이잘삼(sisal)과 황마(jute)로부터 생산된 섬유를 대체한다.

(3) 폴리염화바이닐(Polyvinyl chloride, PVC)

대부분의 폴리염화바이닐은 스테인리스 강철 또는 유리로 내장된 현탁반응기에서 제조된다. 반응 개시제로 과산화벤조일, 과산화카프로일, 과황산칼륨 등을 사용하여 50~75℃에서 염화바이닐의 부가중합인 라디칼중합으로 제조한다. 벌크중합, 용액중합, 유화중합, 현탁중합이 사용되나 그 중에서 대부분 현탁중합이 이용된다.

$$n\ CH_2{=}\underset{\displaystyle Cl}{\underset{|}{CH}} \longrightarrow \left[CH_2{-}\underset{\displaystyle Cl}{\underset{|}{CH}} \right]_n$$

염화바이닐은 성질을 향상시키기 위하여 많은 다른 단량체와 공중합을 만들 수 있다. 상업적으로 사용되는 단량체는 아세트산바이닐, 프로필렌, 에틸렌, 염화바이닐리덴이 있다. 연질과 경질의 두 가지 형태의 동종중합체(homopolymer)가 사용된다. 이 형태들은 우수한 내화학성과 내마모성을 가진다. 연질형태는 가소제 흡수가 가능하도록 높은 다공성을 가진 제품으로 제조된다. 경질형태로 만든 제품은 단단하다. PVC의 중요한 특징은 염소원자가 있기 때문에 자기소화성(self-extinguishing)을 가진다.

• **주요 성질 및 용도**

- 수지는 백색분말로 내수성, 내산성, 내약품성, 난연성이 우수하다.
- 연질 PVC는 PVC 제품의 약 50%를 차지한다. 연질 PVC는 식탁보, 샤워커튼, 가구, 자동차 실내장식재료, 전선과 케이블의 절연에 사용된다.

- 경질 PVC는 가소제가 많이 첨가되어 유연한 연질수지가 되어 필름, 시트, 파이프, 식품의 인스턴트 용기, 식품포장 용기, 파이프, 가구류, 자동차 부품, 병 등의 제조에 사용된다.
- PVC를 용도에 따라 분류하면 현탁중합 및 괴상중합에 의해 생산되는 straight PVC 수지와 유화중합에 의해 생산되는 paste PVC 수지가 있다. Straight PVC 수지에는 주로 파이프, 압출제품, 고투명 필름, 경질시트 등의 생산에 사용된다. Paste PVC 수지는 주로 인조가죽, 벽지, 상재(바닥재) 등의 생산에 사용된다.

(4) 폴리스타이렌(Polystyrene, PS)

폴리스타이렌은 단독으로 중합되거나 다른 단량체와 공중합체를 형성할 수 있다. 폴리스타이렌은 유기과산화물의 개시제를 사용하여 스타이렌의 라디칼중합으로 합성된다. 공업적인 제조방법은 스타이렌 단량체의 벌크중합, 유화중합 또는 현탁중합이 쓰이고 있다. 생성된 고분자는 혼성배열(atactic) 구조이다. 이 제품을 결정폴리스타이렌이라고 부른다.

$$n\ CH_2{=}CH(C_6H_5) \rightarrow \left[-CH_2-CH(C_6H_5)- \right]_n$$

고충격 폴리스타이렌(high impact polystyrene, HIPS)은 스타이렌 단량체에 뷰타다이엔 고무의 작은 입자를 분산시켜 상업적으로 제조된다. 이것은 스타이렌의 괴상부분중합이 이루어진 다음 괴상 또는 수용성 현탁에서 중합이 완결되며 단량체의 약 90%가 전환된다. 남아 있는 미반응의 단량체는 증류로 제거하고 최종제품은 펠렛(pellet)으로 만든다. HIPS의 충격강도는 고무입자의 크기와 농도에 따라 증가하며 반면에 광택과 경직성이 떨어진다. HIPS의 주요 용도는 포장제품으로 사용된다.

발포성 폴리스타이렌은 펜탄 또는 낮은 끓는점의 불활성 용매를 발포제로 사용하여 결정폴리스타이렌으로부터 만든다. 1 lb/ft^{3}의 밀도를 가지는 폴리스타이렌 폼(foam)은 공기가 체적의 97%를 차지한다. 스타이로폼(styrofoam)은 에너지 흡수, 부력, 무게에 대한 높은 강직도 비율, 부피당 낮은 가격, 열흐름에 대한 내성 때문에 주로 빌딩과 건축공업, 일회용 용기, 보호포장, 단열재로 사용된다.

아크릴로나이트릴 - 스타이렌 공중합체 (acrylonitrile-styrene copolymer, AS)는 투명성이 좋으면서 기계적 강도가 현저하게 개선되어 있으며, 특히 인장강도, 탄성률이 아주 우수하다. 또한 내열성, 내후성, 내유성, 내약품성이 개선되고 있다. 그 반면 유동성이 약간 저하하기 때문에 성형성이 약간 뒤진다. 선풍기의 날개 등 전기제품의 부품에 많이 사용된다.

아크릴로나이트릴 - 뷰타다이엔 - 스타이렌 공중합체 (acrylonitrile-butadiene-styrene copolymer, ABS)는 스타이렌의 광택성, 전기특성, 가공성과 아크릴로나이트릴의 내열성, 강성, 내유성 그리고 뷰타다이엔의 내충격성, 강인성, 저온에서의 성질유지 등 각 물질의 균형이 잘 조화된 수지이다. 그러나 투명도가 나쁘고 내후성, 내염성 등이 나쁜 단점이 있다. ABS수지는 압출 파이프와 파이프 피팅(fittings), 자동차 부품, 전자제품, 시트벨트 등 광범위하게 사용된다.

스타이렌은 뷰타다이엔과 1 : 3의 비율로 공중합하여 SBR(styrene-butadiene rubber)을 생성한다. SBR은 가장 중요한 합성고무이다. 주로 타이어 제조에 사용된다.

스타이렌 - 아크릴로나이트릴(styrene-acrolonitrile, SAN) 공중합체는 스타이렌 동종중합체보다 더 단단하며 더 높은 내열성, 내화학성을 나타낸다. 그러나 폴리스타이렌과 같이 투명하지 않으며, 따라서 가전제품과 가정용품과 같이 광학적 투명성이 요구되지 않는 제품에 사용된다.

• **주요 성질 및 용도**

- 라디칼중합으로 생성되는 PS 수지는 직쇄구조의 비결정성으로 투명한 수지이다.
- 맛, 냄새, 독성이 없다. 밀도=1.05 g/cm^3
- 굴절률이 높고, 전기 절연성이 높다.
- 흡습성이 낮고 성형가공이 뛰어나다(특히 사출성형에 적합).
- 방사선에 대한 저항력은 모든 플라스틱 중에서 가장 강하다.
- 연화온도가 비교적 낮지만 충격에 약하다.
- 범용PS는 잘 부스러지기 때문에 고충격폴리스타이렌(HIPS)이 개발되어 시장의 약 60% 이상 차지한다.
- 포장용기 제품으로 제일 많이 사용되고 발포제품, 저온에서의 내 충격성 때문에 냉동장비에 사용되며 생활제품, 건축재 등에 사용된다.

(5) 폴리에스터(Polyester)

테레프탈산(terephthalic acid)과 에틸렌글라이이콜(ethylene glycol)의 축합중합으로 대량생산되는 폴리에틸렌테레프탈레이트(PET, polyethylene terephthalate)와 테레프탈산과 1,4-뷰탄다이올(1,4-butanediol)의 축합중합에 의하여 생산되는 폴리뷰틸렌테레프탈레이트(PBT, polybutylene terephthalate)는 열가소성 엔지니어링 플라스틱이다. 이 고분자는 괴상 또는 용액중합 공정에 의해 제조되고 가장 성장이 빠른 열가소성 수지로 보강플라스틱의 시장을 선도하고 있다.

$$n\ \mathrm{HO{-}\overset{O}{\overset{\|}{C}}{-}C_6H_4{-}\overset{O}{\overset{\|}{C}}{-}OH} + 2n\ \mathrm{HOCH_2CH_2OH}$$

$$\rightarrow \left[\mathrm{\overset{O}{\overset{\|}{C}}{-}C_6H_4{-}\overset{O}{\overset{\|}{C}}{-}O{-}(CH_2)_4{-}O}\right]_n + 2n\ \mathrm{H_2O}$$

polyethylene terephthalate(PET)

PET의 가장 중요한 용도는 합성섬유 제조이다. PET는 플라스틱병의 제조에도 사용된다[플라스틱병의 25%는 PET로 제조(미국)].

- **주요 성질 및 용도**
  - 폴리에스터는 내마모성, 내화학성, 낮은 흡수성, 낮은 가스투과성을 가지고 있어 자기테이프용 필름 제조에 사용된다.
  - PET는 합성섬유와 필름에 널리 사용된다. 상품명으로 Dacron, Terylene, Fortrel 섬유, Mylar 필름 등으로 알려져 있다.
  - PET는 내가수분해성이고 세탁시 잘 구겨지지 않아 65/35 폴리에스터/면 직물은 셔츠 같은 의복에 사용된다.
  - PBT의 주요한 적용분야는 전기 전자와 자동차 산업의 사출성형 분야이다.

(6) 폴리카보네이트(Polycarbonate, PC)

폴리카보네이트는 주로 특수 엔지니어링 목적에 사용되는 축합 열가소성 수지이다. 이 중합체는 유기용매(염화메틸렌(CH_2Cl_2)/물) 존재하에서 비스페놀 A (bisphenol A)와 나트륨염과 포스젠(phosgene)의 축합에 의해 제조된다. 염화나트륨이 침전된다. 강도와 내열성이 요구되는 적용분야에서 금속과 유리의 대체물질로 폴리카보네이트는 가볍고 싸며 제조가 용이한 장점이 있다.

$$HO-C_6H_4-C(CH_3)_2-C_6H_4-OH + Cl-C(=O)-Cl \xrightarrow[H_2O,\ NaOH]{CH_2Cl_2} \left[-O-C_6H_4-C(CH_3)_2-C_6H_4-O-C(=O)- \right]_n + NaCl$$

- **주요 성질 및 용도**

- 투명성, 강도, 내열성(125℃), 내파괴성이 좋으나 약한 알칼리와 산에 취약하다.
- 나일론 다음으로 많이 사용되는 엔지니어링 플라스틱으로서 공업용 투명재료로 전기, 전자 제품에 많이 사용되고 기기케이스, 식품제조기통, 접시, 컵, 신호등 커버, 헬멧, 보안경, 자동차 범퍼 등에 사용된다.
- 콤팩트디스크(CD)와 전자 메모리디스크의 성형에 사용된다.

(7) 폴리메틸메타크릴레이트 (Polymethylmetharylate, PMMA)

투명한 수지로 알려져 있는 아크릴수지(acryl resin)에는 시트재료(수지판)와 성형재료의 두 가지 형태가 있다. 시트재료에는 메타크릴산메틸(MMA)의 호모폴리머인 폴리메타아크릴산메틸(PMMA)이 있고, 성형재료에는 메타크릴산메틸에 소량의 아크릴산에스터를 공중합시킨 공중합체로 만들어진다.

$$n\ CH_2{=}C(CH_3)-O-C(=O)-CH_3 \longrightarrow \left[-CH_2-C(CH_3)(-O-C(=O)-CH_3)- \right]_n$$

• 주요 성질 및 용도

- PMMA는 결정성을 가지며, 깨끗한 투명성, 뛰어난 표면강도, 좋은 내화학성, 적절한 강인성, 내후성을 지닌 수지이다.
- 열변형온도 범위=74~100℃, 실용온도=94℃, 유리전이온도(T_g)=105℃
- 주용도는 간판, 안전 창유리, 디스플레이, 건축재료, 방풍유리, 조명기구 등에 사용한다.
- PMMA성형화합물은 미등과 전기제품 패널로 자동차공업에 사용된다.
- SBR과의 블렌딩(blending)으로 내충격성이 향상된다.

(8) 나일론(Nylon)

나일론 수지는 중요한 엔지니어링 열가소성 수지로서 지방족 폴리아마이드(aliphatic polyamide)[15]이다. 폴리아마이드의 상업적인 발전은 Carothers의 공동 연구자인 Hill이 폴리아마이드의 용해물에 유리막대를 넣어 섬유를 끌어냈던 1930년대 초반부터 시작되었다. 1938년 Du Pont사는 나일론66을 제조하기 시작하였고, 독일의 Schlack은 1939년에 카프로락탐(caprolactam)으로부터 나일론6을 개발하였다. 그 외 1970년대와 1980년대에 새로운 나일론 신제품이 개발되었다. 현재 나일론66과 나일론6이 나일론 제품을 주도하고 있으며, 나일론 시장의 약 90%를 차지하고 있다. 나일론 수지의 주요 용도는 가구, 의류, 타이어 코드(tire cord) 등이다.

나일론의 합성방법은 다음과 같다.

① 다이카복실산(dicarboxylic acid) 또는 염화다이산(carboxyl dichloride)과 다이아민(diamine)의 축합중합(condensation polymerization)
② 락탐(lactam)의 고리열림중합(ring-opening polymerization)
③ 아미노산(amino acid)의 중축합(polycondensation)

나일론 수지는 일반적으로 용융중합에 의하여 제조되고, 락탐, 아미노산, 다이아

15) 아마이드(amide)의 일반식 : $RCONH_2$

민과 다이카복실산의 염을 물 또는 촉매와 함께 상압 또는 가압하, 230~300℃로 가열하면 중합도가 100~150인 나일론이 얻어진다. 헥사메틸렌다이아민(hexamethylene diamine)과 아디프산(adipic acid)과의 축합중합에 의한 나일론66 제조는 다음과 같다.

$$n\ H_2N-(CH_2)_6-NH_2 \quad + \quad n\ HO-\overset{\displaystyle O}{\overset{\|}{C}}-(CH_2)_4-\overset{\displaystyle O}{\overset{\|}{C}}-OH$$

$$\longrightarrow \left[\underset{\displaystyle H}{\underset{|}{N}}-(CH_2)_6-\underset{\displaystyle H}{\underset{|}{N}}-\underset{\displaystyle O}{\underset{\|}{C}}-(CH_2)_4-\underset{\displaystyle O}{\underset{\|}{C}} \right]_n$$

• 주요 성질 및 용도

- 나일론의 주요 특성은 강인성, 내구성, 내마모성, 내화학성, 가공의 용이성이다.
- 가구, 의류, 타이어 코드에 주로 사용된다.
- 나일론 필름은 식품이나 의약품의 포장용으로 쓰이고 단섬유는 브러쉬, 가발, 수술용 봉합선, 낚시줄, 의류 등에 사용된다.
- 보강된 나일론은 금속보다 더 높은 장력과 충격강도, 낮은 팽창계수를 나타내어 금속 대체물질로 기어, 캠, 베어링 등에 사용된다.

5.9 열경화성 수지

열경화성 수지는 정교하게 가교를 이룬(crosslinked) 3차원 구조를 가져서 최종생성물의 제조과정에서 화학반응이 일어나 경화된다. 열경화성 수지는 단계적인 중합공정에 의해 가교결합이 많이 이루어진 중합체이다. 일반적으로 가교결합공정은 경화로 불려진다. 중요한 열경화성 수지는 페놀수지(phenol resin), 멜라민수지(melamine resin), 폴리우레탄(polyurethane), 에폭시수지(epoxy resin) 등이다.

(1) 페놀 - 폼알데하이드 수지(Phenol-formaldehyde resin)

Bakeland에 의해서 1907년 발명된 페놀 - 폼알데하이드 수지는 페놀과 폼알데하이드의 공중합체이며 최초로 개발된 합성수시로 베크라이트(Bakelite)라고 하여 절연체로서 상품화되었다. 합판과 주조(foundry) 핵심분야의 결합제 수지(binder resins)로 사용되지만 상당량은 성형에 사용된다.

페놀과 폼알데하이드의 중합은 알칼리 또는 산촉매에서 일어나며, 염기촉매를 사용하여 만든 것을 레솔(resol)이라 하고 반면에 산촉매에 의해서 만들어지는 수지를 노볼락(novolac)이라 한다.

염기촉매반응의 처음단계는 폼알데하이드의 카보닐탄소에 phenoxide 음이온의 공격으로 오쏘(ortho)와 파라(para) - 치환된 methylolphenol의 혼합물이 생성되고, 두 번째 단계는 methylolphenol 사이에서 물이 제거되는 축합반응에 의해 고분자가 형성된다. 가교결합은 메틸올기(methylol group) 사이의 반응에 의해 일어나며, 그 결과 에터(ether) 가교가 형성된다. 메틸올기와 방향족고리의 반응도 일어나 메틸렌 가교가 형성된다. 분자량 100~300 정도의 물엿 상태의 고분자 물질을 레솔(resol)이라 하고, 이것에 열을 가하면 레지톨(resitol)이라는 유리모양의 묽은 고체를 거쳐 3차원 망상구조의 열경화성 페놀수지가 된다.

resol

산촉매반응은 폼알데하이드가 친전자체로 작용하는 친전자성 치환반응이다. 페놀과 폼알데하이드의 부가반응으로 생겨난 오쏘, 파라 - methylolphenol은 메틸올기와 벤젠고리 사이의 축합반응으로 메틸렌 가교가 형성된다. 선상으로 분자량이 1,000 정도의 열가소성 수지를 노볼락(novolac)이라 한다. 형성된 노볼락 고분자의 가교결합은 최종 단계에서 헥사메틸렌테트라민[hexamethylene tetramine(hexamine)]을 가하여 만든다. Hexamine은 소량의 습기 존재 하에서 폼알데하이드와 암모니아로 분해된다. 이것이 가교결합을 일으켜 노볼락이 경화되고 성형품을 형성한다.

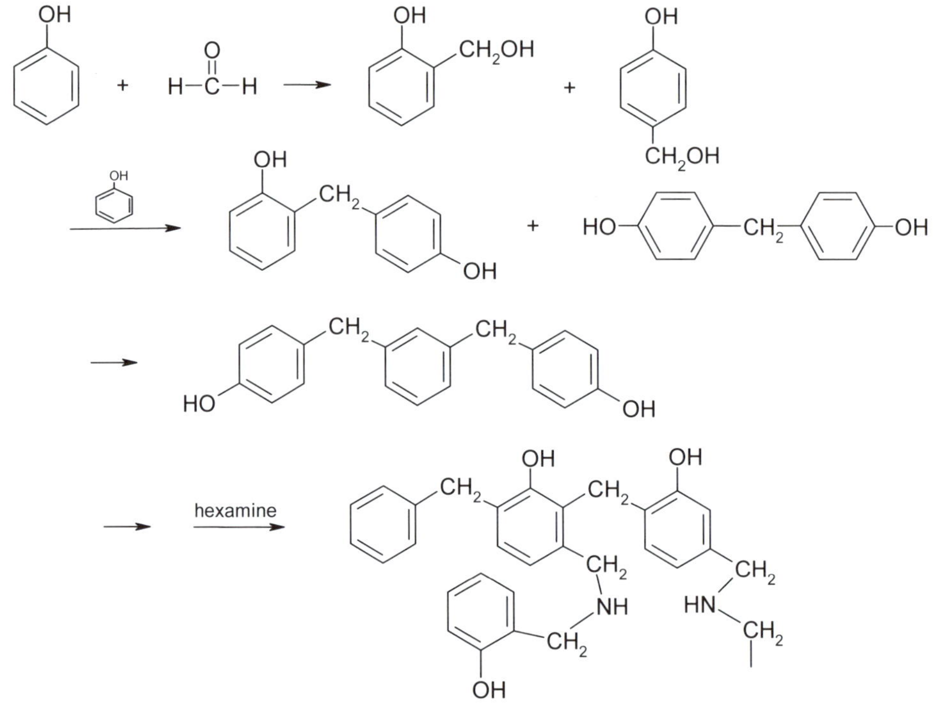

• 주요 성질 및 용도

- 중요한 성질은 경도, 강도, 내부식성, 가수분해내성이다.
- 가격이 저렴하고 사출성형에 의한 좋은 내열성과 치수안정성 등으로 성형분야에서 페놀수지가 시장성이 가장 넓다.
- 몰딩분말, 주물제조용, 라미네이트, 프라이팬 손잡이 등에 사용된다.
- 압축성형 유리섬유 충전 페놀 디스크 브레이크 피스톤은 자동차의 강철제품을 대체하고 있다.
- 도료, 접착제, 건축물의 적층물, PC 보드, 이온교환수지 등에도 사용된다.

(2) 멜라민 – 폼알데하이드 수지(Melamine–formaldehyde resin)

3개의 아미노기와 6개의 반응성 수소를 가진 멜라민(melamine)과 폼알데하이드와 반응시키면 페놀수지 제조와 유사하게 축합반응을 한다. 멜라민의 수용액은 알칼리성으로 폼알데하이드와의 가열에 의해 메틸올멜라민(methylolmelamine) 유도체를 생성하고, 메틸올기가 아미노기와 축합하여 메틸렌 다리(bridge)를 형성한다. 이 다리가 예비중합체 사슬을 연결하여 단단한 유리상 고분자인 삼차원 망상구조의 열경화성 수지를 만든다.

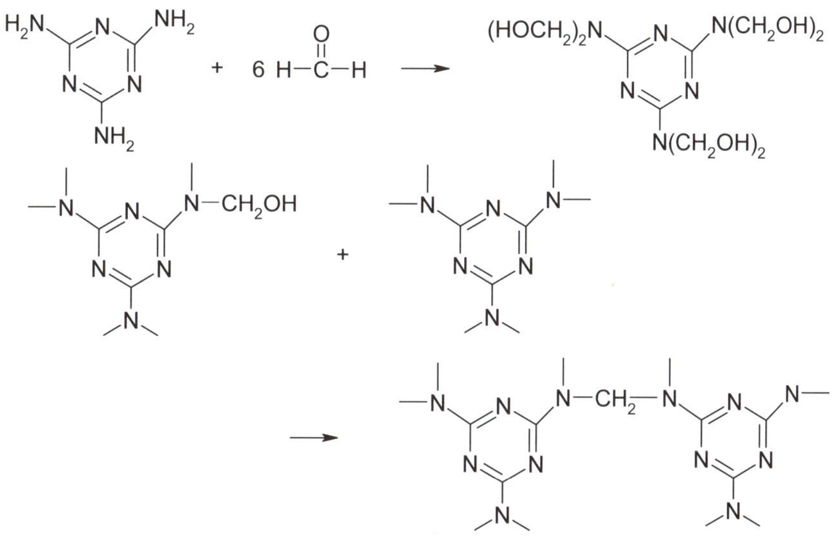

melamine resin (formica)

• **주요 성질 및 용도**

- 낮은 흡습성, 강도와 내열성으로 인해 몰딩분말로 유용하게 쓰인다.
- 접착제로의 용도가 많다.
- 페놀수지에 비해 높은 강도, 잘 긁히지 않고 무색으로 변색되지 않고 좋은 내열성으로 호마이카(fomica)와 같은 장식용 라미네이트판(laminated layer)으로 사용된다.

(3) 에폭시 수지(Epoxy resin)

에폭시 수지는 비스페놀 A(bisphenol A)와 에피클로로하이드린(epichlorohydrin)을 염기 존재하에서 반응시켜 제조한다. 에폭사이드고리는 가성소다와 같은 강염기 촉매하에서 고리열림중합반응(개환중합반응)이 일어난다. 형성된 선형 고분자는 말단 에폭사이드기를 개환시키는 아민(amine)에 의해 경화된다.

$$n\ HO-C_6H_4-C(CH_3)_2-C_6H_4-OH + (n+1)\ ClCH_2CH\overset{O}{\frown}CH_2$$

$$\xrightarrow{OH^-} R-\left[O-C_6H_4-C(CH_3)_2-C_6H_4-OCH_2\underset{}{C}H(OH)CH_2\right]_n-O-C_6H_4-C(CH_3)_2-C_6H_4-O-R$$

$$R = H_2C\overset{O}{\frown}CH-$$

- **주요 성질 및 용도**
  - 금속 표면의 강한 접착성, 내화학성, 높은 치수안정성, 내열성(500℃)이다.
  - 주요 용도는 가전제품 마무리용 코팅, 자동차의 초벌칠 재료(primers), 접착제, 캔과 드럼의 코팅이다.

(4) 폴리우레탄 수지(Polyurethane resin)

폴리우레탄은 폴리올(polyol)과 다이아이소사이아네이트(diisocyanate)의 부가중합으로 제조한다. 이 반응은 부가반응이 일어나지 않는다.

$$O=C=N-R-N=C=O + HO-R'-OH \rightarrow \left[\overset{O}{\overset{\|}{C}}-\overset{H}{\overset{|}{N}}-R-\overset{H}{\overset{|}{N}}-\overset{O}{\overset{\|}{C}}-O-R'-O\right]_n$$

많이 사용되는 다이아이소사이아네이트는 톨루엔다이아이소사이아네이트(toluene diisocyanate, TDI, 또는 toluene-2,4-diisocyanate)와 메틸렌다이아이소사이아네이트(methylene diisocyanate, MDI 또는 methylene-4,4'-diphenyl diisocyanate)

이다. 폴리올로는 글리세롤(glycerol)과 폴리에틸렌글라이콜(polyethylene glycol) 등이 사용된다. TDI와 MDI의 제법은 4.6절에서 다루었다. 폴리우레탄은 고분자 구조에 아래와 같은 카바메이트기가 존재하는 것이 특징이다.

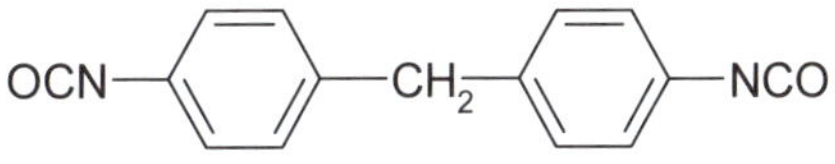

$$OCN-C_6H_4-CH_2-C_6H_4-NCO$$

MDI

$$-\overset{H}{\overset{|}{N}}-\overset{O}{\overset{\|}{C}}-O-$$

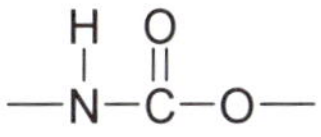

carbamate group

폴리우레탄 고분자는 연질 또는 경질형이 있으며 이는 사용되는 폴리올의 형태에 따라 결정된다. 연질 폴리우레탄 폼은 TDI와 폴리에테르 트라이올(polyether triol)로부터 제조한다. 물은 연질 우레탄폼 제조에서 발포제(blowing agent)로 사용된다. 경질 폴리우레탄폼은 방향족폴리에테르 폴리올로 제조한다. 폴리우레탄 탄성체는 유연한 영역과 단단한 영역이 교대로 구성된 $(AB)_n$ 블록 공중합체 구조를 이루고 있다. 이들은 1,4-butanediol로부터 폴리테트라메틸렌글라이콜(polytetramethylene glycol)과 같은 짧은 사슬의 폴리올을 사용하여 제조한다.

• 주요 성질 및 용도

- 폴리우레탄의 주용도는 폼(foam) 제조이다.
- 폴리우레탄 폼은 내마모성, 낮은 열전도성, 좋은 내부하성이 특징이다. 그러나 유기용매에는 보통의 내성을 가지며 강산에는 취약할 수 있다.
- 주요 용도는 가구, 소송, 건축용으로 쓰이고, 기타 카펫 밑깔개, 직물 적층물, 코팅, 신발, 포장, 장난감, 섬유에 사용된다.
- 경질 폴리우레탄은 높은 절연성으로 건축과 공업적 절연에 사용된다.
- 성형 폴리우레탄은 범퍼, 핸들, 계기 패널, 차체 패널과 같은 자동차 부품 제조에 사용된다.
- 스판덱스(spandex, 상업명 Lycra) 섬유는 폴리우레탄(85%)과 폴리에스터의 공중합체로 이루어진 긴 사슬고분자의 탄성섬유이다. 이 섬유는 양말 목부분, 거들, 브라(bra), 탄성 스타킹, 니트 수영복 등에 사용된다. 그 외에 바지, 진(jean), 운동복 등에도 스판덱스 섬유의 사용이 증가하고 있다.

(5) 실리콘(Silicone)

실리콘(silicone)[16]은 대부분의 산업분야에서 필수적으로 사용되는 고기능 고분자 재료로서 유기성과 무기성을 겸비한 독특한 화학재료로, 유기기를 함유한 규소와 산소 등이 화학결합[실록세인결합(Si－O－Si)]으로 서로 연결된 규소수지 고분자를 의미한다. 실리콘을 제조하는 단량체인 염화실레인(chlorosilane)의 합성은 금속규소와 염화메틸을 구리촉매를 사용하여 고온(250~500℃)으로 직접 반응시켜 염화실레인을 만들고, 이것의 가수분해 생성물인 실록세인올(siloxanol)을 탈수·축합하여 실리콘을 제조한다. 이것은 모래(SiO_2)로부터 실리콘 고분자를 제조하는 이상적인 방법이다.

$$SiO_2 + 2C \longrightarrow Si + 2CO$$

$$Si + 2CH_3Cl \xrightarrow[250\sim500\,^\circ C]{Cu} (CH_3)_2SiCl_2 \xrightarrow{H_2O} (CH_3)_2Si(OH)_2 + 2HCl$$

$$\downarrow -H_2O$$

$$-\!\!\left[\begin{array}{c} CH_3 \\ | \\ Si \\ | \\ CH_3 \end{array} -O- \right]_n\!\! -Si-O-$$

polydimethylsiloxane (silicone)

염화메틸(methyl chloride)로 규소를 알킬화시킬 때 mono-, di- 그리고 trialkyl 생성물이 형성된다. 모노알킬유도체($RSiCl_3$)는 가교결합이 많이 이루어진 젤(gel)이 형성되고, 다이알킬유도체(R_2SiCl_2)는 선형 고분자가 얻어진다. 트라이알킬유도체로부터는 다이실록세인(disilaoxane)이 형성된다. 실리콘은 주로 $RSiCl_3$에서 얻어지는 3차원중합체이다.

$$\underset{\text{methyltrichlorosilane}}{CH_3SiCl_3} + H_2O \longrightarrow -\!\!\left[\begin{array}{c} CH_3 \\ | \\ Si \\ | \\ O \\ | \end{array} -O- \right]_n$$

polymethylsiloxane

16) 고분자 실리콘(silicone)은 반도체 실리콘(silicon)과 글자는 같으나 영문표기와 그 사용범위가 틀림

- 주요 성질 및 용도

- 내열성, 내한성, 내후성, 내수성이 우수하고 절연성이 양호하다.
- 주용도

  실리콘 수지 : 전자부품성형용, 표면처리용

  실리콘 고무 : 전선피복, 가스켓

  실리콘 유(油) : 전기절연유(transformer 등), 소포제, 광택제
- 선상중합체는 광택첨가제, 고무성형, 금속의 다이캐스팅, 열경화성 수지의 성형에서 이형제(release agent)로 사용된다.
- 물에 젖지 않는 성질이 있어 직물, 피혁제품, 종이제품에 방수처리 시 사용된다.
- 실리콘 수지는 전기제품용 내열성 유리포 적층판 제조에 사용된다. 이 적층판은 단자보드, PC보드, 변압기, 항공기의 방화벽, 덕트(duct) 등에 사용된다.
- 실리콘 고무는 열안정성, 저온에서의 탄성유지, 좋은 전기 절연성, 비점착성, 생리적 불활성 등의 성질이 있고 고가이며 약한 기계적 강도가 있다.

  주용도는 현대의 여객기나 군용기 등에 사용되고, 가스켓, 젯트엔진의 씰링 링, 덕트, 밀폐 띠, 단열기구 등에 사용되며, 그 외 멸균할 수 있는 수혈관, 전기 다리미 가스켓, 냉장고, 접착테이프 등에 사용된다.
- 실리콘 그리스는 압출기의 다이코팅이나 스톱코크 윤활제, 고진공작업, 고온에서의 윤활제로서 사용된다.

5.10 합성고무

합성고무(탄성체)는 천연고무를 보충하기 위하여 개발되었으며 주로 뷰타다이엔(butadiene)과 기타 유도체를 원료로 한다. 이들은 화학적 안정성, 높은 내마모성, 강도 및 치수안정성이 좋다. 천연고무(natural rubber)는 아이소프렌(isoprene) 단위로 이루어진 탄성체로 다음 구조와 같은 *cis*-1,4-배열로 되어 있다. 이 배열은 천연고무에 높은 탄성과 강도를 부여한다.

$$CH_2{=}CH{-}C(CH_3){=}CH_2 \longrightarrow \left[-CH_2-C(H){=}C(CH_3)-CH_2- \right]_n$$

cis-1,4-polyisoprene

천연고무는 말레이시아, 인도네시아, 브라질에서 자라는 고무나무(*Hevea brasiliensis*)의 수액인 라텍스(latex)로부터 얻어진다. 라텍스에 황 또는 기타 화합물을 첨가하여 열을 가하면 라텍스가 가황(vulcanization)된다. 고무의 가황은 탄성체 사슬이 서로 가교결합되는 화학반응이다. 탄성체의 긴 사슬분자는 탄성을 주고 가교결합은 하중을 지탱해 주는 힘을 준다.

합성고무의 주요 용도는 타이어 제조이다. 기타 용도로는 신발, 호스, 성형품, 가소제 등이다.

(1) 스타이렌 - 뷰타다이엔 고무(Styrene-butadiene rubber, SBR)

스타이렌 - 뷰타다이엔 공중합체는 가장 널리 사용되는 합성고무이다. SBR은 라디칼 개시제를 활용하여 뷰타다이엔(75%)과 스타이렌(25%)의 공중합으로 제조되고, 이때 불규칙 공중합체가 얻어진다.

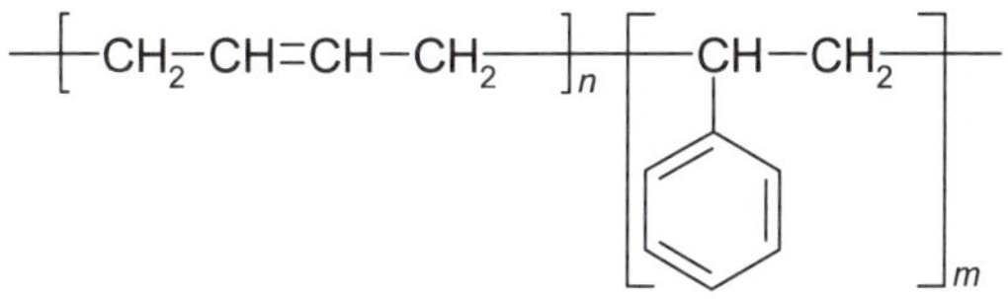

$$-\!\!\left[CH_2-CH=CH-CH_2\right]_n\!\!-\!\!\left[CH(C_6H_5)-CH_2\right]_m\!\!-$$

현재 음이온 촉매 또는 배위촉매를 사용하여 두 개의 단위체를 공중합시킴으로써 더 많은 SBR을 제조한다. 이렇게 제조된 공중합체는 기계적 특성이 더 좋으며 분자량 분포가 더 좁다. 배위촉매에 의해 제조된 SBR은 자유라디칼 개시제에 의해 제조된 것보다 장력이 더 좋다.

- **주요 성질 및 용도**

- 범용성, 내노화성, 내열성, 내마모성, 저렴한 가격으로 가장 널리 사용되고 있는 합성고무로 주용도는 타이어 제조이다.
- 신발, 벨트, 호스, 일반공업용품 등에 사용된다.
- SBR라텍스는 카펫폼 뒷받침과 접착제, 성형 폼(foam) 제조에 사용된다.
- 우리나라의 SBR 생산량은 40만톤(2007년 기준)이고 해마다 증가되는 추세이다.

(2) 뷰타다이엔 고무(Butadiene rubber, BR)

1,3-뷰타다이엔(1,3-butadiene)을 부가중합시키면 3가지 고분자 입체배열 즉, *cis*-1,4-; *trans*-1,4-; 1,2-배열의 구조가 혼재하는 불규칙 고분자가 얻어진다.

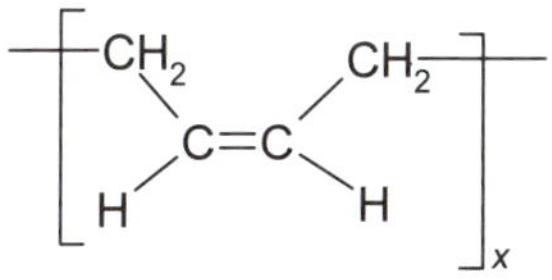

$$\left[CH_2-CH=CH-CH_2\right]_x \qquad \left[CH_2-CH=CH-CH_2\right]_y \qquad \left[CH_2-CH(CH=CH_2)\right]_z$$

cis-1,4-addition 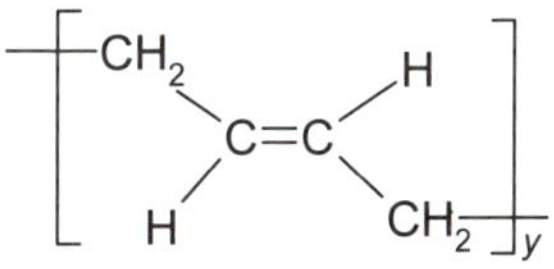　　*trans*-1,4-addition 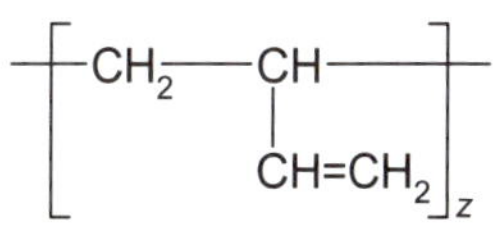　　1,2-addition

이 중에서 *cis*-1,4-배열구조가 공업적으로 중요하다. 배위촉매를 사용하여 용액상태에서 중합시키면 생성된 고분자는 1,4-부가배열이 주로 생성된다. 비극성 용매에서 음이온 개시제(alkyllithium)를 사용하는 유화중합 시에도 시스 배열이 높은 고분자를 얻을 수 있다.

• **주요 성질 및 용도**

- *cis*-1,4-polybutadiene은 높은 탄성, 좋은 저온성질, 높은 내마모성, 항산화성이 있으나 기계적 강도가 상당히 낮다.
- BR은 보통 천연고무 또는 SBR과 블렌드 되어 타이어 접지면(tread)의 성능과 내마모성을 향상시킨다.
- 자동차 타이어, 일반 고무제품, 플라스틱 개질제로 사용된다.
- 우리나라의 BR 생산량은 28만톤(2007년)이다.

(3) 나이트릴 고무(Nitrile rubber, NBR)

나이트릴 고무는 뷰타다이엔과 아크릴로나이트릴(acrylonitrile)의 공중합체이다. 공중합은 물의 유화상태에서 일어난다. 자유라디칼이 사용될 때 불규칙 공중합체가 얻어지고, Ziegler-Natta 촉매가 사용되면 교대 공중합체가 생성된다.

$$\left[CH_2-CH=CH-CH_2 \right]_n \left[\underset{\displaystyle CN}{\underset{|}{CH}}-CH_2 \right]_m$$

아크릴로나이트릴/뷰타다이엔의 비는 특수한 성질을 가지는 고분자를 얻기 위하여 조절될 수 있다. 낮은 아크릴로나이트릴 고무는 저온에서 유연하며 개스킷, O-링, 접착제에 일반적으로 사용된다. 중간 타입은 주방 매트와 구두 밑창과 같은 덜 유연한 제품에 사용되고, 높은 아크릴로나이트릴 고무는 더 단단하며 탄화수소와 기름에 내성이 크며 연료탱크, 호스, 유압장치, 가스켓에 사용된다.

(4) 폴리아이소프렌 고무(Polyisoprene rubber)

폴리아이소프렌은 자연에 존재하지만 합성으로도 제조할 수 있다. 따라서 합성 폴리아이소프렌 고무는 합성천연고무라고도 한다. 아이소프렌(isoprene)은 자유라디칼 개시제를 사용하여 중합시킬 수 있지만 불규칙 중합체가 얻어진다. 뷰타다이엔과 마찬가지로 아이소프렌의 부가반응은 이성질체의 혼합물이 얻어진다. 분자가 비대칭이므로 1,4-, 1,2-, 그리고 3,4-위치의 부가반응물이 생성된다. 이때 1,2-와

3,4-부가반응물은 6개의 배열상태가 가능하고, 1,4-부가반응은 2개의 *cis-trans* 이성질체가 가능하다. Ziegler-Natta 촉매 또는 음이온 개시제를 사용하여 부가반응을 시키면 입체규칙성의 *cis*-1,4-polyisoprene이 생성된다.

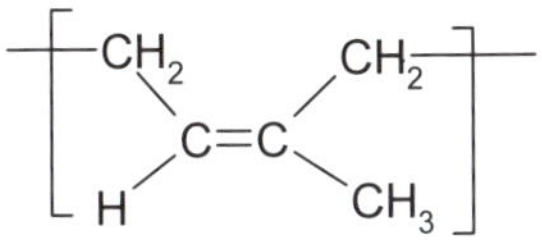

cis-1,4-addition 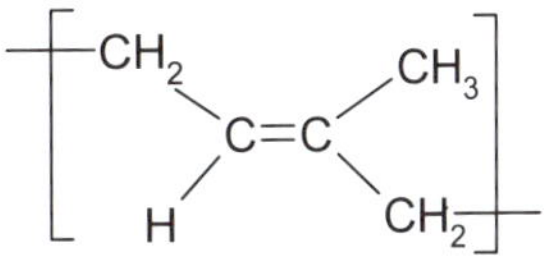　　*trans*-1,4-addition

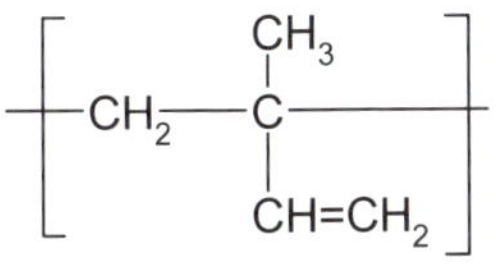

1,2-addition 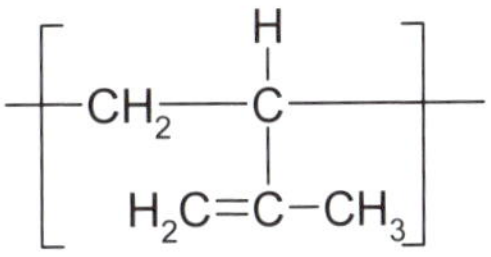　　3,4-addition

- **주요 성질 및 용도**

- 폴리아이소프렌은 황을 첨가하면 가황될 수 있는 합성고무 열가소성 수지이다.
- 시스 - 폴리아이소프렌은 천연고무와 유사한 특성을 가지고 있다. 이것은 높은 장력이 있으나 내마모성이 낮고 산소에 의해 쉽게 공격을 받는다.
- 시스 - 폴리아이소프렌의 주용도는 타이어, 컨베이어 벨트, 신발, 절연 등이다.

(5) 뷰틸 고무(Butyl rubber)

뷰틸 고무는 아이소뷰틸렌과 아이소프렌을 공중합시켜 제조한다. 중합반응은 염화알루미늄 촉매와 소량의 물을 조촉매로 하여 저온(−95℃)에서 행해진다. 아이소프렌은 주로 1,4-부가에 의해 결합이 이루어진다. 생성물은 선형 불규칙 공중합체로 경화되어 열경화성 수지가 될 수 있다.

- **주요 성질 및 용도**

- 내오존성, 내후성, 전기절연성이 양호하다.
- 낮은 공기 투과성과 내화학성 및 산소에 대한 높은 내성을 가지고 있어 타이어 튜브 및 튜브 없는 타이어(tubeless tire) 안감(inner liner) 제조에 사용된다.

- 주용도는 튜브이다.
- 기타 전선과 케이블의 절연, 수증기 호스, 기계제품, 접착제 등이다.

(6) 폴리클로로프렌 고무(Polychloroprene rubber, Neoprene rubber)

폴리클로로프렌은 가장 오래된 합성고무로 네오프렌 고무라고도 한다. 클로로프렌(2-chloro-1,3-butadiene)을 황산칼륨(K_2SO_4, potassium sulfate) 촉매하에서 물로 유화중합하여 제조한다.

$$n\ H_2C{=}\overset{\displaystyle Cl}{\overset{|}{C}}{-}CH{=}CH_2 \longrightarrow \left[CH_2{-}\overset{\displaystyle Cl}{\overset{|}{C}}{=}CH{-}CH_2 \right]_n$$

생성물은 불규칙 고분자로 머캅탄(mercaptan)이나 황 또는 금속산화물(산화아연, 산화마그네슘 등)로 가황되어 가교된다. 가황시킨 폴리클로로프렌 고무는 높은 인장력, 내열성이 있으며, 우수한 내유성(천연고무보다 좋음)을 가지고 있다.

- 주요 성질 및 용도
- 내오존성, 내열성, 난연성, 내약품성이 좋다.
- 네오프렌 고무는 타이어 제조에 사용되지만 비싸다.
- 주요 용도는 전선 피복, 가스켓, 콘베이어 벨트, 기계제품, 케이블 등이다.

(7) 에틸렌 - 프로필렌 고무(Ethylene-propylene rubber, EPR)

에틸렌 - 프로필렌 고무는 에틸렌과 프로필렌의 입체규칙성 공중합체이다. 주요 고분자 사슬은 완전히 포화되어 있고, 생성된 탄성체는 황에 의해 가교결합된다. 가황시킨 EPR은 마모성, 산하, 열, 오존에 내성을 가지나 탄화수소에는 영향을 받는다. 주요 용도는 가스켓, 기계제품, 전선과 케이블의 코팅과 같은 자동차 부품 제조이다. 타이어 제조에도 사용된다.

(8) 열가소성 탄성체(Thermoplastic elastomers, TPE)

열가소성 탄성체는 고무의 물리적 특성을 가지는 플라스틱 고분자이다. 즉, 사용 조건하에서 고무탄성을 나타내며 성형조건하에서는 열가소성 플라스틱과 같이 성형이 가능한 고분자이다. 이것은 부드럽고 유연성이 있으며 고무의 탄성을 가지고 있다. 가황고무처럼 가교결합 공정은 불필요하기 때문에 기존의 열경화성 물질보다 경제적이고 재사용이 가능한 특징을 가지고 있다.

현재 가장 널리 사용되는 TPE는 스타이렌과 뷰타다이엔, 아이소프렌, 에틸렌 또는 에틸렌/프로필렌 단위체와의 블록공중합이다. TPE의 중요한 특징은 유연성, 부드러움, 탄성이다. 주요 용도는 신발, 감압접착제, 절연, 재생가능한 범퍼 등이다.

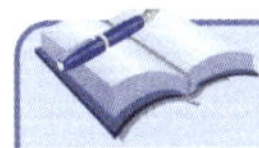

5.11 합성섬유

섬유는 직경에 비해 길이가 굉장히 긴 고체물질이다. 어떤 물질이 섬유로 되려면 그 물질을 구성하는 분자가 가늘고 긴 실과 같은 사슬모양의 고분자이어야 한다. 섬유는 대부분 의류용으로 사용되고 있다고 생각되기 쉽지만 오늘날 산업용 섬유의 수요는 의류용 섬유를 능가하고 있는 실정이다.

섬유는 천연섬유(natural fiber)와 화학섬유(synthetic fiber)로 대별된다. 천연섬유는 식물, 동물, 광물에서 얻어지는 것으로 식물섬유가 주종을 이루고 목면, 마(麻)와 같은 종자모섬유가 천연섬유의 약 70%를 차지하고 양모, 견(명주)과 같은 동물섬유가 10% 정도를 차지한다. 화학섬유는 원료가 천연에서 유래하는 재생섬유(regenerated fiber), 석유화학공업에서 합성되는 합성섬유로 나눈다. 전체 섬유 중에서 화학섬유가 차지하는 비율은 약 70%이고 그 중에서 합성섬유는 약 60%이다.

재생섬유(혹은 인조섬유)는 레이온(rayon), 큐프라(cupra), 셀로판(cellophane), 아세트산셀룰로오스(cellulose acetate)와 같은 셀룰로오스계 섬유를 화학적으로 용해한 다음 다시 방사하여 제조한 개량된 섬유이다. 레이온(rayon)은 셀룰로오스를 알칼리(수산화나트륨)로 처리하여 생긴 비스코스(viscose)를 황산 중에서 습식방사하면 재생된 비스코스 레이온(viscose rayon)이 만들어진다. 이것은 섬세한 촉감과 우

수한 광택성 등으로 패션성이 풍부한 섬유로서 양복지, 바지, 안감지, 커튼 등에 사용된다.

합성섬유는 저분자화합물을 원료로 하여 화학적으로 합성된 고분자물질로 형성된 섬유를 말한다. 주요 합성섬유 고분자는 폴리에스터, 폴리아마이드(나일론), 폴리아크릴, 폴리올레핀 등이 있다. 폴리에스터와 폴리아마이드는 단계중합반응에 의해 합성되며, 폴리아크릴과 폴리올레핀은 연쇄부가반응에 의해 제조된다.

(1) 폴리에스터 섬유(Polyester fiber)

폴리에스터 섬유는 가장 널리 사용되는 합성섬유이다. Whinfield와 Dickson은 테레프탈산(terephthalic acid, TPA)과 에틸렌글라이이콜(ethylene glycol)로부터 최초의 폴리에스터 고분자를 합성했다. 일반적으로 폴리에스터는 다이올(diol)과 다이카복실산(dicarboxylic acid)과의 에스터화반응(esterification), 다이올과 다이카복실산 에스터의 에스터교환반응(transesterification), 또는 다이올과 산이염화물(acid dichloride)의 반응에 의해 제조한다. 중합반응은 일반적으로 다이카복실산과 다이올의 에스터화반응으로 이루어진다.

$$n\,\mathrm{HO{-}\overset{\overset{\displaystyle O}{\|}}{C}{-}R{-}\overset{\overset{\displaystyle O}{\|}}{C}{-}OH} \quad + \quad 2n\,\mathrm{HO{-}R'{-}OH}$$

$$\longrightarrow \quad \left[\mathrm{O{-}\overset{\overset{\displaystyle O}{\|}}{C}{-}R{-}\overset{\overset{\displaystyle O}{\|}}{C}{-}O{-}R'}\right]_n \quad + \quad 2n\,H_2O$$

폴리에틸렌테레프탈레이트(polyethylene terephthalate, PET)는 테레프탈산과 에틸렌글라이콜의 에스터화반응(5.8절 참조) 또는 테레프탈산다이메틸(dimethyl terephthalate)과 에틸렌글라이콜의 에스터교환반응에 의해 제조된다. 유리산이 많은 유기용매에 녹지 않기 때문에 에스터교환반응이 바람직하다. 반응은 2단계로 진행된다. 처음 단계에서 테레프탈산다이메틸과 에틸렌글라이콜이 약 200℃에서 반응하여 bis(2-hydroxylethyl) terephthalate(혹은 dihydroxyethyl terephthalate)가 생성되면서 메탄올이 부생된다. 두 번째 단계에서 폴리축합이 일어나 PET가 합성되고 과잉의 에틸렌글라이콜은 약 280℃, 감압(0.01 atm) 하에서 제거된다.

$$n\ CH_3O-\overset{O}{\overset{\|}{C}}-C_6H_4-\overset{O}{\overset{\|}{C}}-OCH_3 + 2n\ HOCH_2CH_2OH$$

$$\xrightarrow{200^{o}C} n\ HOCH_2CH_2-O-\overset{O}{\overset{\|}{C}}-C_6H_4-\overset{O}{\overset{\|}{C}}-O-CH_2CH_2OH + 2n\ CH_3OH$$

$$\xrightarrow{270^{o}C} \left[\overset{O}{\overset{\|}{C}}-C_6H_4-\overset{O}{\overset{\|}{C}}-O-CH_2CH_2-O\right]_n + n\ HOCH_2CH_2OH$$

폴리에틸렌테레프탈레이트는 중요한 열가소성 수지이다. 그러나 대부분의 PET는 섬유제조에 사용된다. 폴레에스터 섬유는 결정영역과 비결정영역을 동시에 가지고 있는 구조이다. 결정성의 정도와 배향은 수축 결정과 장력에 영향을 미친다. 폴리에스터의 중요한 특징은 상당히 높은 용융온도(265℃), 내후성, 적당한 장력이다.

폴리에스터 섬유는 면, 모와 같은 천연섬유와 혼합될 수 있고 이들 생성물은 품질이 더 좋아져 옷, 베개포, 침대덮개 등에 사용된다. 폴리에스터로 만든 인조섬유솜(fiberfill)은 매트리스, 베개, 슬리핑백에 사용된다. 높은 강인성의 폴리에스터는 나일론 타이어 코드와 동등한 강도를 가져 타이어 코드에 사용되며, 기타 폴리에스터 섬유사(纖維絲)는 V-벨트와 소방호스로 사용된다.

(2) 폴리아마이드(Polyamide, Nylon)

폴리아마이드는 폴리에스터 다음으로 생산량이 많은 물질로 최초로 합성된 합성섬유이다. Carothers(1930)는 아디프산(adipic acid)과 같은 지방족 다이산(aliphatic diacid)과 다이올(diol)과의 반응에 의해 폴리에스터 섬유의 합성을 시도하였다. 그러나 이 고분자는 융점이 너무 낮아 섬유로 적합하지 않았다. 그러나 그는 최초의 합성섬유(나일론66)의 제조에 성공하였다. 그 후 Du Pont사는 1938년 상업적으로 나일론66을 제조하기 시작했고, 1939년 독일의 Schlack은 카프로락탐(caprolactam)으로부터 나일론6을 개발하였다. 1960년대에는 방향족 나일론이 개발되어 사용온도를 200℃ 이상으로 끌어 올렸고 그 후 고강도 및 고탄성의 폴리아마이드 섬유가 개발되었다. 특허제한과 원료물질 때문에 나일론66은 미국에서 가장 많이 제조되고, 나일론6은 유럽에서 주로 제조된다.

나일론 다음에 붙는 숫자는 폴리아마이드를 구성하는 반복단위 안에 존재하는 탄소의 수를 나타낸다. 자세한 명명법은 5.6절에서 자세히 다루었다.

폴리아마이드의 제조는 앞절에서 언급했듯이 다이카복실산과 다이아민(diamine)의 축합반응(예: 나일론66, 나일론610), 락탐(lactam)의 개환중합(예: 나일론6), 또는 ω-아미노산의 중합(예: 나일론11)에 의해 제조된다.

① 나일론66(Polyhexamethylene adipate)

헥사메틸렌다이아민(hexamethylene diamine)과 아디프산(adipic acid)의 축합중합에 의해 제조된다. 단위체의 관능기들이 당량 대 당량 반응으로 중간체 헥사메틸렌다이암모늄아디페이트(hexamethylenediammonium adipate)염을 생성한다. 60~80%의 재결정화된 염을 가열하여(270~280℃) 반응기에 공기를 주입하면서 수증기를 제거시킨다. 아세트산을 소량 가하여 중합도를 조절한다.

$$n\ HO-\overset{O}{\overset{\|}{C}}-(CH_2)_4-\overset{O}{\overset{\|}{C}}-OH \ +\ n\ H_2N-(CH_2)_6-NH_2$$

$$\longrightarrow n \left[O-\overset{O}{\overset{\|}{C}}-(CH_2)_4-\overset{O}{\overset{\|}{C}}-O\right]^{2-} \left[H_2N-(CH_2)_6-NH_2\right]^{2+}$$

$$\longrightarrow \left[\overset{O}{\overset{\|}{C}}-(CH_2)_4-\overset{O}{\overset{\|}{C}}-NH-(CH_2)_6-NH\right]_n \ +\ 2n\ H_2O$$

② 나일론6(Polycaproamide)

나일론6은 ε-카프로락탐(ε-caprolactam)을 소량의 물과 함께 개환중합으로 제조된다. 중합은 우선 물과 혼합되고 락탐이 개환되어 ω-아미노산이 만들어진다. 형성된 아미노산은 자체 또는 카프로락탐과 250~280℃에서 반응하여 중합체를 형성한다.

$$\text{(caprolactam; ring with C=O and NH)} \ +\ H_2O \longrightarrow H_2N-(CH_2)_5-COOH$$

$$HO-\overset{O}{\overset{\|}{C}}-(CH_2)_5-NH_2 \ +\ \text{(caprolactam; ring with C=O and NH)} \longrightarrow \left[\overset{O}{\overset{\|}{C}}-(CH_2)_5-NH\right]_n$$

③ 나일론12(Polylaurylamide)

나일론12는 라우로락탐(laurolactam)의 개환중합에 의해 나일론6과 유사하게 중합된다. 이 고분자는 높은 소수성 때문에 나일론6보다 더 낮은 흡수성을 보인다.

$$\underbrace{CH_2-(CH_2)_{10}-C{=}O}_{\text{ring closed by }NH} + H_2O \longrightarrow H_2N-CH_2-(CH_2)_{10}-\overset{O}{\overset{\|}{C}}-OH$$

$$HO-\overset{O}{\overset{\|}{C}}-(CH_2)_{11}-NH_2 \longrightarrow \left[\overset{O}{\overset{\|}{C}}-(CH_2)_{11}-NH\right]_n$$

④ 나일론11(Polydecanylamide)

나일론11은 11-aminoundecanoic acid의 축합중합에 의해 제조된다. 반응은 우선 물에 현탁되고 이를 가열하면 반응이 시작된다.

$$n\ H_2N-CH_2-(CH_2)_9-\overset{O}{\overset{\|}{C}}-OH \longrightarrow \left[\overset{O}{\overset{\|}{C}}-(CH_2)_{10}-NH\right]_n + n\,H_2O$$

- **나일론의 주요 성질 및 용도**

- 나일론은 아마이드 결합을 가지므로 상당히 높은 녹는점을 가진다. 이들은 결정성이 높고, 장력, 내마모성, 탄성계수가 높다. 그러나 나일론은 빛에 의해 열화된다. 알칼리에는 내성을 가지나 무기산에는 공격받기 쉽다.
- 일반적으로 대부분의 나일론은 비슷한 특성을 지니며 특수한 용도를 제외하고는 경제적인 고려에 의해 용도가 결정된다.
- 나일론의 가장 중요한 용도는 타이어 코드와 의복이다. 그 외에 양탄자, 좌석벨트, 니트웨어, 로프, 낙하산, 내의 등에 사용된다.

(3) 아크릴 섬유(Acrylic fiber)

아크릴 섬유는 폴리아크릴로나이트릴(polyacrylonitrile, PAN)을 주성분으로 하는 합성섬유이다. PAN은 아크릴로나이트릴(acrylonitrile)을 수용액 또는 현탁중합에 의한 자유라디칼에 의해 제조된다.

$$n\ H_2C{=}CH{-}CN \longrightarrow \left[CH_2{-}\underset{}{\overset{CN}{\overset{|}{C}H}} \right]_n$$

염색성을 좋게 하기 위하여 바이닐화합물과 많은 공중합체가 알려져 있고, 아크릴로나이트릴과 아세트산바이닐, 염화바이닐, 아크릴아마이드와 같은 단위체와 공중합체를 생성한다.

아크릴 섬유는 아크릴로나이트릴의 함량이 85% 이상 함유하고 있다. 모다크릴 섬유(modified acrylic fiber, modacrylic fiber)는 아크릴로나이트릴이 34~85% 함유한 공중합체이다. Orlon은 1950년 미국 Du Pont사가 개발한 아크릴 섬유이고, Dynel은 1951년 Union Carbide사에 의해 개발된 모다크릴 섬유이다.

- 폴리아크릴의 주요 성질 및 용도

- 폴리아크릴의 특성은 용매와 빛에 내성을 가지며 구겨지지 않고 건조가 빠르다. 아크릴 섬유는 양모와 비슷한 특성을 지니며, 담요, 양탄자, 스웨터와 같은 용도로 양모를 대체한다.
- 아크릴 섬유의 주요 용도는 직물과 뜨개질 의류, 양탄자, 실내 장식품이다.

(4) 아라미드 섬유(Aramid fiber)

아라미드 섬유는 방향족 폴리아마이드(aromatic polyamide)로 이루어진 특수기능성 섬유이다.

① 노맥스 섬유(Nomax fiber)

1961년 Du Pont사에서 개발한 Nomax 섬유는 염화아이소프탈로일(isophthaloyl chloride)과 *m*-페닐렌다이아민(*m*-phenylenediamine)으로부터 제조된 poly(*m*-phenylene isophthalamide)인 내열성의 고강도 고분자이다.

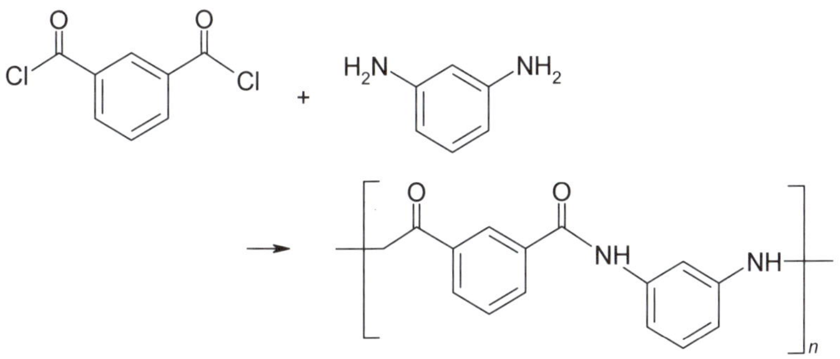

• 주요 성질 및 용도

- 강도가 매우 높고 내열성, 고탄성인 섬유이다.
- 타이어 코드, 로프, 방탄 조끼 등이나 복합재료의 구조체에 이용된다.

② 케브라 섬유(Kevlar fiber)

Kevlar 섬유는 1973년 듀폰사에서 개발한 특수기능성 섬유로 염화테레프탈로일(terephthaloyl chloride)과 *p*-페닐렌다이아민(*p*-phenylenediamine)으로부터 중합된 poly(*p*-phenylene terephalamide)이다.

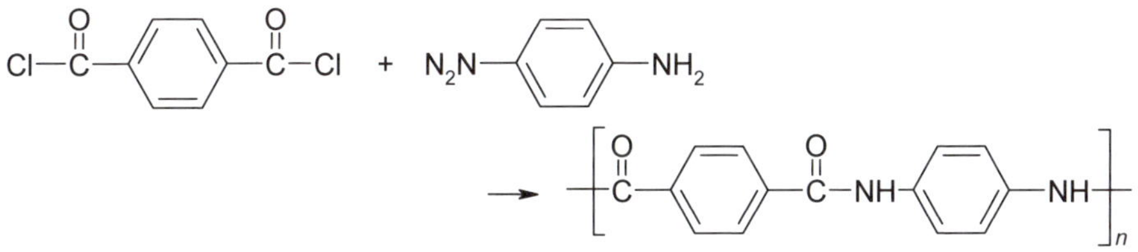

• 주요 성질 및 용도

- 직선구조가 아니라 강도는 노맥스 섬유보다 떨어지나 내열 방염성이 우수하여 내열재료나 방염옷으로 사용된다.

(5) 탄소섬유(Carbon fiber, Graphite fiber)

탄소섬유는 탄소 함량이 92~99%인 특수강화 타입의 특수기능성 섬유이다. 원료로 레이온이나 페놀계 수지 등 열경화성 재료 혹은 폴리아크릴로나이트릴 등의 열가소성 섬유가 사용된다. 이들을 1,000~3,000℃의 온도에서 열분해시키면 탄소섬유가 얻어진다. 상업적으로는 레이온, 폴리아크릴로나이트릴, 석유피치로부터 제조한다.

폴리아크릴로나이트릴을 적당한 온도(약 220℃)에서 공기와 가열시키면 사이안화수소(HCN)가 방출되고 중간체로 사다리형 고분자가 형성된다. 이것을 질소 존재하에서 하루 동안 계속 1,700℃ 이상으로 가열하면 탄소섬유가 제조된다.

$$\left[-CH_2-\underset{|}{\overset{CN}{CH}}-\right]_n \xrightarrow[\text{- HCN}]{\Delta,\ O_2} \text{(N, N)} \xrightarrow{\Delta,\ N_2} \text{carbon fiber}$$

탄소섬유는 높은 강도와 낮은 열전도도 및 전기전도도 특성을 가진 특수기능성 고분자로 금속과 합금을 대체하는 물질로 사용된다. 주요 용도는 열경화성 에폭시 매트릭스(matrix)로 사용된다.

Tip

접착제(Adhesives, 接着劑)

접착제는 두 물질 사이를 접합시키는 물질로서 접착기제가 되는 베이스 고분자(천연 및 합성고분자)에 용제, 가소제, 분산제 등의 첨가제가 가해진 물질이다. 베이스 고분자로는 플라스틱, 고무, 섬유 등의 합성 및 천연고분자가 사용된다. 현재 접착제에 사용되고 있는 베이스 고분자의 수는 수백 종에 달하므로 접착제의 종류도 대단히 다양하다. 접착제는 용도, 성능, 베이스 고분자, 고화방법에 따라 분류될 수 있으며 고화방법에 따른 분류법이 있다. 고화방법에 따른 분류에는 다음과 같은 것들이 있다.

- 증발형 접착제 : 전분, 폴리바이닐알코올(PVA) 등의 수용성 접착제, 고무, 라텍스나 폴리아세트산바이닐 등의 에멀젼 접착제
- 감압형 접착제 : 접착테이프 등에 사용되는 것으로 베이스 고분자로 천연고무나 합성고무, 아크릴공중합체 등이 사용.
- 감열형 접착제 : 가열하면 연화하고 냉각하면 고화하는 열가소성 수지가 사용되고 hot melt 접착제라고도 함. 에틸렌 - 아세트산바이닐 공중합(EVA 4)이 가장 널리 사용.
- 감광형 접착제 : 자외선이나 가시광선에 의해 중합이 개시되거나 가교되어 경화하기 때문에 저온에서 단시간에 접착이 가능. 폴리에터, 폴리에스터, 에폭시, 폴리우레탄 등의 올리고머(oligomer)가 사용.
- 반응형 접착제 : 순간접착제인 에틸-2-사이아노아크릴레이트는 표면에 존재하는 미량의 수분에 의하여 순간적으로 중합되는 됨.

열경화성 접착제로는 아미노수지, 페놀수지, 에폭시수지, 폴리우레탄수지, 불포화 폴리에스터 등이 있다. 어느 것도 저분자량으로 반응성인 관능기를 가지며 경화제와 혼합함으로써 가교가 일어나고 고화된다.
전자 부품의 밀봉재료에는 절연성의 에폭시수지나 폴리우레탄수지가 사용되고 있지만, 인쇄회로기판(PCB) 등에는 전도성의 접착제가 필요하며 그 때문에 금, 은, 구리와 같은 양전도성 충진제를 첨가한 접착제가 개발되고 있다.

Tip

기능성 고분자(Functional polymers)

기능성 고분자는 플라스틱, 섬유, 합성고무 등과 같이 널리 사용되고 있는 고분자 물질 외에 고분자막, 이온교환 수지, 감광성 수지, 전도성수지 등과 같이 고기능을 가진 고분자를 일컫는다. 기능성 고분자가 가장 많이 사용되는 분야는 이온교환수지(ion-exchange resin)로 이것은 이온을 교환할 수 있는 능력을 가지고 있는 산성기나 염기성기를 가지고 있는 수지를 말한다.

Tip

도료(Coatings, 塗料)

도료는 물체의 표면에 도포하여 도막(塗膜)을 형성시키기 위한 표면처리 재료이며 일광이나 풍우, 공기 등 외계의 영향으로부터 물체를 보호함과 동시에 착색이나 광택에 의해 미관을 주기 위한 물질이다. 이 목적 이외에도 도료는 전기절연, 도전(導電), 내열, 발광, 광반사, 방충, 결로(結露)방지, 방오(防汚) 등 광범위하게 사용된다. 도료의 주용도는 건물, 자동차, 전기제품, 금속제품, 강구조물, 선박 등에 많이 사용된다.

도료는 비히클(vehicle, 展色劑)과 안료성분으로 만들어진다. 비히클은 천연 또는 합성수지, 섬유소, 고무, 중합유 등의 도막형성성분을 용제에 녹인 것으로서 필요에 따라 가소제, 경화제, 건조제, 유동성조제, 광택부여재, 방부 및 항곰팡이제 등의 보조성분이 가해진다. 안료는 유색 불투명의 물, 기름, 유기용제에 불용성 분말 또는 고체물질이다. 비히클에 배합하여 도포시킬 경우 표면을 착색하여 은폐시키고 미관을 주며 기계적 성질을 보강시켜 주며 내후성, 내구성을 개선시키는 효과를 가진다.

도료의 원료인 도막형성성분은 유지(식물유, 동물유 등, 현재는 사용량이 적음), 천연수지[송진(rosin), 코펄(copal) 등], 셀룰로오스 유도체(아세틸 셀룰로오스 등), 그리고 합성수지가 있으며 이중에서 합성수지가 가장 중요한 원료이다. 합성수지 원료에는 알키드수지(alkyd resin), 페놀수지, 요소수지, 멜라민수지, 에폭시수지, 폴리우레탄수지, 아크릴수지 등 많은 종류가 있으며 이들은 분자량이 수백에서 2만 정도이다.

도료용 안료에는 TiO_2, ZnO(백색); 카본블랙, Fe_3O_4(흑색); Fe_2O_3, molybdate orange(적색); Cr_2O_3(녹색) 등의 무기안료와 permanent red, benzidine yellow, phthalocyanine green 등의 많은 유기안료가 사용된다.

용제는 유기용매로 미네랄 스피리트(mineral spirit), 톨루엔, 자일렌 등 지방족 및 방향족탄화수소 외에 터펜(terpene)류, 알코올류, 에스터류, 케톤류 등이 사용된다. 용제는 도료에 유동성을 갖게 하며 점도를 조절하여 도장 작업을 용이하게 하는 역할을 한다. 이들은 사용 후 대부분이 대기중으로 방출되기 때문에 환경적으로는 바람직하지 않다. 따라서 high solid형(고체분 60% 이상) 도료나 무용제 도료 또는 물을 용매로 하는 도료 개발을 시도하고 있다.

참고문헌

1. http://www.kpia.or.kr, 한국석유화학공업협회
2. http://www.petronet.co.kr, 페트로넷
3. http://www.petroleum.or.kr, 대한석유협회
4. 유기공업화학, 남기대, 정노희, 권석기, 보성각, 1998
5. 유기공업화학, 박래정, 청문각, 1997
6. 유기공업화학, 김유옥외 3인 공역, 동화기술, 2002
7. 유기공업화학, 조성기 역, 지성출판사, 1999
8. 석유화학공정, Sami Matar, 인터비젼, 2006
9. 석유화학공업, 정기현, 보진재, 2000
10. 고분자화학, 안태완, 문운당, 1997

찾아보기